잘 먹이는 엄마
잘 먹는 아이

첫 수유, 첫 이유식, 첫 밥, 첫 간식

잘 먹이는 엄마 잘 먹는 아이

유정순 지음

유노 라이프 LIFE

머리말

아이 먹이느라 미쳐 버릴 것 같은 엄마들에게

어렸을 때 저는 참 안 먹는 아이였습니다.

한 숟가락이라도 더 먹이려고, 이왕이면 잘 먹이려고 엄마는 많은 노력을 하셨습니다. 초등학교(예전에는 소학교)밖에 마치지 못하여 '영양학'은커녕 탄수화물, 단백질, 섬유소 같은 단어조차 모르는 분이셨지만, 엄마는 '잘 먹어야 잘 큰다'는 진리를 알고 실천하신 듯합니다. 매끼니를 참으로 소중하게 생각하셨고, 행여나 그 끼니를 제대로 안 먹을 때면 그다음 끼니에 더 많은 신경을 쓰셨습니다. 이리저리 어르고 달래도 제가 안 먹으면 앞집에 보냈습니다. 우리 집보다 반찬 수는 한참 모자랐지만 그 집에는 형제들이 많아서인지 잘 안 먹는 저도 밥 한 그릇 뚝딱 먹고 오곤 했기 때문입니다.

이제 50을 바라보는 나이가 된 제가 20대 후배들보다 체력에서 결코 뒤지지 않고 그동안 잔병치레도 적었던 것은 모두 엄마의 이런 노력 덕분이 아닌가 싶습니다.

점이 모여서 선이 됩니다. 선이 모여서 면이 됩니다. 아이가 먹는 한 끼를 점이라고 하면 잘 챙겨 먹은 한 끼는 진한 점이 되고 대충 먹은 한 끼는 희미한 점이 됩니다. 우리 아이가 어떤 선, 어떤 면으로 채워지기를 원하십니까?

모든 엄마는 아이를 잘 키우고 싶어 합니다. 모든 육아는 잘 먹이는 것부터 시작됩니다. 그런데 아이는 잘 안 먹습니다. 어떻게 먹여야 할까요?

어린이급식관리지원센터에서 근무하다 보니 엄마들을 만날 기회가 많습니다. 교육 현장에서 만나는 엄마들인데, 이럴 땐 어떻게 먹여야 하는지, 식습관은 어떻게 고쳐야 하는지, 이렇게 먹여도 되는 것인지 참 많은 질문을 해 왔습니다.

간혹 개인 상담을 하다 보면 아이의 식습관 중 좋지 않은 부분이 있으면 그것이 모두 엄마 자신 때문이라며 자책하고 눈물을 보이는 경우도 있습니다. 저도 세 아이를 키우는 엄마라서 그 심정을 알 수 있습니다. 그때마다 제 마음도 얼마나 아픈지 모릅니다. 아이의 잘못된 식습관이 생긴 원인과 교정 방법을 알려 드리면, 얼마 지나지 않아 변화된 아이 모습을 알려 오곤 합니다. 좀 더 미리 알려 드렸더라면 그동안 엄마도 아이도 덜 힘들지 않았을까 하는 마음에 아쉬웠습니다.

육아 관련 카페에는 아이를 키우면서 부딪치는 질문들이 많이 올라옵니다. 그중 상당수는 먹이기와 관련한 것들인데, 엄마들 사이에서 질문과 대답이 오가는 것을 살펴보면 간혹 잘못된 답변도 보입니다. 경험에서 우러나와 대답해 준 것일지 모르나 오히려 틀린 정보를 주어 더 나쁜 식습관으로 정착시키게 할까 봐 염려스러웠습니다.

이러한 이유로 책을 쓰기 시작했습니다. 최근 몇 년 동안 육아 관련 카페에 올라 온 질문들과 아이를 키우고 있는 엄마들이 실제로 궁금해하고 고민하는 문제들을 모았습니다. 그 질문에 대한 답을 드려 보고자 합니다. 영양사로, 영양학 박사로 배운 지식과 어린이급식관리지원센터의 총괄팀장으로, 세 아이의 엄마로서 겪은 경험을 나누려 합니다.

참으로 안 먹는 아이였던 저를 열심히 먹여 주셔서 이렇게 건강한 삶을 살 수 있도록 해 주신 94세 우리 엄마, 제가 가지고 있는 것을 하루 빨리 나누어야 한다고 재촉하여 책을 쓰게 만들어 준 남편, 엄마의 잔소리를 잘 듣고 먹어 준 우리 세 아이들, 새벽마다 기도해 주는 엄마 같은 언니, 스무 살 대학생 때부터 지식과 지혜를 넘치게 나눠 주신 스승 장경자 교수님께 고마움을 전합니다.

하루 중 가족보다 더 많은 시간을 함께 지낸, 그리고 지내고 있는 우리 센터 팀원들, 사랑합니다. 이 책이 나올 수 있도록 도와주신 출판사 편집부 여러분께도 깊은 감사를 드립니다.

마지막으로 늘 함께하시는 하나님, 감사합니다.

우리 아이 먹이느라 미쳐 버릴 것 같은 모든 엄마들에게 이 책을 바칩니다.

유정순

모든 육아는 잘 먹이는 것부터 시작된다

아이는 먹는 대로 자라요

음식의 중요성을 잘 표현한 말 중 하나는 '네가 먹는 것이 곧 너다(You are what you eat).'라는 말일 것입니다.

도넛을 먹는다고 내 피 속에 도넛이 떠다니고, 사과를 먹는다고 내 몸의 일부가 사과가 되는 것은 아니지만, 내가 먹는 음식이 내 몸을 이루는 것은 누가 뭐라 해도 명백한 사실입니다. 무에서 유가 될 수 없고, 콩밭에서 팥이 나올 수 없는 것이 자연의 기본적인 섭리입니다. 우리가 먹고 마시고 호흡하는 것이 모여 우리 몸을 만드는 것이지요.

아이들은 자라는 동안 아플 수 있습니다. 그러나 아픈 것이 당연한 것은 아닙니다. 건강에 좋지 않은 음식을 먹은 아이, 제대로 먹지 않는 아이는 자주 아프고 아픈 동안에 더 적게 먹게 되고, 그러다 보면 잘 자라지 못합니다. 건강에 좋은 음식을 잘 먹은 아이는 잘 자라고 아픈 빈도도 덜합니다. 건강한 토양에서 농사가 잘되듯이, 어릴 때 먹은 좋은 음식으로 만들어진 몸은 평생 건강을 좌우합니다.

아인슈타인은 말했습니다.

"어제와 똑같이 살면서 다른 미래를 기대하는 것은 정신병 초기 증세다."

조금 바꾸어 말해 볼까요?

"어제와 똑같이 대충 먹이면서 건강한 미래를 기대하는 것은 정신병 초기 증세다."

아이의 식습관은 부모가 만들어요

'식습관'은 '음식을 취하거나 먹는 과정에서 저절로 익혀진 행동 방식'입니다. 식습관으로 영양소 섭취가 결정되고, 이는 결과적으로 건강 상태에 영향을 미치지요. 그렇다면 식습관은 언제 익혀지는 것일까요?

《내가 정말 알아야 할 모든 것은 유치원에서 배웠다》라는 제목의 책도 있듯이, 식습관은 대부분 유아기에 익혀집니다. 초등학생, 중학생, 고등학생, 그리고 어른이 되어서도 끊임없는 교육과 주변 상황에 따라 식습관이 어느 정도 변화되긴 합니다만, 나이가 들면 들수록 변화되기는 어렵습니다. 그리고 변화되기 전까지 지속된 안 좋은 식습관 때문에 건강은 이미 나빠져 있습니다.

식습관이란 아이의 입장에서는 '음식을 취하거나 먹는 과정에서 저절로 익혀지는 행동 방식'일지 모르나 부모의 입장에서는 '계획적으로 익혀지게 하는 행동 방식'입니다. 아이가 태어나는 순간부터, 아니 아이의 장기가 만들어지는 태아 시기, 태아가 만들어지는 모체의 임신 이전의 영양부터 계획해야 하는 것입니다.

그러기 위해 부모는 공부해야 합니다. 지금 이 순간부터 아이의 건강한 식습관 형성을 위한 교육을 받고 훈련을 시작해야 합니다.

《아이를 살리는 음식 아이를 해치는 음식》에서 저자는 "아이 식습관, 지금 바꾸지 않으면 평생 후회한다."라고 하였습니다.

> *부모 무관심과 무지, 의지 부족은 결국 자녀의 미래를 망친다. 자녀에게 보다 좋은 교육을 시키기 위해서라면 어떤 희생도 감수하는 우리나라 학부모들이 공부보다 훨씬 더 중요하고 기본적인 자녀의 건강에 직결되는 식습관에 대해서는 오히려 관심이 없다는 것은 심각한 문제다.* (중략)
>
> *자녀의 식습관 문제는 전적으로 부모 책임이다. 매일 치르는 아이와의 전쟁에 피곤하고 속상할 수도 있다. 포기하고 싶을 때*

도 있을 것이다. 그러나 인내와 끈기를 가지고 아이를 대하다 보면 결국 아이들도 부모의 진심에 따르게 될 것이다.

지긋지긋하게 안 먹거나 식사 예절이 엉망이어서 부모를 힘들게 하는 아이 때문에 주변 지인들이나 육아 관련 카페, 혹은 시부모님, 친정 부모님께 조언을 구하는 경우가 많습니다. 그때 돌아오는 답변은 '걱정 마세요. 우리 아이도 그랬는데 좀 크면 괜찮아져요.', '너 어렸을 때도 그랬는데 지금 잘 살고 있잖니, 먹고픈 대로 주어라.'와 같은 방치형 대답이 많습니다.

안 됩니다. 아이가 하루라도 빨리 건강한 식습관을 가질 수 있도록 도와주는 것이 부모의 책임입니다. 아이의 식습관은 부모가 만드는 것입니다.

편식이 증가하고 있어요

국민건강보험공단이 2016년 영유아 건강검진 자료를 활용하여 건강 행태 빅데이터를 분석한 결과에 따르면, 편식 경향이 있다고 대답한 가정이 2012년에는 24.6%였는데 2016년에는 42.5%로 증가하였습니다. 실제로 영유아 부모님들을 만나도 우리 아이가 편식한다고 대답하는 경우가 절반이 넘습니다. 어린이집이나 유치원 원장님들의 어린이, 교사, 학부모 대상 교육 요구도 1순위 주제는 바로 '편식' 입니다. 가정에서도, 원에서도 가장 큰 고민은 편식인 것이지요.

《두산백과》에 따르면 '편식'이란 '음식에 대한 기호가 강하기 때문에 식사의 내용이 한쪽으로 치우치는 식생활 방법'입니다. 식사의 내용이 한쪽으로 치우치다 보니, 영양의 균형이 깨져 성장 발달이나 건강에 악영향을 주게 되는 것이지요.

무엇을 안 먹는 것만 편식일까요? 그렇지는 않습니다. 무언가를 너무 먹는 것도 편식입니다. 왜냐하면 그 무엇을 너무 먹다 보면 과잉 섭취 문제와 더불어, 다른 무엇은 자연스레 적게 먹게 되고 그에 따른 결핍증이 나타나기 때문입니다. 예를 들어, 하루에 우유를 1리터 이상 먹고 있는 네 살 아이는 밥을 적게 먹을 수밖에 없습니다. 그렇다면 편식은 왜 문제일까요?

아이는 어른과 달리 열량이나 다른 영양소를 저장해 둘 여유가 없어서 그 영향이 심각하게 나타나는데요. 아이 때는 평생을 두고 쓸 신체 각 기관이 만들어지는 시기입니다. 이때 영양 공급이 제대로 되지 않으면, 성장 부진은 물론이고 신체 조절 능력이나 두뇌 발달이 저하될 수 있습니다. 예를 들어, 철분이 부족하면 빈혈이 생기고, 아연이 부족하면 식욕부진이 생길 수 있습니다. 또한 채소류 섭취 부족으로 비타민, 무기질, 식이 섬유소 섭취가 줄면서 각종 비타민 결핍증 및 변비 등이 생기고, 병균에 대한 저항력이 약화될 수 있지요.

영양소가 부족한 것만이 문제일까요? 그렇다면 영양제를 주면 되지 않나요? 실제로 편식하는 아이에게 영양제를 포함한 각종 건강기능식품을 먹이는 경우도 많습니다. 하지만 편식의 문제는 영양소 부족에서 끝나지 않습니다. 영양소 부족으로 생기는 신체적인 면과 더불어, 신경질을 자주 낸다든가 자기중심적이 되는 등 정신적·정서적인 면에도 영향을 미칩니다. 부모님은 집에서 본인의 아이만 보다 보니 '원래 성격이 이런 건가?'라고 쉽게 생각하기 쉬운데, 유치원이나 어린이집 선생님들은 편식하는 아이와 편식 안 하는 아이의 차이를 확연히 느낍니다.

여기에 중요한 것 한 가지가 더 있습니다. 바로 '자아존중감', 즉 자존감과의 연관성입니다. 편식을 하게 되면 자존감이 낮아질 수 있습니다. 좀 더 정확히 말하면, 편식을 할 때 양육자(부모, 선생님 등)가 대하는 태도에 따라 자존감이 낮아질 수 있습니다.

편식은 환경적·생리적·심리적 요인 등에 따라 생기는데 만 2~5세까지 가장 심하고 그 이후부터는 서서히 줄어드는 양상을 보입니다. 만 2~5세까지는 자존감이 형성되는 시기이기도 합니다. 식사의 내용이 한쪽으로 치우치는 편식을 하거나, 전반적으로 잘 안 먹거나, 식사 예절이 엉망인 식습관을 가지고 있어 아이와 계속 밥상머리 전쟁을 할 때 아이의 자존감은 낮아집니다.

예를 들어 볼까요? 아이들은 초등학교에 들어가는 순간부터 평가를 받게 됩니다. 받아쓰기 같은 시험도 시작됩니다. 그럼 초등학교에 들어가기 전인 어린이집이나 유치원의 아이들은 무엇으로 평가하나요? '잘 먹는 아이 vs 잘 안 먹는 아이' 아닌가요? 물론 독서, 피아노, 미술 등 다양한 교육을 시키긴 합니다만, 기본적으로 이 시기에 아이들이 잘해 주어야 하는 핵심 활동은 잘 먹고, 잘 놀고, 잘 싸 주는 것입니다.

유치원에서는 옆 친구들보다 못 먹다 보니, 선생님이 자꾸 재촉을 하는데 선생님의 표정이 안 좋아집니다. 옆 친구를 보면서 웃는 선생님이 자기를 보면서는 웃지 않습니다. 화내는 것 같기도 하지요. 이때 아이의 자존감은 낮아집니다.

잘 안 먹는 아이가 원에서 돌아올 때 부모가 선생님에게 궁금한 것은 하나입니다.

"우리 아이 밥 잘 먹었나요?"

무얼 먹었는지, 얼마큼 먹었는지가 핵심입니다. 잘 안 먹는 아이에게 얼마나 먹었는지 물어보는 것은 받아쓰기를 잘 못하는 아이에게 매일 받아쓰기 점수를 물어보는 것과 같습니다. 아이의 자존감은 또 낮아집니다. 아이는 이 시기에 형성되는 자존감을 가지고 평생을 살아갑니다.

낮은 자아존중감은 자기 자신을 부정적으로 생각한다는 것을 의미하고, 높은 자아존중감은 자신을 긍정적으로 생각한다는 것

을 의미한다. 높은 자아존중감을 가진 사람은 삶을 적극적이고 진취적으로 살아가고, 낮은 자아존중감을 가진 사람은 삶을 소극적이고 우울하게 살아간다.

-《아이의 식생활》 중에서

물론 여러 가지 이유로 아이들이 편식을 하는 것은 너무도 당연한 일이라 우리 아이만 그런 게 아닌가 하며 우울해할 일은 아닙니다. 그렇지만 한쪽으로 치우쳐 먹든, 식사 예절이 엉망이라 먹이기가 어렵든, 전반적으로 안 먹든, 부모는 이러한 식습관을 개선해 주기 위해 반드시 노력해야 합니다. 이 험한 세상에서 최소한 우리 아이들이 살아갈 수 있는 힘인 자존감을 높여 주어야 하기 때문이지요.

2010년에 방영되어서 화제가 되었던 <EBS 다큐프라임-아이의 밥상 제1부 '편식의 비밀'> 편은 편식의 이유와 문제점에 대해 잘 보여 주고 있습니다. 꼭 한번 보시기를 추천합니다.

아동 비만이 증가하고 있어요

아이를 잘 먹인다고 하는 것이 많이 먹인다는 뜻은 아닙니다. 오히려 너무 많이 먹어서 문제인 경우도 있습니다. 아동 비만이 그렇습니다.

우리 몸은 살아남기 위해 지방을 저장하려고 합니다. 언제 굶어 죽을지 몰랐던 수만 년 동안 터득한 생존 전략이지요. 먹거리가 풍부한 오늘날에도 우리 몸은 여전히 남은 에너지를 지방으로 저장하려고 합니다.

비만이란 단순히 체중이 많이 나가는 것이 아니라 체지방이 많이 축적되어 있는 것을 말합니다. 체지방이 많이 축적되면 예전에는 더 오래 살아남을 수 있었지만 이제는 고혈압, 당뇨병과 같은 만성질환부터 요통, 통풍, 암에 이르기까지 다양한 질병에 걸릴 위험성이 높아지지요. WHO(세계보건기구)는 비만을 질병으로 분류하였고, 총 8종의 암(대장암, 자궁내막암, 난소암, 전립선암, 신장암, 유방암, 간암, 담낭암)을 유발하는 주요 요인으로 제시하였습니다.

비만은 세계적으로 급격히 늘고 있고, 우리나라도 마찬가지입니다. 19세 이상 성인의 비만율은 1998년에 26.0%이었다가 2017년에는 34.1%로 꾸준히 증가했습니다(2018 국민건강통계). 또 교육부가 조사한 2018년도 학생건강검사 표본 통계에서 초·중·고등학생 비만율은 2007년에 11.6%였다가 2017년에는 17.3%로 증가하였습니다.

아동 비만이 문제인 이유는 다음과 같습니다.

1. 청소년, 성인이 되었을 때 비만이 될 가능성이 더 높습니다.

소아 비만인 아이들을 6년간 추적 관찰한 결과를 보면, 7세 때 비만이었던 소아의 상당수가 6년 후인 12세경에도 비만을 유지하고 있었습니다. 이는 일본과 그리스의 초등학생들을 대상으로 한 연구 결과와도 일치합니다. 또한 비만도가 높을수록 비만을 유지하는 경우는 더 많았다고 합니다.

2. 성장 방해 등 신체적인 문제가 있습니다.

아동기에 비만이 되면 성호르몬 분비에 이상이 생겨 성조숙증을 부를 수 있습니다. 성장판이 빨리 닫혀 키가 덜 자라거나 목, 겨드랑이 피부를 변색시키기도 하지요. 이렇듯 비만에서 비롯되는 다양한 질환이 아이들에게도 발병되고 있습니다. 고도비만아의 40% 이상에서 간 기능 이상이 발견되고, 수면무호흡증을 보이기도 하였습니다.

3. 정신적인 문제도 있습니다.

성인인 경우에 비만은 대개 우울증을 동반합니다. 아동기에도 친구들 사이에서 놀림이나 따돌림을 당할 수 있어 우울증, 불안감, 자아존중감 결여, 학습성취도 저하 등이 나타날 수 있지요.

어린이 비만은 왜 증가하는 걸까요? 개인에 따라 원인이 조금씩은 다르겠지만, 가장 큰 원인은 과량의 칼로리를 섭취하기 때문입니다. 2017 국민건강통계 결과를 보면 2007년에 비해 에너지와 지방 섭취량이 모두 증가한 것을 볼 수 있습니다. 식사의 양이 많아서일 수도 있고, 간식의 양이 많아서일 수도 있고, 둘 다일 수도 있습니다.

잘 먹여야 똑똑해져요

영유아기에 뇌는 양적으로, 그리고 기능적으로 폭발적인 성장 발달을 합니다. 이러한 폭발적인 성장 발달에 직접적인 영향을 미치는 것이 바로 먹는 것입니다. 쌍둥이를 대상으로 조사한 결과, 식습관에서 근소한 차이를 보여도 두뇌 발달, 특히 언어 발달에서 분명한 격차를 보였다고 합니다. 잘 먹여야 똑똑해지는 것입니다.

왜 영유아기에 잘 먹여야 똑똑해질까요?

출생 시 영아의 뇌 무게는 350g(성인의 약 25%) 정도인데 생후 1년이 되면 약 1,000g 정도가 되고, 생후 3년이 되면 약 1,250~1,400g(성인 무게) 정도가 됩니다. 이렇게 급격한 성장이 이루어지는 시기에 영양적으로 제대로 된 공급을 해 주어야 하는 것은 너무도 당연합니다. 잘 먹여야 똑똑해지는 데에는 이유가 하나 더 있습니다.

아이의 지능을 결정하는 것은 뇌의 무게가 아니라 뇌 신경망입니다. 뇌의 신경망은 뇌의 신경세포(뉴런) 1,000억 개와 이를 연결하는 100조 개의 시냅스로 이루어져 있습니다. 미완성의 형태로 태어나지만 발달단계를 거쳐서 비로소 성인의 뇌를 형성하는 것이지요.

이 시기에 중요한 것은 시냅스를 만들고 유지하는 데 필요한 영양소를 골고루 섭취하는 것과, 많은 신경망이 형성될 수 있도록 다양한 자극을 주는 것입니다.

고려대학교 보건과학연구소 연구교수이자 ㈜뉴트리아이 대표인

한영신 교수는 〈뇌 발달과 식사육아〉 시리즈에서 "보고, 듣고, 맛보고, 냄새 맡고, 만지는 오감 자극과 끊임없이 움직이는 근육운동과 같은 일상적인 자극이 아이의 뇌의 신경망을 만들게 한다."라고 하였습니다.

먹는 것은 다양한 색을 가지고 있어 시각을 자극하고, 알려진 것만 해도 900가지가 넘는 냄새 성분이 후각을 자극하고, 음식을 씹는 동안 다양한 소리로 청각을 자극하고, 다양한 맛으로 미각을 자극하고, 입안에서 느껴지는 다양한 질감의 식품이 촉각을 자극한다. 인간에게 있어 특히 영유아기에 음식보다 더 오감을 자극하는 것은 없다.

또한 음식은 다양한 근육을 움직이게 한다. 씹는 운동이 머리를 좋게 한다는 이야기를 들어 본 적이 있을 것이다. 음식을 먹기 위해서는 입 주위의 근육 26개를 사용하고 6개의 중요한 신경이 작용한다고 알려져 있다. 음식을 씹어 먹는 것만으로도 아이의 뇌를 좋게 할 수 있는 것이다. 음식을 먹기 위해서는 수저나 젓가락과 같은 도구를 사용해야 한다. 아이가 수저에 음식을 올려놓고, 흘리지 않게 입에 넣기 위해 수많은 소근육을 움직여야 한다. 다시 말해, 매일 먹는 식사 과정 자체가 아이에 뇌 발달에 가장 큰 영향을 미친다.

- 〈뇌 발달과 식사육아〉 중에서

잘 먹어야 한다는 의미는 단순히 영양적으로 충분한 공급을 해 준다는 의미를 넘어 다양한 음식으로 오감을 자극받고, 스스로 먹으며 근육을 움직이고, 잘 씹는 등 올바른 식습관을 정립해 주는 것을 포함합니다.

잘 못 씹으니까 갈아서 주고, 액체로 배를 채워 주며, 흘릴까 봐 먹여 주고, 스마트폰을 볼 때 얼른 한두 숟가락 입에 떠먹여 주면 영양적으로는 해결이 될지 몰라도 아이는 자극을 제대로 받지 못합니다. 뇌 발달이 방해받게 되는 것이지요.

잘 먹어야 똑똑해집니다. 무엇을 먹느냐와 함께 어떻게 먹느냐, 즉 식습관이 중요한 이유입니다.

음식이 아이를 아프게 해요

음식을 제대로 먹지 않으면('제대로 먹는다.'는 말이 애매하다면 '편식하고 있다.'고 해도 틀리지 않습니다.) 아이가 제대로 크지 못할 뿐 아니라 몸이 아픕니다. 음식은 몸이 아플 때 약과 함께 조절해야 하는 보조 방편 정도가 아니라, 아픔의 원인이 되는 요소입니다.

의학의 아버지 히포크라테스의 말로 알려져 있는 '음식으로 치료할 수 없는 병은 약으로도 치료할 수 없다.'라는 말도 치료 방편으로서의 음식의 중요성을 이야기하고 있습니다.

미국의 영양학자 켈리 도프먼 박사는《음식이 아이를 아프게 한다》에서 "중이염부터 ADHD까지, 진짜 원인은 음식에 있다."라고 하였습니다. 걸핏하면 토하는 아이, 늘 배가 아픈 아이, 또래보다 작고 왜소한 아이, 심한 변비로 고생하는 아이, 닭살 피부를 가진 아이 같은 신체적인 문제를 가진 아이부터 산만하고 거친 아이, 감정 기복이 심한 아이, 지나치게 불안해하는 아이, 식탐이 심하고 화를 폭발하는 아이, 언어 발달이 더딘 아이처럼 심리와 행동 문제를 가진 아이에 이르기까지 진짜 원인은 바로 음식에 있다는 것이지요.

맞습니다. 음식은 아이를 아프게 합니다. 복통, 변비나 설사 같은 위장 장애를 비롯하여 중이염, 충치, 수면장애, ADHD, 사회성 부족 등 육체적·정신적으로 아프게 합니다. 그래서 제대로, 잘 먹여야 합니다.

그렇다면 어떻게 먹여야 잘 먹이는 걸까요? 켈리 도프먼 박사는 "영양 문제는 둘 중 하나다."라고 하였습니다. 뭔가가 몸을 괴롭히고 있거나 부족한 것이지요. 아이가 아프다면 잘 생각해 보세요. '아이를 자극하고 있는 것은 없나? 아니면 부족한 영양소가 있는 건 아닌가?' 둘 다일 수도 있습니다. 이럴 때는 아이를 자극하는 것은 빼 주고, 부족한 영양소가 생기지 않도록 잘 챙겨 주면 됩니다.

· 차례 ·

2장_

"너무 편식해서 미치겠어요"

3장_

"식탁 예절이 엉망이어서 미치겠어요"

· 2부 ·

모유부터 이유식, 밥까지 우리 아이 식습관의 모든 것

초보 엄마를 위한 단계별 식습관 가이드

1장_ "수유를 잘하고 싶어요"

2장_

"이유식을 잘 먹이고 싶어요"

3장_

"밥을 잘 먹이고 싶어요"

· 3부 ·

특별한 아이를 더 건강하게 키우는 방법

식품알레르기부터 영양제까지 식품영양 솔루션

1장_ 우리 아이에게 식품알레르기가 있다면

2장_ 우리 아이 몸에 갑자기 이상이 생겼다면

3장_

우리 아이에게 영양제를 먹이고 싶다면

4장_

우리 아이에게 좀 더 안전하게 먹이고 싶다면

부록_

잘 먹이는 엄마를 위한 정보 창고

· 1부 ·

아이의 식습관이 엉망이어서 괴로운 엄마들

우리 아이가 180도 달라지는
긴급 처방전

1장

“잘 안 먹어서 미치겠어요”

아기가 젖을 잘 빨지 못해요

Q:

"출산한 날부터 젖을 물리고 있기는 한데, 아기가 잘 빨지 못하고 있어요. 아기가 싫어하면 끊어야 하나요?"

A:

처음부터 젖을 잘 빠는 아기도 있지만, 대부분은 엄마와 아기가 서로 익숙해지는 데 시간이 필요합니다. 아기가 젖을 잘 빨지 못하면 수유 후 젖꼭지가 아프거나 충분히 젖이 나오지 못해서 유방이 아플 것입니다. 엄마와 아기가 서로 익숙해져서 합이 잘 맞추어질 때까지 끈기 있게 수유를 해야 합니다.

아기가 젖을 잘 빨지 못하는 몇 가지 이유와 해결 방법을 소개합니다.

1. 젖을 잘못 물렸다.

젖을 잘못 물리면 유두에 상처가 나거나 피가 날 수 있습니다. 수유 내내 너무 아프지요. 젖을 삼키는 소리도 들리지 않고, 젖을 빨 때 뺨이 쏙쏙 들어갑니다.

아기는 젖꼭지가 아닌 유륜 전체를 물고 젖을 빨아야 합니다. 젖을 물리다가 아기의 입에서 빼낸 젖꼭지가 뾰족하면 제대로 물리지 못한 것입니다. 아기가 충분히 입을 크게 벌린 상태에서 젖을 물려야 합니다. 젖을 물리기 전에 젖꼭지로 아기의 입 주변을 건드려서 아기가 입을 크게 벌릴 때까지 기다립니다. 엄마가 "아~" 하고 소리를 내면서 입을 크게 벌려 보세요. 아기가 따라 하기도 합니다. 그래도 아기가 입을 크게 벌리지 않으면 검지로 턱을 살짝 누릅니다.

젖을 물리기 전에 유방을 잘 잡아 주는 것도 중요합니다. 아기가 좀 더 쉽게 젖을 물 수 있도록 유방을 아기 입술에 평행하도록 잡아서 눌러 줍니다.

2. 젖꼭지가 함몰되어 있거나 편평하다.

젖꼭지와 유륜 사이(유경)를 집게로 집듯이 잡고 젖꼭지를 꾹꾹 눌러 주면 수유에 매우 도움이 됩니다. 이 마사지는 출산하기 2주 전부터 해 주면 좋으며, 함몰유두가 아닌 엄마도 해 주면 좋습니다. 수유하기 전에 꼭 이런 유두 마사지를 해 주세요. 이때 유륜은 절대로 만지지 않아야 합니다.

수유 전에 유두 흡인기를 사용하면 유두가 조금 나옵니다. 출산 후 며칠은 유두 보호기를 사용하는 것도 방법입니다만, 아기에 따라 호불호가 나뉩니다. 전문가에게 교정을 받는 것도 좋습니다.

한쪽만 함몰유두인 경우 먼저 잘 물릴 수 있는 쪽을 먹이고, 아기의 급한 배고픔이 좀 나아지면 함몰유두 쪽을 시도합니다. 수유하는 동안 유방을 잡고 몸쪽으로 당겨 유두가 돌출할 수 있도록 하는 것도 도움이 됩니다.

함몰유두나 편평유두일 경우에는 가능한 한 유선이 뚫어지고 난 후에 먹이는 것도 좋습니다. 젖이 나오는 입구에 문제가 있는데 유선까지 아직 잘 뚫려 있지 않다면 아기가 젖 먹는 데 너무 힘이 듭니다. 잘못하면 젖 거부로 이어질 수도 있습니다.

3. 수유 자세가 불편하다.

젖을 물리기 전에 일단 수유 자세부터 잘 잡아야 합니다. 아기의 몸 전체가 엄마의 젖을 향하게 안아 주어야 합니다. 아기의 머리를 안정감 있게 받치지 않아서 아기가 잘 빨지 못할 수도 있습니다.

뒤로 기대앉은 자세에서 아기를 배 위에 올려놓고 아기가 스스로 젖을 잘 무는지 한번 보세요. 젖꼭지에 젖이 몇 방울 맺히도록 젖을 짜내어 아기가 젖 냄새를 맡고 맛볼 수 있도록 하여 수유를 유도해 볼 수도 있습니다.

처음엔 누구나 서툴지만, 아기를 믿고 인내심을 갖고 연습하면 잘 할 수 있습니다.

젖병을 물리면 울고 거부해요

Q:

"현재 4개월 된 아기인데 직수(직접 수유)만 하고 있었어요. 이제 직장에 출근해야 해서 낮에는 유축한 젖을 젖병으로 먹여야 합니다. 근데 우리 아기가 젖병을 물리면 울고, 젖병을 씹고만 있어요. 어떡하지요?"

A:

젖병을 연습시키기 위해 엄마들이 가장 먼저 하는 행동은 바로 굶기기입니다. '설마 배고파지면 젖병을 안 물고 배기겠어?'라는 마음이겠지요. 안 됩니다. 아기들은 굶기면 스트레스를 엄청 받습니다.

먼저 모유를 주고, 그다음 분유를 줍니다.

젖병에 있는 젖꼭지가 마음에 안 들 수도 있으므로 아기에게 맞는 것을 찾아보는 것도 좋습니다.

젖병을 빨지 않고 씹기만 하는 경우는 씹기 욕구가 해결되지 않아서일 가능성이 높습니다. 치아가 발달하기 한두 달 전인 4개월쯤에는 가렵기도 하고 침도 많이 흘립니다. 젖병을 물리기 전에 씹는 욕구를 해결해 주면 젖병을 무는 데 도움이 됩니다. 냉장고에 30분 정도 넣어서 차갑게 해 두었던 치발기(소독 후 밀봉해 두었던 것)를 줍니다. 만약 치발기를 혼자서 잘 씹지 못하면 엄마가 손가락으로 잇몸마사지를 해 주면 좋습니다. 엄마 손톱은 짧게 깎고, 깨끗이 손을 씻은 후 잇몸을 눌러서 마사지를 해 주는 것이지요. 이렇게 충분히 씹기를 하게 해 주고 젖병을 줍니다.

젖병을 물릴 때에도 제대로 물려야 합니다. 모유 먹일 때처럼 엄마가 안아서 먹이는 것이 좋습니다. 특히 아기의 목 부분을 손으로 안정감 있게 받쳐 주는 것이 중요합니다. 간혹 엄마의 손목 부분을 받치는 수건이나 쿠션을 아기 머리에 받쳐 주는 경우가 있는데, 안 됩니다. 아기는 먹으면서 열이 나고 그 열은 머리를 통해서 배출되어야 하므로, 반드시 귀 위쪽은 뚫려 있어야 합니다.

젖병을 물리기 전에 젖병 꼭지로 아기의 입 주변을 건드립니다. '이제 젖병이 들어갈 거야.'라는 신호를 주는 것입니다. 아기가 입을 벌리면, 젖병 꼭지를 혀 위에 놓았다가 아기가 물어서 빨기 시작하면 젖병을 살살 돌려 가면서 깊이 넣습니다. 모유수유 시에 유륜까지 깊숙이 넣어야 되는 것과 같지요.

젖병으로 잘 안 먹던 아기가 위의 방법으로 잘 먹는다면, 젖병 수유 후 상으로 모유를 조금 더 주어도 괜찮습니다. 그럼 젖병에 대한 거부감이 오히려 더 없어집니다.

젖병으로 옮길 때에는 젖을 뗄 때처럼 서서히 가는 것이 좋습니다. 적어도 일주일 정도는 젖병 수유와 직수를 병행하며 서서히 젖병을 인지시켜 주기 바랍니다.

아기가 분유를 갑자기 거부해요

Q:

“생후 7개월 된 아기입니다. 초기 이유식 할 때는 분유량이 늘었었는데 어느 날 갑자기 분유를 잘 안 먹어요. 다행히 이유식은 곧잘 먹는데 분유를 끊어도 되나요?”

A:

생후 7개월이면 아직 분유가 주식이므로 끊으면 안 됩니다. 분유를 잘 먹다가 안 먹는다면 일시적인 원인이 있을 수 있습니다. 아기에 따라 다양한 이유가 있을 수 있으니 다음 사항을 체크해 보기 바랍니다.

1. 아기가 어디 아픈가?

병원에 가서 한번 체크해 보기 바랍니다.

2. 이가 나고 있나?

아기들이 이가 날 때는 보채고 울고 젖병도 안 빨려고 합니다. 치발기를 주거나 부모님 손가락에 실리콘 칫솔을 끼우고 아기가 깨물게 해도 됩니다. 잇몸마사지도 해 주면 도움이 되지요.

3. 분유 먹을 때 더운가?

날씨가 더우면 아기도 입맛이 없어집니다. 시원하게 목욕을 시키고 먹이거나 주변을 시원하게 해 주세요. 수유할 때 아기 머리 쪽에는 아무것도 없어야 합니다. 머리를 받쳐 준다고 수건이나 받침대를 대면 열이 빠져나갈 곳이 없어 답답해합니다.

4. 젖꼭지 단계가 안 맞나?

젖꼭지를 너무 일찍 바꾸었거나 바꿀 시기가 지난 것은 아닌지 살펴보기 바랍니다.

5. 주변이 너무 시끄러운가?

TV 소리가 나거나 형제들이 떠들면 갑자기 안 먹는 경우도 있습니다. 가능하면 조용한 곳에서 수유해 주세요.

6. 분유 종류 때문인가?

입맛이 예민한 아기는 같은 종류의 분유인데 단계만 바꾸어도 싫어할 수 있습니다. 혹은 다른 분유로 바꾸면 좋아하기도 하지요.

7. 분유를 너무 따뜻하게 먹이나?

아기는 모유의 온도인 40℃ 이내의 온도를 가장 좋아합니다.

이유식을 숟가락으로 주면 거부해요

Q:

"완모를 한 5개월 아기입니다. 저랑 남편이 밥 먹을 때면 유심히 쳐다보길래 이제 이유식 먹을 때가 되었나 싶었습니다. 그래서 쌀미음을 숟가락으로 주었는데, 바로 뱉어 내더라고요. 몇 번 시도를 했더니 이제 숟가락만 봐도 고개를 돌립니다."

A:

숟가락으로 이유식을 먹는 행위는 여러 가지 동작이 가능해야 합니다. 우선 입술로 숟가락을 물어 음식을 입안으로 넣어야 하고, 입안에서 혀를 움직여 목구멍 쪽으로 음식을 넘겨야 합니다. 침이 나오면 침도 삼켜야 하고, 콧구멍으로는 숨도 쉬어야 하지요. 이 모든 동작을 한 번에 하기가 어려우면 아직 때가 안 된 것이지요. 준비가 안 된 아기에게 자꾸 먹이려고 하면 숟가락을 거부할 수 있습니다. 조금만 더 기다려 주세요.

처음부터 잘 먹는 아이도 있지만 대부분은 낯선 느낌에 어색해합니다. 엄마의 젖에 익숙해 있다가 생전 처음 다른 음식을 먹었으니 얼마나 이상하겠어요? 시기가 되었는데도 잘 안 먹는다면, 다음의 몇 가지를 기억하였다가 시도해 보세요.

1. 가족이 즐겁게 밥 먹는 모습을 자주 보여 주세요.

행복한 분위기에서 가족이 모두 맛있게 밥을 먹는 모습을 보면 아기도 젖 이외의 음식 먹는 것을 겁내지 않습니다.

2. 엄마가 이유식을 주기 전에 이야기를 해 주세요.

"이제 젖 말고 다른 음식을 먹을 거야.", "새로운 것을 먹어 볼 건데 느낌이 어떨까?"라고 새 음식에 대해 이야기해 주세요. 못 알아듣지 않냐고요? 아기들은 엄마의 밝은 표정과 말투만으로도 안심한답니다.

3. 이유식을 갑자기 입에 넣지 마세요.

아기가 놀라서 경계합니다. 이유식을 숟가락에 묻혀 아기의 윗입술에 살짝 대었다가 떼어 주세요. 그러면 아기가 혀로 윗입술을 핥겠지요. 그다음에 숟가락으로 먹여 주면 낯선 느낌이 훨씬 덜하여 잘 먹습니다. 이 방법은 처음 이유식을 시작할 때뿐만 아니라 새로운 재료를 이용한 이유식을 시도할 때도 사용하면 좋습니다.

4. 천천히 양을 늘려 주세요.

비싼 유기농 재료를 사다가 몇 시간 동안 공들여 만든 것이라도 처음에는 겨우 반 숟가락 정도 먹습니다. 그다음 날엔 한 숟가락, 그다음 날엔 두 숟가락, 이런 식으로 천천히 양을 늘려 가야 합니다. 젖 외에 세상에 태어나서 처음 먹어 보는 것을 반 숟가락이라도 받아들였다면 우선 칭찬해 주세요.

5. 이유식을 먼저 먹이고 모유나 분유를 먹이세요.

'시장이 반찬이다.'라는 속담은 아기에게도 예외가 아닙니다. 배부른 상태에서 새로운 음식을 접하면 맛있게 받아들이기 어렵지요.

이유식을 안 먹는데, 모유나 분유만 먹일까요?

Q:

"혼합 수유한 아기인데 5개월 말부터 이유식을 시작했어요. 지금 7개월인데 이유식에 관심이 없는지 먹으면 거의 뱉고 분유를 찾아요. 그냥 모유나 분유만 먹이면 안 될까요?"

A:

안 됩니다. 이유식 시작 시기가 충분히 되었는데도 계속 미루는 것은 안 됩니다.

아기가 여러 가지 이유로 이유식을 잘 안 먹으면 일단 배를 채워주려고 모유나 분유를 먹이는 식으로 며칠은 늦출 수 있지만, 결과적으로는 도움이 안 됩니다. 이유식이라는 징검다리는 액체를 먹던 아기가 밥을 먹는 아이로 가기 위해 반드시 거쳐야 하는 것입니다.

이유식은 왜 할까요? 이유식의 존재 이유를 생각해 보면, 이유식을 하지 않으면 안 되는 이유를 알게 됩니다.

1. 영양 공급을 해야 하기 때문입니다.

아기가 태어난 지 6개월 전후가 되면 성장 속도가 빨라집니다. 모유나 분유만으로는 단백질이나 철분 등의 영양소가 부족합니다. 그래서 6개월 이후에 철분이 풍부한 고기 이유식을 먹이는 것은 매우 중요합니다.

2. 음식을 씹고 삼키는 연습을 해야 하기 때문입니다.

이유식은 결국 고형식입니다. 하루아침에 밥을 먹을 수는 없습니다. 서서히 덩어리 먹는 연습을 해야 돌이 지나면서 밥을 먹을 수 있습니다. 분말 이유식이나 선식을 권하지 않는 이유이기도 하지요.

3. 두뇌 발달을 돕기 때문입니다.

턱을 앞뒤로 움직여 젖을 빨다가 아래위로 움직여 이유식을 씹으면서 두뇌도 발달합니다. 음식을 손으로 집어서 먹는 행위도 두뇌 발달과 연관이 있습니다.

4. 미각이 발달해야 하기 때문입니다.

임신 9주 차부터 발달하기 시작한 미각은 태어난 지 5개월이 되면 더욱 발달하게 됩니다. 다양한 식재료와 조리법을 이용해서 만든 이유식은 다양한 맛과 향, 촉감을 느끼게 합니다. 이 모든 경험은 아기의 미각 발달에 도움을 줍니다. 미각이 발달해야 먹으면서 행복감을 느낍니다. 이유식 조리는 적은 양이라도 손이 많이 가는 힘든 일이지만, 아기의 평생 미각을 결정해 주는 중요한 일입니다. 최근에는 좋은 식재료로 엄마가 만드는 것처럼 만들어서 파는 이유식도 있습니다. 여건이 안 된다고 분말 이유식을 젖병에 넣어서 먹이기보다는 고형식 형태의 다양한 개월별 이유식을 사 먹이는 것이 낫습니다.

5. 식사 예절을 배우며 좋은 식습관을 형성해야 하기 때문입니다.

가족이 함께 모여서 식사하며 자연스럽게 식사 예절을 배우게 됩니다. 돌아다니면서 음식을 먹는 행동이 잘못된 것인지도 알게 되지요. 스스로 음식을 먹고, 한번 먹을 때 충분한 양을 먹으며, 배부르면 그만 먹는 기본적인 습관도 배우게 됩니다.

이유식을 하지 않으면 어떻게 될까요?

충분한 영양 공급이 되지 않고, 밥이나 반찬을 제대로 못 씹고 삼키지 못합니다. 그리고 두뇌 발달이 저해되고, 미각 발달이 제대로 되지 않아 먹는 것이 행복하지 않습니다. 또한 식사 예절을 배울 수 없으며, 좋은 식습관을 형성하지 못합니다.

이것이 이유식이라는 징검다리를 꼭 거쳐야 하는 이유입니다.

도대체 왜 이유식을 안 먹는 걸까요?

Q:

"유기농 재료를 사다가 이유식 책 서너 권을 참고하여 매일매일 열심히 이유식을 만들고 있습니다. 그런데 안 먹어도 너무 안 먹어요. 도대체 왜 안 먹는 걸까요?"

A:

엄마가 이유식을 정성껏 만들었는데 잘 먹지 않는 아기들이 많습니다. 아기들은 이유식을 왜 안 먹을까요? 다양한 이유가 있습니다. 우리 아기는 어디에 해당되는지 살펴보고, 해결 방법도 함께 확인하시기 바랍니다.

1. 철분결핍성빈혈인가?

주기적으로 철분결핍성빈혈 검사를 해 보기를 권합니다. 보건소나 병원에 가면 저렴한 비용의 간단한 검사만으로 확인할 수 있습니다. 철분이 결핍되면 빈혈이 생길 뿐 아니라 식욕부진으로 이어져 이유식을 잘 안 먹습니다. 신경질을 부리기도 하고, 밤잠도 잘 못 자며, 심할 경우 뇌 발달을 저해시켜 발달 지연의 원인이 되는 경우도 있습니다.

철분이 결핍된 경우라도 당장 철분이 많이 든 음식으로 먹이기는 어려울 것입니다. 우선 철분제를 먹여야 합니다. 식욕이 돌아오고 이유식 먹는 것에 스트레스가 줄어들면 고기가 든 이유식을 먹여 철분을 꾸준히 보충해 주어야 합니다. 철분제는 보통 2~3개월 정도 먹이면 됩니다.

철분은 꼭 필요한 미네랄이라는 중요성이 강조되다 보니, 간혹 철분 결핍이 아닌 아이에게도 철분제를 먹이는 경우도 있습니다. 그러나 효과보다는 부작용이 나타날 확률이 높습니다. 건강한 아이라면 식사로 챙겨 주는 것으로 충분합니다.

2. 배가 안 고픈가?

이유식 초반에는 모유나 분유를 함께 먹는 경우가 많습니다. 이때 수유를 먼저 하면 배가 차서 이유식을 거부할 수 있습니다. 이유식은 반드시 모유나 분유를 먹이기 전에 먹입니다. 아기가 배가 안 고픈

거라면, 억지로 먹이지 말고 놀이를 통해 소화를 시켜 준 뒤 먹여야 합니다.

밤중 수유를 하는 경우에는 이유식을 잘 안 먹는 경우가 많습니다. 정신 차리고 먹어야 하는 이유식보다 그냥 잠결에 아무 생각 없이 삼킬 수 있는 모유나 분유를 더 좋아하는 것이지요. 계속 이유식을 안 먹다 보면 뱃구레도 늘어나지 않아 밤중 수유와 이유식 거부의 악순환이 계속됩니다.

3. 엄마가 심적 여유가 없나?

이유식을 먹이다 보면 음식을 흘리고 주변이 더러워집니다. 이것이 신경 쓰이면 엄마는 짜증이 납니다. 아기에게도 그 기분이 전해지고, 아기는 음식을 먹기가 싫어집니다.

먹다가 흘리는 것은 당연합니다. 아기는 흘린 것을 손으로 집어 먹으며 음식을 맛봅니다. 더러워져도 괜찮을 수 있도록, 엎질러도 괜찮을 수 있는 준비를 해 둡니다. 즐거운 마음으로 여유 있는 식사를 즐길 수 있도록 해 주어야 합니다.

부드럽고 상냥하게 말해 주는 것도 잊지 마세요. “오늘은 감자를 넣은 죽인데 한번 먹어 볼까?”, “맛이 어때?”와 같이 상냥하게 말을 걸어 주세요. 식사는 즐거운 일이라는 것이 아이의 머리에 입력되어야 합니다.

4. 아기의 발달단계와 맞지 않는 음식을 먹고 있나?

이유식이 너무 단단하여 싫을 수도 있고, 너무 무르기만 하여 싫을 수도 있습니다. 월령에 얽매이지 말고, 아기의 발달 상태를 잘 관찰하여 이유식을 준비합니다.

스푼이 맘에 안 들어서 안 먹는 경우도 있습니다. 보통 아기들은 금속의 차가움에 저항감을 느끼므로, 플라스틱이나 실리콘 스푼으로 바꿔 주세요. 움푹 파져 있는 것보다는 작고 납작한 것이 좋습니다.

초기에 이유식이 너무 낯선 아기들에게는 엄마 젖이나 분유를 이유식과 섞어서 먹여 보세요. 익숙한 맛과 향 덕분에 잘 먹습니다. 중기나 후기 이유식을 안 먹는 아기들은 천연 단맛을 이용하는 방법도 있습니다. 단호박, 사과, 배, 바나나 등을 첨가하여 이유식을 만들어 주는 것이지요. 치즈를 녹여 섞어서 주면 좋아하는 아기도 있습니다.

중기 이후가 되면 아이가 받아먹는 것을 지루해할 수도 있습니다. 이 시기는 자율성이 커지는 시기이기 때문입니다. 자기 손으로 뭐든지 하고 싶은데 엄마가 자꾸 먹여 주니 싫은 거지요. 자기가 스스로 하는 일 하나를 만들어 주는 것도 좋습니다. 핑거푸드를 먹인다거나 숟가락에 쥐어 주고 스스로 먹게 하면 흥미를 보이기도 합니다.

5. 어디 아픈가?

아기가 아플 때는 절대 억지로 먹이지 않습니다. 이때는 수분을 많이 보충해 주고, 수유를 합니다. 아플 때 억지로 먹이면 아기가 식사에 거부감을 느낄 수 있고, 오히려 몸 상태가 더 나빠질 수 있습니다. 아기가 어디 아픈 것은 아닌지, 아픈 것까지는 아니더라도 기분이 안 좋거나 무언가 예민한 상태일 수도 있습니다. 아기의 상태를 잘 살피는 것은 무엇보다 중요한 일입니다.

6. 제자리에 앉아 있기가 싫은가?

아이가 기거나 걷기 시작하면 활동 범위가 넓어지면서 하고 싶은 게 많아집니다. 제자리에 20분 이상 앉아 있는 것이 참으로 힘듭니다. 아이가 식탁 의자에 앉아서 먹는 것에 집중하는 시간은 5분 정도입니다. 일단 이 부분은 이해를 해야 합니다.

심하게 먹기를 거부하는 아이는 의자에 앉히기만 해도 웁니다. 나름의 트라우마가 생긴 것이지요.

아이가 식탁을 재미있는 곳이라 느끼게 도와주세요. 식사 전에 아이가 좋아하는 작은 인형이나 장난감을 손에 쥐어 주거나, 식탁에 스티커를 붙여 흥미를 유도하는 것도 좋지요. 단 흥미를 유발하게 한다고 TV나 휴대폰 등의 영상매체는 사용하지 마세요. 중요한 것은 식사 자체에 흥미를 느끼고 집중하는 것인데, 너무 과하게 다른 것에 집중하게 됩니다. 이것이 습관이 되면 휴대폰이 없으면 밥을 안 먹는 일이 벌어질 수도 있지요(주위에서 많이 볼 수 있지요?).

엄마가 기분 좋은 목소리로 노래를 불러 주거나 상냥하게 말을 걸어 주어 식탁이 행복한 곳임을 느끼게 해 주세요. 아이는 아직 '설득'

을 할 수 있는 나이가 아닙니다. 긍정적인 느낌을 주는 것이 중요합니다.

7. 찬 음식을 많이 먹였나?

아이들은 여름이나 겨울이나 찬 음식을 좋아합니다. 몸에 열이 많기 때문입니다. 기초체온도 약간 높고 성장하는 데 필요한 에너지가 많아 땀도 쉽게 흘리지요. '차다'라는 느낌은 심리적으로 기분 좋음을 느끼게 하고, 이것이 좋은 기억으로 쌓이면서 계속해서 찬 음식을 찾게 됩니다. 찬 음식의 대부분은 음료수나 아이스크림인데 이 음식들이 단맛을 내므로 아이들은 찬 음식을 더욱 좋아하게 됩니다.

그러나 찬 음식은 소화효소의 분비와 작용을 약하게 하여 배탈이나 설사 증세를 보이기도 합니다. 위장에 부담을 주어 소화 기능이 나빠지면 식욕도 없어집니다.

하루에 얼마큼만 먹으라고 할 수는 없지만 가능한 한 적게 섭취하는 것이 좋습니다. 만약 찬 음식을 너무 좋아하면, 찬 음식을 먼저 먹인 뒤 따뜻한 물 한 잔을 먹여 속을 달래 주는 것도 좋습니다.

아이가 안 먹을 때는 분명 이유가 있습니다. 혹시 이유를 찾지 못하였더라도 이것만은 기억해 주세요. 후기부터는 식사에 대한 개념을 심어 줘야 하므로, 가능한 한 아침, 점심, 저녁에 맞추어 먹입니다. 이유식을 안 먹는다고 간식을 주지 마세요. 아이는 계속 좋아하는 것만 먹으려고 합니다. 그리고 아이가 입을 벌린 순간에 음식을 재빨리 넣기도 하는데, 먹는 것에 대해 나쁜 기억이 생길 수 있습니다. 입을 벌릴 때까지 기다려 주세요. 울 때는 흡인의 위험이 있으므로, 억지도 먹이면 안 됩니다.

안 먹겠다고 자꾸 거부하면 잠시 쉬는 것도 괜찮습니다. 다른 곳으로 데려가면 식사 시간이 끝난 것으로 생각하므로, 식탁 주변에서 잠시 쉽니다. 너무 오래 쉬어도 안 되며, 잠시 쉬었다가 다시 앉았는데도 또 울면서 안 먹으면 중단합니다. 다음 끼니를 먹이면 됩니다. 배가 고프면 먹습니다. 그 사이에 간식은 주지 않으며, 한 끼당 먹이기를 시도하는 시간은 30분 정도입니다.

이유식을 잘 먹다가 갑자기 거부해요

Q:

“원래 하루에 3번 이유식을 잘 먹었는데요. 돌이 다가오면서 이유식을 거부하네요. 고개 돌리고 뱉어 내고 입을 꾹 다물고 있어요. 간식으로만 배를 채워요. 어쩌지요?”

A:

이유식을 잘 먹던 아이가 돌 즈음 되어 이유식을 잘 안 먹는 경우가 많습니다. 아예 한 숟가락도 안 먹는 경우도 있습니다. 그러다 보니 엄마는 걱정스러운 마음에 자꾸 분유와 간식을 주게 됩니다. 제대로 된 이유식은 더욱 안 먹게 되지요. 잘 먹던 우리 아이, 왜 갑자기 안 먹는 걸까요?

1. 먹는 것보다 노는 게 더 좋아요.

돌 무렵이 되면 아이들은 노는 게 너무 재미있습니다. 한창 재미있게 놀고 있는데 자꾸 엄마가 먹이려고 하면 오히려 스트레스를 받아서 이유식을 거부하게 됩니다. 충분히 놀 수 있도록 허락해 주세요. 이 무렵 아이들의 집중력은 무척 뛰어나답니다. 한 개의 장난감으로 한 시간을 놀 수도 있어요. 중간에 방해를 하면 성격이나 지능에 나쁜 영향을 미칠 수 있다고 하니, 조금 기다려 주기 바랍니다.

2. 죽 형태의 이유식이 지루해졌어요.

한 그릇씩 하루 세 번 잘 먹던 아기가 갑자기 안 먹기 시작하면 엄마는 참으로 답답하고 애가 탑니다. 이런저런 방법을 사용해도 안 되었었는데, 손으로 집어 먹는 핑거푸드를 만들어 주니 잘 먹었다는 경우가 많습니다. 죽 형태의 이유식을 지나 이제 무른 밥으로 갈 때가 된 것이지요. 무른 밥, 진밥, 그리고 어른이 먹는 밥으로 차차 나아가야 합니다. 많은 가정에서 이유식(죽 형태)을 안 먹는다고 힘들어하다가 어느 날 밥을 주니 잘 먹더라고 이야기합니다. 밥 먹을 때가 된 것이지요.

주먹밥과 같은 핑거푸드는 아이들이 잘 먹는 메뉴 중 하나지요. 스스로 먹는다는 행위 자체만으로 아이들은 잘 먹는 경우가 많습니다.

고구마나 감자, 단호박을 이용한 퓌레도 괜찮고, 계란찜, 부침개(밀가루는 사용 안 함)와 같이 다양한 식재료를 이용하여 다양한 형태의 이유식을 주어도 좋습니다. 새로운 형태의 이유식을 먹다 보면, 더욱 잘 먹는 아이가 될 것입니다. 이유식 그릇이나 스푼을 바꾸어 식탁 환경을 새롭게 해 주는 것도 좋은 방법이지요.

3. 철분이 부족해요.

철분이 부족하면 빈혈이 생깁니다. 성인의 빈혈은 어지럼증이 주 증상이라면, 유아의 빈혈은 식욕이 감소하고 보채는 증세가 심해집니다. 엄마에게 전해 받은 철분이 사라지는 4~6개월이 지나면 빈혈 가능성이 높아집니다. 생후 9개월 즈음에는 가까운 보건소나 소아청소년과에서 받는 영유아 정기검진 시 이를 꼭 확인해 보아야 합니다.

철분이 부족하면 우선은 철분제를 섭취해야 합니다. 병원에서 처방받은 철분제를 먹이면 아이가 보채는 것이 줄고 식욕이 생기는 것을 볼 수 있습니다. 이제 철분이 풍부한 소고기나 닭고기를 이용하여 이유식을 먹이면 됩니다.

4. 다른 것을 먹고 있어요.

갑자기 이유식을 안 먹으면 엄마는 무어라도 먹이려고 합니다. 젖이나 분유의 양을 늘린다거나 빵이나 과자 같은 간식을 먹이는 것이지요. 젖이나 분유의 양을 늘리면 아이는 점점 씹는 것을 싫어하게 되고, 식사 간격은 좁아집니다. 밤중 수유를 끊지 못한 경우 점점 더 수유 의존이 높아집니다. 간식을 먹어도 그렇습니다. 겨우겨우 하루 3번으로 맞추어 놓았던 식사 패턴이 중간에 간식을 먹으면서 엉망이 됩니다. 이제 어른과 같이 하루 세끼 밥을 먹어야 하는데, 점점 더 힘들어집니다.

아이가 너무 먹기 싫어하면 안 먹이고 다음 끼니를 기약해야 합니다. 다음 끼니에는 2번의 내용을 참고하여 새로운 형태의 이유식을 시도해 보세요.

아기마다 개인차는 있지만 10개월부터 돌 즈음 갑자기 안 먹는 시기는 거의 다 온다고 합니다. 이 시기를 잘 극복하면 밥을 잘 먹는 아이가 되지요. 엄마의 관심과 정성이 제일 중요합니다.

이유식은 잘 먹는데 분유를 먹지 않아요

Q:

"7개월 아기인데 이유식은 잘 먹고 분유는 잘 먹지 않아요. 그냥 이유식만 먹이면 안 될까요?"

A:

아기가 이유식을 거부하는 경우도 있지만, 반면에 이유식을 너무 잘 먹고 분유를 잘 안 먹는 경우도 흔합니다(모유를 먹는 아기보다는 분유를 먹는 아기에게서 더 자주 나타납니다). 왜 그럴까요?

먼저, 이유식의 맛 때문일 수 있습니다. 이유식의 간이 너무 세지 않은지 한번 점검해 보아야 합니다. 육수를 만들 때 너무 많이 졸였거나, 멸치나 다시마 같은 나트륨 함량이 높은 식재료를 사용한 것은 아닌지요? 둘째, 먹는 형태를 선호하여 그럴 수도 있습니다. 숟가락으로 먹는 것이 너무 재미있고 좋은 것이지요. 셋째, 이유식 양이 많아 배가 차다 보니 분유를 못 먹는 경우지요.

여러 가지 이유가 있을 수는 있지만, 중기 이유식을 진행할 때까지는 분유나 모유가 주식입니다. 이유식만으로는 아기에게 필요한 영양을 채울 수 없습니다. 분유나 모유를 끊으면 성장 발달에 나쁜 영향을 미칠 수 있으므로, 이유식만 먹이면 안 됩니다. 이유식을 먹이는 시간은 일정하게 하고, 모유나 분유를 먹인 후 이유식을 먹여서라도 모유나 분유를 먹여야 합니다. 간이 세다면 빨리 염도를 낮추어서 미각을 되돌려야 합니다. 다만 일반적으로 중기 이유식 시기에는 모유나 분유를 1,000㎖ 정도 먹여야 되는데, 만약 이유식을 잘 먹는다면 모유나 분유를 700㎖ 정도로 줄일 수는 있습니다.

분유를 잘 안 먹는 이유가 이유식과는 별개로 분유 자체의 원인일 수도 있습니다. 아이가 젖병을 밀어 낸다면 젖꼭지를 한번 확인해 주세요. 젖꼭지만 바꿔도 잘 먹는 경우가 많습니다. 구멍이 너무 작아서 답답했거나, 너무 커서 분유가 왈칵 나와 먹기 힘들었을 수도 있습니다.

중기 이유식을 지나 후기로 갔는데 이유식만 먹고 분유를 잘 안 먹는 경우도 있습니다. 아이가 잘 놀고 체중이 증가하고 있으면 이유식을 적절히 진행하면서 지켜봐도 됩니다. 또한 돌이 지나면 컵으로 생우유를 먹여도 됩니다.

정말로 굶기면 잘 먹나요?

Q:

"분유도 잘 먹고 이유식도 잘 먹었는데, 언제부턴가 밥 먹이기가 너무 힘들어요. 주위에서 굶기면 먹는다고 하던데 정말로 굶겨도 되나요?"

A:

돌이 되면서 아이들은 여러 가지 이유로 밥을 잘 안 먹습니다. 우선 걷게 되면서 두 손이 자유로워지고, 기어 다닐 때와는 달리 시야도 넓어집니다. 새로운 세계에서 할 수 있는 것이 많아지는 것이지요. 밥 먹는 것보다 재미있는 것이 너무 많다는 것을 알게 되었습니다.

또한 한동안 아이는 육체적으로 '성장'을 좀 덜 합니다. 태어날 때 평균 50㎝, 3.5㎏이었던 남자아이는 돌 무렵 78㎝, 10.4㎏ 정도로 자랍니다. 처음 일 년 동안 키는 28㎝, 몸무게는 7㎏ 정도 늘어나지요. 그러나 두 돌이 될 때까지 키는 10㎝, 몸무게는 2㎏ 정도밖에 늘지 않습니다. 이때는 걷고, 말을 배우며, 세밀한 손동작이 늘어나는 등의 '발달'을 주로 합니다. 돌이 지나 '성장'보다는 '발달'을 주로 하는 이 시기에 전보다 밥을 덜 먹는 것은 당연한 일입니다.

조금 더 지나면 아기에서 어린아이로 변하는 과도기인 제1반항기(18~36개월)에 들어섭니다. '싫어', '아니'라는 단어의 사용이 많아지고, 가능하면 엄마가 해 주는 모든 것에 반항합니다. 엄마와 자신을 구별하면서 엄마에게서 독립하려는 마음과 의지하고픈 마음이 공존하는 것이지요. 이 시기에 기다려 주지 못하고, 자꾸 다그치고 억지로 먹이려고 하면 정말로 안 먹는 아이가 될 수 있습니다. 엄마가 '먹이려고' 애를 쓰면 쓸수록 아이는 '안 먹으려고' 기를 쓰게 됩니다.

엄마는 균형 잡히고 규칙적인 식사를 준비해 주어야 하지만, 그다음에는 아이의 의사를 존중해 주어야 합니다. 조금 엄격한 규칙이나 제한은 제1반항기가 끝나는 36개월 이후에 정하라는 것이 아동심리학자들의 공통된 의견입니다.

밥 먹이기가 너무 힘들다 보면 주위에서 '굶기면 먹는다.'라는 말에 귀가 솔깃할 수 있습니다. '아이를 정말로 굶겨도 되나?'라는 고민과 '잘 먹여야 잘 큰다던데……'라는 고민 속에서 엄마가 방황합니다.

《우리 아이 밥 먹이기》의 저자 임선경 씨는 "제대로 밥을 먹이려면 먹으면 먹고 말면 말고 하는 태도를 가져야 한다."라고 말합니다. 일부러 아이를 굶기는 것이 아니라 안 먹으면 놔두라는 것이지요. 엄마가 먹는 일에 목숨 걸지 않으면 아이와의 밥상머리 전쟁은 끝이 납니다.

단 주의할 것이 있습니다. 밥 먹이기가 힘들다고 빵, 과자, 우유 등을 챙겨 주면 안 됩니다. 제대로 된 식사가 아닌 형태로 찔끔찔끔 먹이는 것은 '굶기는 것'도 '잘 먹이는 것'도 아닙니다. 육체적인 건강과 행동적인 식습관 모두 안 좋게 만드는 지름길입니다. 계속 이렇게 하면, 점점 밥 안 먹는 아이로 클 것입니다.

◇ 밥 먹으라고 하면 배가 아프대요 ◇

잘 놀고 있던 아이에게 밥을 먹으라고 부르기만 하면 배가 아프다고 하는 경우가 있습니다. 진짜인가 싶다가도 너무 갑작스러워서 꾀병은 아닐까 의심되는 것이 사실입니다. 실제 꾀병일 수도 있겠지만, 이럴 경우 대부분은 '신체화 증상'입니다. 말로 표현해도 본인의 의견이 수용되지 않으니 몸으로 표현하는 것이지요. 거짓말이든, '신체화 증상'이든 아이는 정말로 밥 먹기 싫음을 표현하는 것입니다. 이럴 때는 식사량이나 종류에 대한 선택권을 말로 표현할 수 있도록 도와주어야 합니다.

어린이집에서는 잘 먹는데 집에서는 안 먹어요

Q:

"집에서 밥을 먹이기가 너무 힘든데, 어린이집에서는 밥을 잘 먹는다고 합니다. 반찬도 레시피 보면서 열심히 만들고 있는데 제가 요리 솜씨가 없는 걸까요?"

A:

아이를 어린이집에서 하원시킬 때 부모님이 선생님께 하는 질문의 50% 이상은 "밥은 잘 먹었나요?"입니다. 그중 답변의 50% 이상은 "네, 잘 먹었어요."이지요. 대답을 들은 엄마의 50% 이상은 그 대답이 믿기지 않습니다. 왜냐고요? 집에서는 밥을 잘 안 먹으니까요.

하지만 믿으셔도 됩니다. 아이들의 50% 이상은 밥을 진짜로 잘 먹습니다.

왜 아이들은 어린이집 혹은 유치원에서는 밥을 잘 먹는데, 집에서는 잘 안 먹을까요? 그렇다면 집을 어린이집이나 유치원 환경과 좀 비슷하게 해 보면 어떨까요?

1. 함께 식사해 주세요.

저는 언니와 터울이 워낙 많이 져서 혼자 자랐는데, 참 밥을 안 먹어서 속 썩이는 아이였습니다. 그런데 가끔 앞집 친구네 가서 밥을 먹으면 어찌나 맛이 있던지요? 고기반찬은 없었지만 친구네는 언니와 오빠 둘이 있어서 앉은뱅이 밥상이 항상 가득 찼습니다. 그 틈새로 끼어들어 함께 먹는 밥은 정말 맛있었지요. 오죽하면 제가 밥을 너무 안 먹는 날이면 엄마는 일부러 앞집에 가서 밥 좀 먹여 달라고 부탁을 하곤 했습니다.

'혼밥' 열풍이 불고 있습니다. 새로운 트렌드를 넘어서 삶의 일부가 되어 버렸습니다. 1인 가구의 전유물이 아닙니다. 다인 가구도 전체 식사 중 1/3은 혼자 밥을 먹는다고 합니다. 그러나 아이는 안 됩니다. 혼자 밥 먹는 아이는 몸과 마음이 병듭니다. 여기서 '혼밥'이 뜻하는 바는 연령대에 따라 조금 의미가 다릅니다.

초등학생 이상의 '혼밥'은 그야말로 맞벌이와 같은 이유로 아이 혼자, 또는 형제들끼리 점심이나 저녁 식사를 해결하는 경우를 말합니다. 이런 경우 외로움으로 마음이 병들고, 먹더라도 음식의 종류와 영양소의 조합이 건강하지 못하여 영양결핍 또는 비만이 되기도 합니다. 저녁 식사를 혼자 하는 초등학생의 경우 그렇지 않은 아이보다 비만의 위험이 5배나 높았습니다. 초등학교 고학년으로 가면 6.3배까지 높아졌습니다.

미취학 아동, 즉 영유아에게 '혼밥'이란 조금 다른 의미입니다. 부모와 같은 양육자가 마주 앉아 함께 먹지 않는 모든 경우는 '혼밥'에 속합니다. 가족의 식사 시간과 맞지 않아 따로 차려 주는 경우 아이는 혼자서 밥을 먹습니다. 가족이 모여 식사를 할 경우라도 아이가 너무 돌아다니거나 산만하면 아예 미리 먹이는 경우도 있지요. 아이가 밥을 잘 안 먹을 때 아이를 쫓아다니면서 한 숟가락씩 먹이거나, TV나 핸드폰의 영상을 보여 주며 먹여 줄 때(혹은 스스로 먹더라도) 아이는 혼자서 밥을 먹고 있는 것입니다. 양육자가 옆에 앉아 있다고 하여 '혼밥'이 아닌 것은 아닙니다.

'혼밥'이 왜 안 좋을까요?

'혼밥'을 하면 식욕이 저하됩니다. 어른, 아이 가리지 않고 마찬가지입니다. 혼자 먹을 때보다 함께 먹을 때 식욕이 40%까지 증가한다고 합니다. 식욕이 줄어들면 식사 섭취량이 줄게 되고 영양의 균형이 깨져 제대로 성장하지 못합니다.

'혼밥'을 하면 밥을 잘 못 먹습니다. 좀 더 정확히 말해 밥 먹는 방법을 제대로 배울 수가 없습니다. 가족들이 함께 밥을 먹으면 어른이 먹는 모습을 보면서 음식 종류에 따라 씹는 방법, 잘 안 집어지는 반찬을 쉽게 집는 방법, 자꾸 미끄러지는 밥공기를 효과적으로 움직이지 않게 만드는 방법, 수저 사용하는 방법 등을 자연스럽게 배울 수 있지요.

'혼밥'을 하면 식사 예절이 나빠집니다. TV를 보면서 식사하기, 스스로 안 먹고 누군가 먹여 주어야 먹기, 장난감을 가지고 놀면서 식사하기, 돌아다니면서 먹기 등은 '혼밥'에서 시작됩니다.

'혼밥'을 하면 가족 간 소통이 단절됩니다. 사람들은 소통을 하면서 가까워집니다. 오죽하면 가족을 함께 밥을 먹는다는 뜻의 '식구(食口)'라고 하겠습니까? 밥 종류가 무엇이든 간에 함께 밥을 먹으면서 정서적인 친밀감을 갖게 되고 타인에 대한 배려, 감사, 절제를 배웁니다. 미국의 컬럼비아대학교 연구에 따르면, 가족이 모여 식사하는 횟수가 많을수록 청소년기에 흡연, 음주, 마약을 경험하는 비율이 줄었다고 합니다.

'혼밥'의 반대는 '함께 밥을 먹는 것'입니다. 함께 밥 먹기를 시작하고, 같은 반찬을 집어 먹으며 식사를 하다가 함께 숟가락을 내려놓는 것입니다. 밥상머리 앞에서 지금 먹고 있는 음식에 대한 이야기 등 다양한 이야기를 나누는 것입니다. 아이를 위해 밥을 차리셨나요? 엄마 수저도 가져오세요.

2. 식사 시간을 미리 알려 주고 먹을 준비를 해 주세요.

어린이집이나 유치원에서는 놀이를 하다가 식사 시간이 다가오면, 선생님은 식사 시간을 알려 주고 다 함께 정리를 합니다. 정리를 마치면 다 함께 손을 씻고 소변을 보러 화장실에 다녀옵니다. 화장실에 다녀오면 식사를 할 수 있는 교실 탁자 앞에 앉아서 배식을 기다리거나, 원내에 있는 식당으로 이동합니다. 다 함께 정리를 시작하여 탁자 앞에 앉는 시간 동안 아이는 식사를 할 거라는 마음의 준비를 하지요.

집에서도 한번 따라해 볼까요? 아이가 놀고 있다면 식사 시간을 알려 주세요. 그리고 장난감을 정리하게 해 주세요(함께 정리할 수도 있고요). 바로 정리가 안 되는 경우도 있습니다. 예를 들어, 공룡 두 마리가 싸우는 중일 때 둘 중 한 마리가 죽어야 그 놀이는 끝이 납니다. 조금은 기다려 주는 여유도 필요해요. 무조건 공룡을 뺏어 버리면 아이는 마음이 너무 상합니다. 또 손도 씻고 소변도 보게 해 주세요. 아이 연령에 따라 식사 준비를 함께 하면 더욱 좋습니다. 요리까지는 아니더라도 수저를 놓는다든가, 휴지를 준비하는 등 쉬운 것부터 함께 하면 식사가 훨씬 즐거워집니다.

3. 식사는 일정한 시간과 장소에서 해 주세요.

어린이집이나 유치원의 점심시간은 늘 똑같습니다. 장소도 늘 같습니다. 아침에 눈을 떠서 등원하는 것만큼이나 자연스럽습니다. 집의 식사도 그래야 합니다. 오후 간식을 먹고 하원하면 간단히 우유나 두유 한 잔 정도 먹고 놀다가 저녁을 먹어야 합니다. 어떤 날은 저녁을 6시에 먹고, 어떤 날은 8시에 먹으면 안 됩니다. 6시와 8시 중 언제가 좋으냐의 문제가 아닙니다. 일정한 시간이 더 중요합니다.

장소도 가능한 한 일정한 곳이어야 합니다. 주방이든, 거실이든 장난감이 보이지 않는 곳이 좋습니다. 주방의 식탁이라면 아이는 거실이 보이지 않는 쪽에 앉힙니다. 거실에 있는 장난감에 정신이 가지 않게 하기 위함이지요. 주방이 좁아서 거실에서 상을 펴고 먹는다면 장난감은 다른 방에 가져다 놓아야 합니다. 밥 먹다가 레고가 보이면 아이는 당연히 레고가 하고 싶어집니다.

밥을 잘 먹지 않는 아이를 먹이게 하기 위해 식사 장소를 변경하여 주위를 환기시켜 주라는 팁을 주기도 합니다만, 이것은 조금 다른 문제입니다. 매일 집에서 밥을 먹다가 어느 날 캠핑을 가서 밥을 먹는 것은 주위 환기이지만, 오늘은 안방, 내일은 거실, 모레는 주방으로 바꾸어 가면서 먹이라는 얘기는 아닌 것이지요.

집에서는 잘 먹는데 어린이집에서는 안 먹어요

Q:

"두 돌이 지나 어린이집에 보내고 있습니다. 집에서 나름 식판에 담아 식사를 잘했었는데 어린이집에서는 밥만 조금 먹고 거의 안 먹는다고 합니다. 왜 그럴까요?"

A:

많은 아이들이 집에서는 잘 안 먹어도 어린이집이나 유치원에서는 잘 먹습니다. 친구들과 함께 먹는 밥은 집에서 혼자 먹는 밥보다 더 맛있고, 놀이의 연장처럼 느껴지기도 하기 때문입니다. 하원 때면 엄마들은 선생님께 늘 묻습니다.

"오늘 ○○이 밥을 잘 먹었나요?"

"그럼요. 깨끗하게 다 먹었어요."

"진짜요? 청경채가 나왔던데 그것도 먹었어요?"

"네. 먹었어요!"

위의 경우와는 반대로, 집에서는 잘 먹는데 원에서는 잘 못 먹는 아이가 있습니다. 이런 경우는 대체로 두 가지 이유 때문입니다.

1. 어린이집에서 먹는 음식이 너무 낯설어요.

새로운 것에 대한 두려움이 많은 아이들이 있습니다. 새로운 환경, 새로운 사람, 새로운 음식까지……. 아이들이 채소를 싫어하는 결정적인 이유가 바로 새로운 음식에 대한 두려움인 '푸드 네오포비아'인데, 채소뿐 아니라 모든 새로운 음식들이 두려울 수 있습니다. 집에서 먹는 식사는 엄마가 아무리 다양하게 해 준다고 해도 어느 정도 범위가 있습니다. 그 안에서 먹다 보니 그래도 익숙해져 있겠지요.

그런데 어린이집에서 주는 메뉴는 확실히 다릅니다. 굉장히 다양하지요. 요즈음 어린이집에서 제공되는 식단은 대부분 '어린이급식관리지원센터'에서 제공하는 식단인데, '이렇게 다양할 수가 있나?' 싶을 정도로 다양합니다. 끊임없이 새로운 음식을 제공하려고 노력합니다. 한 달에 한두 번 신메뉴가 들어가기까지 합니다. 아이들이 과연 먹을까 싶은 채소는 기본이지요. 그러다 보니, 익숙하지 않은 새로운 음식을 먹기가 어려울 수 있습니다.

어린이집 식단과 친해질 수 있도록 도와주세요. 어린이집 식단은 보통 한 달치씩 미리 가정에 알려 줍니다. 식단을 미리 보고 그 전날 또는 주말에 미리 접하게 해 줍니다. 같은 음식을 만들어서 미리 먹어 보게 하거나, 그것이 어렵다면 재료라도 미리 접하게 해 주는 것이지요. 예를 들어, 파프리카 볶음이 식단에 있다면 그 전날 같은 음식을 만들어 주거나, 아니면 파프리카의 윗부분을 잘라서 그 안에 계란찜을 해서 줍니다. 그러면서 이 그릇이 파프리카라고 알려 줍니다. 내일 어린이집에 가면 파프리카 볶음이 나올 거라고 얘기도 해 주고요. 함께 음식을 먹을 때 엄마가 맛있게 먹는 모습을 보여 주는 것도 많은 도움이 됩니다.

채소를 안 먹는 아이에게 채소를 먹이는 가장 좋은 방법은 채소와 친하게 해 주기 위해 노출을 많이 해 주는 것입니다. 어린이집에서 먹을 음식을 재료로, 혹은 같은 음식으로 한두 번씩 미리 집에서 접하면 어린이집에서 먹을 수 있는 음식이 조금씩 늘어날 것입니다.

2. 어린이집에서 먹는 음식이 너무 맛이 없어요(싱거워요).

어린이집이나 유치원에서는 대부분 염도 관리를 철저히 하고 있습니다. 염도계를 구매하거나 어린이급식관리지원센터에서 대여하여 아이들 국의 염도를 확인하고 있습니다. 그러다 보니 다른 반찬들의 염도도 매우 낮습니다.

혹시 집에서 너무 맛있게(사실은 간간하게, 즉 염도가 높게) 주고 계신 것은 아니었나요? 아이가 국에 밥을 말아서 한 공기를 뚝딱 해치우곤 했다면, 너무 맛있었기(간간했기) 때문인 경우도 많습니다. 당연히 나트륨 과다 섭취 중이겠지요. 이런 경우 외식을 하면 아마도 더 잘 먹을 것입니다. 외식의 염도는 대부분 더 높기 때문입니다.

하루아침에 음식의 염도를 어린이집 수준으로 낮출 수 없다면 서서히라도 줄여 나가야 합니다. 아이를 포함한 가족 모두의 건강이 달린 문제입니다.

◇ 외식을 하면 잘 먹는데 집에서는 안 먹어요 ◇

이유는 한 가지입니다. 외식 음식은 너무 맛이 있거든요. 나트륨 과다, 당 과다입니다. 외식 음식, 배달 음식, 패스트푸드를 좋아하는 공통적인 이유입니다. 간간하고 달달한 음식에 길들여진 입맛은 변화시키기 어렵습니다. 외식의 메뉴 선택 시 당과 나트륨의 함량을 한 번 더 확인해 주세요. 요즘에는 건강한 외식 음식도 많아져서 선택의 폭이 훨씬 넓어졌습니다.

동생을 본 후 밥 먹이기가 너무 힘들어요

Q:

"동생이 태어나기 전에는 밥을 혼자서도 잘 먹는 아이였는데, 동생이 태어나고 나서는 먹여 주어야 밥을 먹고, 심지어 다시 젖병으로 우유를 먹네요."

A:

둘째가 태어나면 첫째가 동생을 괴롭히고 퇴행 행동을 보입니다. 터울이 적게 질수록 이렇게 될 확률이 큽니다. 출산 후 힘든 몸으로 갓난아이를 키우는 것도 힘든데, 첫째까지 아기처럼 행동하니 너무 속상하고 버거울 것입니다. 이제 다 큰 것 같은 첫째가 도대체 왜 이러는 걸까요? 첫째의 마음을 잠시 들여다볼까요?

엄마와 아빠랑 행복하게 살고 있던 어느 날, 나보다 더 작은 아기가 갑자기 집에 왔습니다. 동생이라고 합니다. 처음엔 신기하고 귀엽기도 했는데, 조금씩 이상한 일이 생겼습니다. 일단 엄마가 좀 바빠진 것 같습니다. 나랑 놀아 주는 시간이 줄었습니다. 할아버지, 할머니도 집에 오시면 나만 안아 주시고 예뻐해 주셨는데, 이젠 동생을 더 많이 안아 주시고 예뻐하십니다. 엄마는 동생이 조금만 울면 바로 달려가면서, 내가 배고프다고 부르면 조금만 기다리라고 합니다. 놀아 달라고 해도 조금만 기다리라고 하고, 안아 달라고 해도 조금만, 조금만, 조금만 기다리라고 합니다. 하루가 너무 깁니다. 이제 엄마와 아빠는 날 사랑하지 않는 것 같습니다. 동생이 너무 밉습니다. 나도 동생처럼 젖병을 빨고, 혼자서 밥을 못 먹으면 엄마가 나를 다시 사랑해 줄까요?

첫째는 지금 극심한 스트레스를 받고 있습니다. 잠시 동생을 괴롭히고 퇴행 행동을 보이는 것으로 끝나면 다행이지만, 이것이 계속된다면 몸의 건강도 해쳐서 잔병치레를 할 수도 있습니다. 이 스트레스를 빨리 풀어 주어야 합니다. 어떻게요? 엄마의 사랑을 확인시켜 주면 됩니다.

1. 동생이 태어나는 순간부터 첫째를 배려해 주어야 합니다.

둘째가 자고 있는 시간을 이용하여 30분씩이라도 집중적으로 첫째와 시간을 갖고, 무조건 첫째가 최고임을 계속 알려 줍니다. 무언가 선택을 할 때에도 첫째 먼저, 맛있는 것이 있어도 첫째 먼저 줍니다. 엄마가 아무래도 동생을 챙겨야 한다면, 다른 가족들은 첫째를 더 챙겨 주어야 합니다.

2. 동생은 경쟁 상대가 아니라 보살펴 주어야 하는 작은 존재임을 알게 합니다.

동생 돌보는 일을 함께 하면 좋습니다. 기저귀를 함께 갈아 준다거나, 젖을 먹일 때 쿠션을 가져오게 하는 등 도움을 요청합니다. 고마움의 표시는 가능한 한 크게 해 주세요. 또 동생에게 주는 음식의 맛을 보게 하면서 의견을 물으면, 자기가 동생보다 훨씬 중요한 존재라고 생각하게 됩니다.

3. 퇴행 행동을 보일 때는 절대로 야단치지 않습니다.

당분간은 첫째용 젖병을 마련하고, 첫째와 단둘이 마주 앉아 먹여 줍니다. 그러면서 1번과 2번을 하다 보면 스스로 퇴행 행동을 그만두게 됩니다. 만약 이때 퇴행 행동에 대해 야단을 친다거나 억지로 못하게 하면 엄마가 무시했다고 생각하여 더 심한 행동을 할 수도 있습니다.

터울이 많이 지면 조금 덜합니다만, 여하튼 동생이 태어나면 적어도 6개월 동안은 첫째 위주로 생활해 주는 것이 좋습니다.

◇ 음식으로 보상해도 되나요? ◇

김치를 안 먹는 아이가 있습니다. 김치를 먹게 하는 여러 방법 중 가장 흔히 사용하는 방법은 "김치 다 먹으면 네가 좋아하는 초콜릿 줄게."와 같은 방법입니다. 병원에 다녀오는 것과 같이 하기 싫은 일을 한 보상으로 탄산음료나 과자를 주는 경우도 있습니다. 아이가 아플 때 위로를 하기도 합니다. "많이 아프니? 아이스크림 줄까?" 음식을 보상으로 사용하는 것이지요. 괜찮을까요? 지금 당장 효과는 있지만 장기적으로는 더 나쁜 결과를 초래합니다.

- 김치와 같은 건강한 음식은 더욱 싫어하는 음식이 됩니다.
- 건강에 좋지 않은 음식이 즐거움, 행복과 연결됩니다. 오히려 더 갈망하게 됩니다.

간혹 벌의 도구로 사용하기도 합니다. "엄마 말 안 들어서 아이스크림 안 준다!" 그러나 이때 먹지 말라고 한 '아이스크림'은 아이에게 더욱 매력 있는 음식이 되어 버립니다.

보상은 음식이 아닌 재미있는 활동 등으로 제공해 주어야 합니다. "김치 다 먹으면 함께 이불 놀이하자.", "병원에 다녀오면 엄마가 책 읽어 줄게."와 같이 말이지요.

2장

“너무 편식해서 미치겠어요”

고기를 안 먹어요

Q:

"두 돌이 지나 어린이집에 다니고 있습니다. 고기만 쏙 빼놓고 먹지 않는데 방법이 있나요?"

A:

드물기는 하지만 고기를 잘 안 먹는 아이가 있습니다. 고기는 감칠맛이 있어서 웬만하면 좋아할 수밖에 없습니다만, 몇 가지 이유 때문에 고기를 안 먹는 경우가 생깁니다. 우리 아이는 왜 고기를 싫어하는 걸까요?

1. 고기를 씹지 못해서 싫어합니다.

고기의 섬유 결이 입에 남아 잘 씹지 못하는 것입니다. 전반적으로 씹지 못하여 고기도 못 먹는 아이라면 씹기 연습부터 해야 합니다. 고기만 못 먹는다면 결 반대로 얇게 썬 고기를 두드려서 조리해 봅니다. 훨씬 씹기에 수월할 것입니다.

아이에게 주는 고기 요리라고 하면 다진고기를 이용한 완자류나 얇은 고기를 이용한 불고기를 먼저 떠올립니다만, 고기를 한번 튀겨 보면 어떨까요? 아이는 본능적으로 바삭함을 좋아합니다. 결 반대로 얇게 썰어 두드린 고기를 살짝 튀겨서 먹여 보세요. 고기 튀김은 돈가스만 있는 게 아닙니다.

2. 고기 특유의 누린내를 싫어합니다.

아이는 모든 감각에 민감하므로 어른은 느낄 수 없는 누린내를 맡을 수 있습니다. 고기의 누린내는 핏속의 이물질이 부패하거나 지방 성분이 산패되면서 납니다. 신선한 고기를 사서 핏물을 제거하고 먹이기 바랍니다. 뼈에 붙은 고기나 덩어리 고기는 물에 담그고, 다진 고기나 얇은 고기는 키친타월로 눌러서 핏물을 빼 줍니다. 양파나 배, 우유, 허브 등도 누린내 제거에 도움이 됩니다.

3. 고기와 관련된 안 좋은 기억이 있어서 싫어합니다.

예를 들어, 고기를 먹고 체한 적이 있거나 억지로 먹여서 안 좋은 기억이 있는 경우입니다. 심지어 고기를 먹고 있는데 식탁에서 부모님이 싸우셨다면 그 싸움의 원인을 고기로 생각하기도 합니다(식탁에서는 절대로 나쁜 상황을 만들면 안 됩니다). 이런 안 좋은 경험이나 기억 때문에 싫어하게 된 음식에 대한 생각을 바꾸기는 쉽지 않습니다. 오랜 시간을 두고 즐겁고 행복한 경험을 하게 하여 좋은 기억으로 바꾸어야 합니다.

◇ 고깃덩어리가 씹히면 안 먹는데, 국물만 먹여도 될까요? ◇

고기 육수 안에도 단백질과 무기질 등 영양소가 들어 있기는 합니다만, 그 양이 고기 자체를 먹는 것보다는 훨씬 적습니다. 고기를 아예 안 먹는 아이에게 육수라도 먹이면서 고기와 가까워지도록 노력하는 것은 권합니다만, 고기를 안 먹는다고 하여 육수로만 대체할 수는 없는 것이지요.

잘 못 씹어서 고기를 못 먹는 아이는 씹는 연습을 시켜야 하고, 고기 특유의 누린내를 싫어하는 아이는 조리법에 신경을 써서 어떻게든 고기를 먹이려는 노력을 해야 합니다. 기분이 좋을 때 조금씩 시도해 보는 것도 좋습니다.

맨밥만 먹어요

Q:

"두 돌이 지난 아이인데 맨밥만 먹어요. 다른 애들은 치킨도 먹고 카레도 먹던데 낯선 음식은 입도 안 댑니다. 영양적으로도 걱정됩니다."

A:

맨밥을 처음 접하게 되는 시기는 대부분 이유식 후기에서 완료기 즈음입니다. 가족들이 밥을 먹다가 한번 먹여 주는 것이 시작이지요. 그런데 돌 이전의 아이가 맨밥을 접하게 되면 이후에도 맨밥만 먹으려는 경향이 높습니다.

아이가 맨밥을 좋아하는 이유는 몇 가지가 있습니다. 먼저 맨밥은 입에 물고 오물오물 씹으면 단맛이 나는데, 아이는 이 단맛을 매우 좋아합니다. 그냥 이유식은 단맛이 별로 없는데, 맨밥에서는 단맛이 나니까 얼마나 맛있겠어요.

반찬의 향이나 질감을 싫어해도 맨밥만 먹습니다. 이유식 기간 중 다양한 맛과 재료를 접하지 못해서 양념된 음식들이 낯설기 때문입니다. 새로운 음식에 관심이 없거나 거부감이 있어서일 가능성도 있습니다.

씹기를 잘 못해도 맨밥을 좋아합니다. 씹기를 잘 못하니 맨밥만 먹게 되고, 맨밥만 먹다 보니 씹는 연습은 계속 못합니다. 악순환이 계속되는 것이지요. 더욱 나쁜 경우는 맨밥을 먹이다가 국에 말아 먹는 습관까지 갖게 되는 것입니다. 국은 음식을 삼키기 좋은 상태로 만들어 주므로 씹는 습관에 매우 안 좋은 영향을 줍니다.

이유식 후기에 맨밥을 맛있게 먹게 되었다면 일단 이유식 부재료의 양을 조금 줄여서 만들어 주세요. 익숙해졌다 싶으면 조금씩 부재료의 양을 늘려 줍니다.

반찬의 향이나 질감을 싫어하는 경우라면 향이 약하고 눈에 띄지 않는 채소를 다져 넣어 밥을 지어 주면 어떨까요? 싫어하는 음식을 골라내지 않는 아이라면, 다양한 식재료를 넣어서 비비거나 볶아서 한 그릇 음식으로 해 주는 것도 좋습니다.

새로운 음식에 대한 거부감이 있는 두 돌 정도의 아이라면, 꼭 먹지 않더라도 다른 식재료들을 만지고 놀 수 있게 해 주세요. 새로운 식재료와 친해져야 합니다. 한 번에 골고루 먹을 수는 없습니다. 아이가 음식에 대해 하나씩 하나씩 관심을 갖게 하는 것이 중요합니다. 핑거푸드 형태로 음식을 먹게 해 주는 것도 한 방법이지요.

아이에게 밥을 줄 때 처음부터 많은 반찬을 주면 안 됩니다. 어른이 보기에는 적은 양이지만 아이에게는 많은 양일 수 있습니다. 적은 양부터 시작하여 다 먹은 후 칭찬해 주어 성취감을 주는 것이 좋습니다. 처음에는 반찬을 골라낼 수 있겠지만, 한 조각부터 시작하여 천천히 천천히 늘려 가야 합니다.

그리고 씹는 연습을 해야 합니다. 씹는 습관은 아무리 강조해도 지나치지 않습니다. 조금씩 연습하게 해 주세요. 음식을 아이와 마주 보고 먹어야 씹는 방법을 배울 수 있습니다.

반찬만 먹고 밥은 안 먹어요

Q:

"18개월 아기인데 한 달 전부터 밥을 안 먹네요. 좋아하는 반찬만 손으로 집어 먹고 국물만 떠먹어요. 비빔밥이나 주먹밥은 먹는데 밥만 안 먹어요. 이유식도 잘 먹었었는데 왜 그럴까요?"

A:

밥만 안 먹는 아이는 맨밥의 밋밋함이 싫은 것입니다. 반찬이나 국물은 간간한 맛이 느껴지지만, 맨밥의 경우 간간함이 없으므로 재미가 없는 것이지요.

이유식을 잘 먹었던 아이라면 아마도 이전까지 먹었던 이유식의 형태가 다양한 재료가 섞여 있는 죽이나 무른 밥 형태였을 것입니다. 그러다가 어느 날 밥 따로, 반찬 따로 주니까 밋밋한 밥은 먹고 싶지 않은 것이지요. 다행히 비빔밥이나 주먹밥은 먹는다고 하지만, 모든 끼니를 비빔밥과 주먹밥으로 줄 수도 없는 노릇이고요. 더욱 큰 문제는 짠맛에 너무 길들여져 있어 나트륨 과다 섭취의 위험이 있다는 것입니다. 어떻게 해야 할까요?

첫째, 그나마 비빔밥과 주먹밥은 먹는다고 하니, 요리책이나 인터넷의 도움을 받아서 다양한 비빔밥과 주먹밥을 먹여야 합니다. 영양을 채워 주어야 하기 때문입니다.

둘째, 밥의 형태를 없애고 줄 수 있는 요리도 있습니다. 예를 들어, 라이스햄버거나 도리아 같은 것이지요.

셋째, 위의 2가지 요리 시 주의할 점은 가능한 한 간을 약하게 해야 한다는 점입니다. 비빔밥이나 주먹밥에 들어가는 부재료로 밋밋함은 없앴으므로 간은 최대한 약하게 하여 짠맛에 길들여진 입맛을 고쳐야 합니다. 일반적으로 2개월간 저염식을 하면 입맛이 돌아온다고 합니다. 갑자기 무염식을 하면 아이가 안 먹을 수 있으므로 서서히 간을 줄이도록 합니다.

생선을 안 먹어요

Q:

"두 돌 지난 아이인데 생선을 안 먹어요. 고기나 두부, 채소도 그럭저럭 먹는데 생선만 유난히 안 먹네요. 오메가-3를 먹어야 두뇌 발달에 좋다는데 어떻게 하면 생선을 먹일 수 있을까요?"

A:

생선은 질감이 부드럽기 때문에 씹기를 잘 못하는 아이들도 쉽게 접근할 수 있는 식품입니다. 그럼에도 불구하고 생선을 싫어하는 경우는 2가지가 있습니다. 생선의 냄새를 싫어하거나 생선을 먹으면서 가시 등에 나쁜 기억이 있는 경우이지요.

가시 등에 나쁜 기억이 있다면 사실 접근하기 쉽지 않습니다. 이런 경우에는 생선의 형태를 전혀 모르게 하여 음식을 만들어 주면서 생선에 대한 나쁜 기억을 천천히 없애야 합니다. 예를 들어, 생선을 동그랑땡 안에 넣는다든가, 마파두부에 섞는다든가, 아니면 만두소로 넣어 주어도 좋지요.

냄새를 싫어하는 것이라면 냄새가 나지 않게 해 주면 되겠지요?

1. 생선은 신선한 것을 고릅니다.

생선 냄새, 즉 비린내가 나는 원인은 생선이 죽은 후 시간이 지나면서 만들어지는 성분인 트리메틸아민 때문입니다. 이 성분이 덜 만들어지게 하려면 신선한 생선을 골라야 합니다.

2. 흰살생선을 고릅니다.

지방이 많은 등푸른생선은 조금만 시간이 지나도 비린내가 심해지므로 더욱 안 먹습니다. 부모님들은 오메가-3가 풍부한 등푸른생선을 먹이고 싶겠지만, 입 근처에 가까이도 못 오게 할지 모릅니다. 가자미, 병어, 옥돔, 조기 등의 흰살생선을 고릅니다.

3. 기름에 굽거나 튀기는 것보다는 직화 구이가 좋습니다.

기름에 조리한 것은 시간이 지나면서 비린 맛이 심해집니다.

4. 아이들은 생선조림을 좋아합니다.

다시마 우린 물로 감칠맛을 더하고, 설탕과 참기름으로 달콤한 맛과 고소한 맛이 더해진 조림은 생각보다 아이들이 좋아합니다. 조리할 때 뚜껑을 열어 두면 비린내가 날아갑니다.

음식과 관련하여 몸으로 느낀 기억은 오래 갑니다. 나쁜 기억은 더하지요. 아이들에게 음식을 줄 때 한 번 더 조심해야 하는 이유입니다.

우유만 먹으려고 해요

Q:

"두 돌이 다 되어 가는데 밥은 잘 안 먹고 우유만 먹으려고 해요. 하루에 1리터 이상은 먹는 것 같아요. 밥은 어린이집에 가서 먹는 게 전부예요."

A:

밥을 잘 안 먹으니 '우유라도' 마셔야 하지 않을까 하여 달라는 우유를 주고, 우유를 마신 아이는 배가 안 고프니 밥을 안 먹고, 좀 이따가 또 허전해진 아이는 다시 우유를 달라고 합니다.

우유가 과연 좋은 식품인지, 나쁜 식품인지에 대해 영양학자들 사이에서도 의견이 분분합니다만, 우유를 이렇게 많이 먹는 것에 동의하는 경우는 없습니다. 아이를 위한 영양소가 우유에 많이 들어 있어 '완전식품'이라고 부른다고 할지라도 하루 2잔(400㎖) 정도의 섭취를 권합니다.

우유를 많이 먹으면 기본적으로 배가 부르게 되므로, 밥을 잘 안 먹는 문제를 포함하여 다양한 문제들이 생깁니다.

1. 철분이 부족하여 빈혈이 생길 수 있습니다.

우유는 단백질과 칼슘이 풍부하기는 하나, 철분이 부족합니다. 식사를 제대로 하지 못하고 우유만 주로 먹다 보면 철분이 결핍되기 쉽습니다. 또한 우유를 많이 먹다 보면 우유 속 칼슘이 철분 흡수를 방해합니다. 아이들이 철분결핍성빈혈이 되면 기운이 없어지고, 활동이 줄어들며, 신경질과 짜증을 내기도 하지요. 식욕부진도 철분 부족 증상의 하나이므로, 밥을 더욱 먹지 않습니다. 심하면 숨이 가빠지고 맥박도 빨라집니다.

2. 섬유질이 부족하여 변비가 생길 수 있습니다.

우유에 부족한 것 중 하나는 섬유질입니다. 앞서 말씀드렸듯이 우유를 많이 먹으면 다른 식사, 특히 채소는 더욱 안 먹을 것이므로 섬유질의 부족 증상인 변비가 생깁니다.

3. 씹는 것을 싫어하게 되어 다른 음식에 대한 편식을 유발합니다.

계속 우유만 먹게 되면 씹는 것을 싫어하게 됩니다. 씹는 것을 싫어해서 우유만 먹었을지도 모릅니다. 아이에게 씹는 것은 정말 중요합니다. 평생 건강에 영향을 줍니다.

그럼 어떻게 해야 할까요?

첫째, 밤중 수유를 하고 있다면 그것부터 끊어야 합니다.

둘째, 씹는 능력이 현저히 떨어져 있을 것이므로 물렁한 것, 바삭한 것부터 시작하여 씹기 연습을 도와주세요.

셋째, 밥을 물이나 국에 말아 주지 말아야 합니다. 씹어먹는 즐거움을 느끼는 데 방해가 됩니다.

넷째, 지금 당장은 '골고루' 먹이려는 노력보다 식사 시간에 조금씩이라도 고체 음식을 먹이려는 노력이 먼저입니다.

다섯째, 하루 세 번 식사와 두 번 간식을 기억하며, 우유는 간식 시간에만 주는 것임을 아이에게 계속 말해 주세요.

오늘부터 바로 시작하세요. 하루하루 늦게 시작할수록 그만큼 더 힘들어집니다.

우유를 안 먹어요

Q:

"15개월인데 우유를 안 먹어요. 얼마 전까지는 100㎖ 정도는 먹었었는데 이제는 이것도 안 먹네요. 그나마 먹는 것이 치즈, 떠먹는 요구르트 같은 건데 이거라도 주면 되나요? 준다면 얼마나 주면 될까요?"

A:

우유를 왜 안 먹을까요? 가장 큰 이유는 '유당불내증' 때문에 우유를 마시면 설사를 하기 때문입니다. 우유의 유당을 분해시키는 효소가 부족하기 때문이지요. 주위 어르신들 중에 이런 경우를 많이 보았을 것입니다. 이때는 요구르트나 치즈 등으로 먹이거나 유당이 분해되어 있는 우유를 먹이면 됩니다. 우유를 살짝 데워서 먹이고, 조금씩 양을 늘려 가며, 씹듯이 마시게 하면 조금씩 나아지기도 합니다.

유당불내증이 아닌데도 우유를 안 먹는다면 예전에 마시고 토한 경험이 있거나, 딸기우유나 바나나우유와 같은 단 우유를 먹었던 경험으로 흰 우유를 안 먹는 경우입니다.

아이에게 우유는 양질의 칼슘을 섭취할 수 있는 좋은 급원이므로, 하루에 우유 2컵 분량은 제공하는 것이 좋습니다. 다음의 방법으로 시도해 봅니다.

첫째, 두유나 유산균음료, 떠먹는 요구르트, 치즈 등 다른 유제품으로 대체해서 먹입니다.
둘째, 죽을 끓일 때 우유를 넣어 우유 야채죽을 만들어 먹입니다.
셋째, 카레라이스를 만들 때 물 대신 우유를 넣어 만들어 줍니다.
넷째, 스프, 계란말이, 리소토를 만들 때 등 음식에 우유를 조금씩 넣어 줍니다.

우유 한 컵(200㎖) 대신 먹일 수 있는 유제품

우유	치즈	떠먹는 요구르트	마시는 요구르트	아이스크림
1컵(200㎖)	1장	1개(100g)	1개(150㎖)	1/2컵(100g)

채소를 안 먹어요

Q:

"아이가 채소를 안 먹어도 너무 안 먹네요. 나물 같은 건 절대 안 먹고, 국에 들어간 것도 건져 냅니다. 계란찜, 계란국, 김 같은 것만 먹어요. 편식이 너무 심해서 힘드네요."

A:

'편식한다.'는 말은 '채소를 안 먹는다.'는 말의 다른 표현이라고 해도 과언이 아닙니다. 편식하는 아이들의 대부분은 채소를 안 먹습니다. 고기, 생선, 우유를 안 먹는 경우보다 채소를 안 먹는 경우가 훨씬 많습니다. 아이들은 왜 이렇게 채소를 싫어할까요?

인류의 역사를 거슬러 올라가 보면, 농사를 짓기 이전에는 자연에 있는 것을 채집해 먹었습니다. 자연에는 독이 있는 것이 있으므로, 항상 조심해야 했습니다. 우리 몸에는 새로운 것에 대해 조심하는 본능이 있습니다. 새로운 음식에 대한 두려움인 '푸드 네오포비아'가 하필 식품 중 채소에서 유난히 강하게 나타납니다.

그리고 채소는 기본적으로 쓴맛을 가지고 있습니다. 쓴맛은 독의 맛입니다. 우리를 위험에 빠뜨릴 수 있는 독을 감지하려면 아주 소량의 쓴맛도 인지해야 하므로 쓴맛에 대한 감수성은 매우 높습니다. 심지어 아이들은 어른보다 맛을 감지하는 미뢰의 수가 많아서 더 예민하니 쓴맛을 얼마나 잘 느끼겠습니까?

이 두 가지 이유 때문에 아이들은 알록달록 낯선 채소를 싫어합니다. 너무 당연하고 자연스러운 현상입니다. 맛있는 시금치를 왜 안 먹냐고 다그치거나, 콩나물을 안 먹으면 키가 안 큰다고 협박해서 될 일이 아닙니다.

이제부터 본능을 거스르는 채소 먹기에 한번 도전해 볼까요?

1. 이유식 먹을 때부터 다양한 채소를 접해야 합니다.

아이들은 채소죽을 별로 좋아하지 않지요. 거부할 것입니다. 어른이 먹기에도 맛이 없는 채소죽을 아이들이 무슨 맛으로 먹겠어요? 그렇다고 과일만 먹인다면 채소죽은 더더욱 안 먹을 것입니다. 먹이기 위해 노력을 해야겠지요.

아이들은 단맛을 좋아하므로, 호박, 고구마, 양배추, 양파, 당근 등 단맛이 나는 채소를 이용합니다. 다시마, 마른 표고버섯, 마른 멸치도 이유식에 활용하면 감칠맛이 더해져서 훨씬 맛있어집니다. 다시마에는 글루탐산이, 마른 표고버섯에는 구아닐산이, 마른 멸치에는 이노신산이 많은데 각각 사용하는 것보다 세 가지를 함께 사용하면 감칠맛이 더욱 더해지지요.

2. 식사 시간 이외에도 채소를 만나서 친해져야 합니다.

푸드 네오포비아를 극복하는 가장 좋은 방법은 채소와 친해지는 것입니다. 알록달록 낯선 채소가 아니라, 만져 보고 냄새를 맡아 보아서 익숙한 채소라면 먹는 데 훨씬 부담이 적어지지요.

'푸드브릿지'는 편식을 개선하는 가장 좋은 방법으로 제시되고 있습니다. '푸드브릿지'란 싫어하는 음식을 다양한 방법으로 노출시키는 것입니다. 1단계인 '친해지기'에서는 식재료를 이용해 다양한 활동을 해 보게 합니다. 2단계인 '간접 노출(애착 형성)'에서는 식재료의 모양을 보이지 않으면서 맛있는 맛을 느껴 보게 합니다. 3단계인 '소극적 노출'에서는 눈에 보이지만 맛은 강하지 않게 하여 먹게 해 봅니다. 4단계인 '적극적 노출'에서는 식품의 맛과 향을 즐길 수 있도록 적극적으로 노출을 시킵니다. 단 아이가 싫어하는 질감이나 맛은 피해야 합니다.

이 책 부록에 각 단계별로 집에서 할 수 있는 방법이 자세히 소개되어 있습니다. 어려워하지 말고 단계별로 천천히 실행해 보기 바랍니다.

3. 채소를 억지로 먹이거나, 안 먹는다고 혼내면 안 됩니다.

절대로 채소를 억지로 먹이거나, 안 먹는다고 혼내면 안 됩니다. 가뜩이나 싫은 채소인데 거기에 억지로 먹었던 나쁜 기억까지 더해지면, 그 채소는 더욱 싫어지게 됩니다.

어른에게 싫어하는 음식에 대한 이유를 물어보면, 어릴 적 기억과 연관된 경우가 많습니다. 엄마가 카레에 든 당근을 남기지 말라고 해서 억지로 먹었다가 지금은 아예 당근을 싫어하게 된 경우, 아플 때 버섯죽을 먹었는데 그 냄새가 너무 강했던 적이 있어서 버섯 자체를 싫어하게 된 경우처럼 말입니다.

맛은 기억과 함께합니다. 채소에 대한 즐거운 기억이 있어야 합니다. 앞서 말한 놀이나 채소 키우기, 요리하기 등은 즐거운 기억을 심어 줍니다. 즐거운 기억이 낯선 채소에 대해 긍정적인 생각을 갖게 해 주는 것이지요.

◇ 버섯을 유난히 싫어해요 ◇

버섯을 싫어하는 아이가 많습니다. 버섯을 싫어하는 이유는 대부분 물컹한 질감과 특유의 강한 향 때문입니다. 새송이버섯이나 팽이버섯은 버섯류 중에서 그나마 향이 적은 버섯입니다. 이것을 잘게 다져서 소량씩 완자나 볶음밥 등에 넣어 주면 좋습니다. 여기서 중요한 것은 '소량씩'입니다. 아이가 전혀 알아차리지 못할 만큼의 소량이지요. 그리고 조금씩 양을 늘려 가야 합니다.

향이 강한 표고버섯은 육수로 이용하는 것부터 시작하여 향을 익숙하게 해야 합니다. 물컹한 질감을 없애기 위해서는 쫄깃하거나 바삭하게 주면 되는데 아이가 좋아하는 식감이 무엇인지 먼저 생각해 보세요. 쫄깃한 젤리를 좋아하는지, 바삭한 돈가스를 좋아하는지……. 싫어하는 음식에 접근할 때는 아이가 좋아하는 식감을 고려하면 좋습니다.

시중에 보면 버섯 키우기 키트를 판매합니다. 직접 키우면서 만지다 보면 익숙해질 수 있습니다. 버섯은 추워야 잘 자라니, 겨울에 한번 키워 보세요.

간식을 너무 좋아해요

Q:

"두 돌이 지난 아이와 간식 전쟁 중입니다. 과자, 사탕, 음료수를 너무 좋아하다 보니 밥은 점점 더 안 먹습니다."

A:

《과자, 내 아이를 해치는 달콤한 유혹》의 저자 안병수 박사님은 아이에게 과자를 주느니 담배를 주라고 하였습니다. 아이들이 담배를 달라고 하면 엄마는 펄쩍 뛰며 안 된다고 할 것입니다. 그런데 과자를 달라고 하면 안 된다고 하면서 집 안 구석구석에 숨겨 놓았던 것을 꺼내 줍니다. 담배를 달라고 해도 그럴 건가요? 아니지요. 담배가 아이에게 너무 해로운 것을 알기 때문입니다.

그런데 당을 많이 먹는 것은 아이에게 많이 해롭습니다. 너무나 당연한 얘기지만, 그냥 당연히 넘길 수 없는 이야기를 해 볼까 합니다.

아이들은 누가 가르쳐 주지 않아도 달콤한 '초콜릿', '사탕', '아이스크림', '과자'를 좋아합니다. 한국 아이들만의 이야기가 아닙니다. 미국, 일본의 아이들도 마찬가지입니다. 인류학자들은 인간이 단맛을 좋아하는 것은 보편적 진리라고 말합니다. 다른 맛들(쓴맛, 짠맛, 매운맛, 신맛 등)은 개인의 기호와 문화에 따라 다를 수 있지만, 단맛만은 모두 좋아합니다.

왜 그럴까요? 단맛은 칼로리를 의미합니다. 단맛이 있는 것을 먹어야 칼로리를 축적할 수 있습니다. 축적해 놓은 칼로리는 맹수를 피해 도망을 간다거나 위험한 환경에서 벗어날 때 사용합니다. 즉 생존을 위해 칼로리는 필수적입니다. 단맛을 통해 생존해 온 조상들의 삶이 유전자를 통해 전해진 결과이지요.

몇 년 전 EBS 〈아이의 밥상〉 제작팀이 실험 및 관찰을 한 결과, 6개월 된 태아도, 모유만 먹던 50일 된 아기도 단맛에 호의적이었습니다. 수백만 년 전에는 단맛에 대한 선호가 우리의 생명을 지켜 주었지만, 이제 점점 더 강해지고 다양해지는 단맛은 우리의 생명을 위협하고 있습니다.

단맛을 좋아하는 이유는 한 가지 더 있습니다. 단 음식을 먹으면, 뇌에서는 세로토닌이라는 신경전달물질과 도파민을 분비시킵니다.

세로토닌은 행복한 기분을 유발하고, 도파민은 긍정적인 마음, 식욕 등과 관련이 있습니다. 달콤한 초콜릿을 먹으면 기분이 좋아지는 것을 느껴 보았을 것입니다.

그러나 단 음식을 매일 먹게 되면, 자극에 익숙해지며 점점 더 적은 양의 도파민이 분비됩니다. 이전의 기분 좋음을 느끼려면 단 음식을 더 많이 먹어야 합니다. '중독'이 되는 것이지요.

단맛을 가진 모든 식품이 중독을 일으키고 질병을 유발하는 것은 아닙니다. '당에 중독되었다.'라든가 '당을 너무 과다하게 섭취했다.'라고 할 때는 단순당에 속하는 단당류와 이당류를 가리킵니다. 아이들이 좋아하는 과자, 사탕, 탄산음료, 아이스크림 안에는 이러한 단순당(주로 과당, 설탕)이 과다하게 들어 있습니다(그 양을 확인하려면 영양 성분 표시에서 당류라고 써 있는 곳을 확인하면 됩니다). 그러다 보니 이런 식품을 먹으면 중독과 관련된 신경호르몬이 나오고, 아이들은 점점 더 단맛에 중독되는 것입니다.

적절한 양을 섭취했을 때 당은 우리 몸에 꼭 필요한 성분이고 우리에게 행복감을 주지만, 많이 먹으면 어떻게 될까요?

단것을 많이 먹으면 뚱뚱해지고, 충치가 생깁니다. 그런데 더 나아가서 단것을 먹으면 비타민과 무기질이 풍부한 다른 식품을 잘 안 먹습니다. 밥을 잘 안 먹는 아이의 주된 원인은 간식을 먹기 때문입니다.

그럼 당을 얼마나 먹으면 될까요?

세계보건기구(WHO)에서 권장하는 하루 당 섭취량은 25~50g입니다. 각설탕 한 개 정도인 작은 한 숟가락을 4g 정도라고 보면, 하루에 6작은술에서 13작은술 정도 됩니다. 그러나 아이들이 즐겨 먹는 간식류의 당 함량을 보면, 생각보다 당이 많이 들어 있는 것을 알 수 있습니다.

당이 많이 들어 있는 간식을 즐겨 먹는 아이는 대부분 밥을 잘 안 먹습니다. 간식을 많이 먹어서 부모와 실랑이를 벌인다기보다는 결국 밥을 잘 안 먹는 문제로 실랑이를 벌이게 됩니다. 간식으로 인한 밥과의 전쟁, 어떻게 하면 좋을까요?

1. 양육자가 당도 담배만큼 나쁘다고 생각하는 것이 중요합니다.

그래야 분명한 원칙을 가지고 아이를 대할 수 있습니다. 도움이 될 만한 책을 몇 가지 소개합니다. 의지가 흔들릴 때 가끔씩 꺼내 보는 것도 좋습니다. 아이의 평생 건강을 좌우하는 아주 중요한 부분입니다.

- 《과자, 내 아이를 해치는 달콤한 유혹》(안병수, 국일미디어)
- 《아이의 식생활》(EBS <아이의 밥상> 제작팀, 지식채널)

2. 아이에게 먹이고 싶지 않은 것은 집에 사다 놓지 않습니다.

집 안 어딘가에 아무리 꽁꽁 숨겨 놓는다 해도 아이는 결국 알게 됩니다. 한밤중에 아이스크림이 먹고 싶다면, 벗어 놓은 양말을 찾아 신고, 외투를 입은 후 집 앞에 있는 편의점에 나가서 사 먹어야 합니다.

3. 인공 단맛보다는 천연 단맛을 이용합니다.

아이들은 인공 단맛이든, 천연 단맛이든 가리지 않고 단맛을 좋아합니다. 인공 단맛은 더 많은 양의 당과 기타 첨가물들까지 들어 있습니다. (하지만 천연 단맛도 그 양이 지나치면 밥을 잘 안 먹게 합니다. 과자나 사탕보다 과일이 낫다는 것이지, 과일은 많이 먹어도 된다는 것은 절대 아닙니다.)

4. 주식을 안 먹는다고 간식으로 보충해 주면 절대 안 됩니다.

간식으로는 아이에게 필요한 열량을 채울 수는 있어도 영양을 채울 수는 없습니다.

5. 단맛이 나는 간식으로 보상을 하면 안 됩니다.

"시금치 한 젓가락을 먹으면 사탕을 줄게."라고 하는 순간 그저 그렇게 싫었던 시금치는 매우 싫은(혐오스러운) 시금치가 되어 버립니다. 이 밥을 다 먹으면 아이스크림을 주겠다고 하는 순간, 그 밥은 아이에게 어떻게든 먹어치워 버려야 하는(무슨 맛인지도 모른 채) 것이 되어 버립니다. 그리고 보상받은 단맛은 매우 특별하고 좋은 것이 되어 버립니다. 음식은 상이 되어서도, 벌이 되어서도 안 됩니다. 좋은 식습관에 대한 보상은 칭찬 스티커 등을 모아서 얻는 선물이나 행동(가고 싶은 곳을 간다든가, 하고 싶은 것을 한다든가)으로 받는 것이 좋습니다.

6. 두 돌이 지나면 해 볼 만한 방법을 하나 소개합니다.

2주 분량의 간식 내용과 양을 정해서 지켜보는 것입니다. 단 주의할 것은 보호자와 아이가 함께 내용과 양을 정해야 한다는 것입니다. 엄마는 매일매일 감자, 과일, 고구마 등을 먹이고 싶겠지만, 아이가 원하는 과자도 주어야 합니다. 잘 지킨 날에는 스티커를 붙여 주고, 스티커가 다 붙은 2주가 지나면 미리 약속했던 것으로 보상해 줍니다(단 먹는 것으로 보상하지는 않습니다).

모든 아이가 태어나기 전부터 단맛을 좋아하지만, 모든 아이가 단맛 중독이 되지는 않습니다. 이유식을 통해 처음 식품을 접할 때부터 조심하며 단맛에 익숙해지지 않도록 조심해야 합니다. 《설탕이 문제였습니다》의 저자 캐서린 바스포드는 "작은 습관이 큰 변화를 이끈다."라고 말합니다. 하루아침에 단 음식을 끊을 수는 없지만, 양을 줄이고 서서히 습관을 바꿔 나가야 합니다.

음료를 너무 많이 먹어요

Q:

"우리 아이는 어린이집에서 돌아오면 음료수부터 찾아요. 물보다는 음료를 더 좋아하는데 괜찮을까요?"

A:

주위를 둘러보아도 음료를 좋아하는 '어른'보다 음료를 좋아하는 '아이'가 더 많습니다. 아이에게 '마신다'는 의미는 어른의 '마신다'의 의미와는 다르기 때문입니다. 이유식을 하기 이전에 엄마 젖이나 분유를 먹었던 아이는 '마시는' 행위를 통해 위안을 찾습니다. 심지어 두 돌이 훌쩍 지나서도 젖병에 주스를 넣어서 마시기도 합니다.

그럼 아이가 음료를 많이 먹는 것은 괜찮을까요? 전혀 그렇지 않습니다. 기본적으로 음료는 당을 많이 함유하고 있습니다. 당을 과다하게 섭취하면 많은 문제들이 생길 수 있지만, 아이들에게 가장 즉각적으로 나타나는 문제는 혈당을 올려서 식욕을 낮추는 것입니다. 간식으로 먹이는 주스 한 잔이 저녁 식사 실랑이의 주범인 것이지요. 장기간 그랬다면, 충치와 비만을 함께 가지고 있을 것입니다.

식품의약품안전처는 가공식품을 통한 당류 섭취량을 열량의 10% 이내로 권고합니다. 유아의 경우 1,400㎉ 기준 35g입니다. 아이들이 많이 섭취하는 음료의 당 함유량을 보면, 콜라 1캔(250㎖)에는 27g 정도, 주스 1잔(200㎖)에는 20g 정도의 당이 들어 있습니다. 아이들이 좋아하는 캐릭터가 그려 있는 어린이 음료라는 것조차 1병(235㎖)에 14g이 들어 있고, 어린이용 요구르트 1병(80㎖)에는 10g이 들어 있습니다. 어린이용 음료 1병과 요구르트 1개만 먹어도 24g이 됩니다.

국민건강영양조사 2007~2013년 자료를 보면, 3~29세 2명 중 1명꼴로 가공식품을 통해 기준보다 많은 당류를 섭취했습니다. 가공식품 중 가장 많은 부분을 차지하는 것은 음료류이고, 1~5세의 경우 과일·채소 음료, 6~29세는 탄산음료가 가장 많았습니다.

음료로 인한 당 섭취를 줄일 수 있는 방법은 무엇일까요?

1. 음료류를 집에 사다 놓지 마세요.

간식 섭취를 줄이는 방법에서도 말씀드렸듯이, 아이에게 먹이고 싶지 않은 것은 집에 사다 놓지 말아야 합니다. 외출했을 때 어쩔 수 없이 먹이게 되는 음료만으로도 충분합니다. 집에는 음료가 없다는 것을 알려 주어야 합니다. 집 어딘가에 숨겨 놓았다가 꺼내 주는 것을 보면 아이는 더 열심히 떼를 쓰게 됩니다.

2. 틈틈이 물을 주세요.

아이가 물을 달라고 하지 않아도 틈틈이 물을 주면 굳이 음료를 찾지 않게 됩니다. 예쁜 물병에 담아 준비해 주세요.

3. 엄마표 음료를 만들어 주세요.

음료를 안 먹는 것이 가장 좋지만 갑자기 음료 자체를 끊기는 어려울 수 있습니다. 과일을 갈아 넣은 생과일주스나, 탄산수에 과일청을 넣은 에이드 등 엄마표 음료를 만들어 주세요. 시중에서 파는 음료보다는 당 함량이 적습니다.

4. 영양 성분 표시를 확인해서 당이 적은 식품을 선택해요.

모든 가공식품에는 영양 성분 표시가 있습니다. '당류'라고 써 있는 부분을 확인하고 적게 들어 있는 것을 선택합니다. 간혹 그리 달지 않은 음료인데, 당류가 어마어마하게 들어 있는 황당한 때가 있습니다.

5. 설탕이 나쁘다고 알려 주세요.

아이에게 음료에 들어 있는 설탕이 얼마나 치아를 상하게 하는지, 몸에 안 좋은지 계속 알려 주세요. 말을 못 하는 아이도 엄마가 무어라고 하는지는 이해합니다. 반복해서 알려 주고 아이가 스스로 좋은 결정을 내릴 수 있도록 도와주세요. 그러기 위해서는 엄마가 먼저 잘 알아야 합니다. 도움이 되는 책을 소개합니다.

- 《설탕이 문제였습니다》(캐서린 바스포드, 메이트북스)
- 《설탕의 독》(존 유드킨, 이지북)
- 《설탕을 조심해》(박은호 글, 윤지회 그림, 미래엔아이세움)

◇ 어린이용 음료는 괜찮지 않나요? ◇

어린이용 음료를 보면 마치 건강보조식품처럼 느껴지는 것들이 많습니다. '유기농'과 '무첨가'는 기본이고, 각종 비타민, 칼슘, DHA 같은 영양 성분이 함유되어 있다고 합니다. 식약처 인증 표시도 있습니다. 표시가 없는 것을 마시는 것보다는 낫겠지만, 이 표시가 있는 음료를 마신다고 건강해지는 것은 아닙니다. 심지어 약국에서 팔기도 하여서 아이에게 도움을 주는 음료를 사 주는 듯한 착각을 일으키기도 합니다.

하지만 음료는 음료일 뿐입니다. 조금 더 나은 음료가 있을 수는 있지만 당이 포함된 음료라면 아무리 거기에 비타민이나 칼슘이 들어 있다 하더라도 당의 해로움을 덮을 수는 없습니다. 영양 성분이 추가된 것을 찾는 것보다는 당이 적게 들어간 것을 고르는 것이 더 낫습니다.

◇ 과일주스는 괜찮지 않나요? ◇

과일과 과일주스는 같은 것이 아닙니다. 시중에서 파는 오렌지주스 등 과일주스에는 과일이 가진 식이 섬유소가 거의 들어 있지 않습니다. 즉 혈당을 아주 빠르게 올린다는 뜻이지요. 그리고 각종 화학물질의 포함은 덤입니다.

◇ 무설탕 음료는 괜찮지 않나요? ◇

무설탕이란 설탕을 추가로 넣지 않았다는 말입니다. 그럼에도 달다면 분명히 단맛을 내는 무언가를 넣었겠지요. 무설탕인 경우 대부분 액상과당이나 올리고당, 감미료 등을 넣습니다.

액상과당의 정확한 이름은 '고과당 옥수수시럽(HFCS)'입니다. 옥수수의 포도당을 과당으로 바꾼 설탕의 대체재이지요. 설탕보다 싸서 음료, 과자, 물엿, 요리당 등 단맛이 나는 거의 모든 가공식품에서 많이 사용합니다. 미국의학협회는 액상과당이 설탕처럼 해롭기는 마찬가지라고 발표하기도 했었고, 액상과당이 오히려 더 나쁘다는 의견도 많습니다.

설탕이든, 액상과당이든 당은 모두 나쁩니다. 조금이나마 나은 것이 무엇인지 굳이 찾으려 하지 말고, 당류는 무조건 줄여야 한다고 생각하는 것이 맞습니다.

◇ 무가당 음료는 괜찮지 않나요? ◇

'무가당(無加糖)'이란 당류를 추가로 넣지 않았다는 뜻입니다. 첨가당은 넣지 않았지만, 과일 자체에 포도당이나 과당과 같은 천연 당은 들어 있겠지요. 그러므로 당류 함량을 확인하는 것은 필수입니다. '무당(無糖)' 식품이란 뜻은 아닙니다.

◇ 이온 음료는 괜찮지 않나요? ◇

이온 음료는 운동을 너무 심하게 해서 땀이 많이 났을 때 전해질의 균형이 깨지는 것을 막기 위해 마시는 음료입니다. 설사나 구토를 많이 했을 때 먹는 것도 괜찮습니다. 그런 경우가 아니라면 그저 전해질이 들어가 있는 설탕물일 뿐입니다.

◇ 수제 매실청으로 만든 음료는 괜찮지 않나요? ◇

콜라 대신 마시는 것은 괜찮지만, 물 대신 마시는 것으로는 추천하지 않습니다.

매실청은 매실과 설탕을 비슷한 양으로 넣어 담급니다. 100일이 지나면 둥둥 떠오른 매실을 건져 내고 청만 보관하지요. 그럼 그 청에는 매실에서 나온 과즙과 설탕이 대략 비슷한 양으로 섞여 있게 됩니다. 이 매실청으로 매실 음료 한 잔을 만든다고 할 때, 보통 매실청

2큰술 정도를 넣게 됩니다. 그럼 여기에는 설탕 1큰술 정도가 들어 있는 것이지요. 약 15g입니다. 판매하는 매실 원액도 거의 비슷한 양의 당이 들어 있습니다.

콜라 250㎖에 당이 27g 들어 있는데 매실 음료 1잔에는 15g의 당이 들어 있습니다. 콜라보다 나은 것은 맞지요? 게다가 매실 음료를 마시면 매실 자체의 효능도 함께 가져갈 수 있으니까요. 그래서 콜라 대신 마시는 것으로는 괜찮다고 하는 것입니다.

그러나 매실 음료에도 15g의 당은 들어 있습니다. 물 대신 마시는 것은 좋지 않습니다.

◇ 초코우유나 딸기우유를 먹여도 되나요? ◇

우유는 아이에게 단백질과 칼슘을 공급하는 좋은 급원이기는 합니다만, 필수적으로 먹어야 하는 것은 아닙니다. 우유를 먹었을 때 좋은 점과 초코우유나 딸기우유를 먹었을 때 당이나 식품첨가물로 인한 나쁜 점을 저울에 달아 본다면, 나쁜 점이 더 무거울 것 같습니다. 아이가 흰 우유를 안 먹는다면, 초코우유나 딸기우유로 대체할 것이 아니라 칼슘 강화 두유나 플레인 요구르트(당 함량을 확인해 주세요), 치즈 등으로 대체해 주세요. 요구르트를 집에서 만들어서 과일 등을 넣어 갈아 주면 천연 당으로 만든 건강한 간식이 됩니다. 단맛이 부족하다면 잼을 조금 넣으셔도 됩니다. 그래도 사 먹는 가공식품보다는 당이 훨씬 적게 들어갑니다.

3장

“식탁 예절이 엉망이어서 미치겠어요”

자기가 먹는다고 식탁이 난장판이에요

Q:

"이유식 먹일 때면 식탁이 난리 납니다. 숟가락을 쥐어 줘도 거의 흘리는데 자꾸 스스로 먹겠다고 하고, 과일 같은 것은 집어 던지기도 합니다. 어떻게 해야 할까요?"

A:

식습관이 엉망인 건 알겠는데, 언제, 어디서부터 고쳐야 할지 고민되시지요? 기준은 한 가지입니다. 아이가 그 행동을 계속해도 우리 모두 행복한가를 따져 보는 것입니다.

예를 들어, 먹여 주어야 먹는 아이가 있습니다. '계속 먹여 주어야 하나?' 아니면 '이제라도 가르쳐야 하나?'가 고민됩니다. 그럼 이 아이에게 먹여 주는 행동으로 우리 모두 행복한가를 고민해 보지요. 이 아이이게 밥을 먹여 주어서 아이가 밥을 잘 먹을 뿐 아니라 엄마(혹은 다른 양육자)도 삶의 보람을 느끼며 행복하다면 계속해도 됩니다.

그런데 어떤가요? 아이는 다른 사람이 먹여 주는 행동 때문에 오히려 식사의 성취감을 못 느껴 궁극적으로는 식사에 대한 흥미가 없어집니다. 엄마도 힘이 들고, 매 식사 시간마다 전쟁입니다. 그럼 어떻게 해야 할까요? 먹여 주지 말아야 하겠지요. 그렇게 결론이 났다면 오늘부터 어떻게 해야 할지 고민해야 합니다.

아이는 스스로 먹어야 합니다. 그게 맞습니다. 식탁이 난리 나는 것은 당연합니다.

'아이 주도 이유식(Baby-led Weaning)'이라고 들어 보셨나요? 이유식 처음부터 죽을 먹이는 것이 아니라 핑거푸드처럼 아이가 스스로 손으로 집어 먹을 수 있는 음식을 제공하는 것을 말합니다. 아이 스스로 음식을 만져 보고, 냄새도 맡아 보면서 먹게 되지요. 죽으로 시작하든, 핑거푸드로 시작하든 식사는 아이가 주도해야 하는 것이 맞습니다. 이유식 시기에 식사를 주도하지 못했던 아이는 유아기에 들어서도 밥 먹이기가 힘이 듭니다.

스스로 먹지 않고 엄마가 주는 것만 먹었던 아이는 한자리에 앉아 받아먹기만 하는 것이 지루합니다. 그러다 보니 자꾸 딴청을 피우지요. 엄마가 "자, 한입만 더 먹자."라고 하며 사정하다 보면 엄마를 위해 먹는다고 생각하게 됩니다.

아이는 스스로 먹으면서 성취감과 즐거움을 느낍니다. 식사 시간은 무조건 행복해야 하는데, 스스로 먹지 않으면 성취감도 없고 매 식사 시간에 엄마와 실랑이를 벌이게 되어 힘이 듭니다.

7~8개월쯤에는 숟가락을 손에 쥐어 주어 익숙하게 해 줍니다. 안전한 포크로 찍어서 먹는 정도의 시도는 할 수 있습니다. 핑거푸드도 적극 활용합니다. 식탁에서 밥 먹이기 연습에 더할 나위 없이 좋은 방법이지요. 내가 무언가를 집어서 입에 들어갔을 때의 성취감을 느낄 수 있도록 도와주세요.

9개월 정도가 되면 스스로 하려는 욕구가 강해집니다. 이제 숟가락질 연습을 해야 합니다. 먹는 시늉 정도를 하면 괜찮습니다. 스파우트 컵, 빨대 컵을 이용하여 컵 사용 연습도 함께 합니다.

12개월을 지나 이유식 완료기에 이르면, 아이 스스로 지속적으로 음식을 먹을 수 있어야 합니다. 아이마다 조금씩 다르겠지만 7개월부터 조금씩 연습한다면 15~20개월 안에는 숟가락질을 잘할 수 있습니다. 소아청소년과 의사 아빠인 닥터오의 《한 그릇 뚝딱 이유식》에서 준 팁에 따르면, 완료기 반찬은 깍둑썰기보다 채썰기나 얇은 반달썰기를 하면 좋다고 합니다. 소화하는 데 큰 문제가 없으면서 아이가 스스로 포크질이나 숟가락질을 할 때 훨씬 집기 수월하기 때문입니다. 조금 무르게 조리하여 이용해 보면 좋겠습니다.

스스로 먹기의 단점이 있습니다. 아이가 이유식을 먹을 때 주위가 엄청 지저분해진다는 것이지요. 사실 아이는 지저분하다는 개념이 없습니다. 으깨지는 새로운 장난감을 가지고 던져 볼 뿐입니다. 유아용 의자 밖으로 핑거푸드를 던지면서 아이는 자신의 힘을 느끼고 중력을 학습합니다. 많이 던져 볼수록 빨리 배우겠지요? 몇 개월만 기다려 주세요. 주변을 치우는 일에 너무 스트레스를 받지 마세요. 아이는 학습하는 중이지, 엄마에게 일거리를 주어 힘들게 하려는 의도는 절대 아닙니다.

바닥에 무언가를 깔고 이유식을 먹이면 치우는 데 도움이 됩니다. 방수 매트를 깔고 먹이면, 걸레로 닦아서 바로 사용할 수 있지요. 또 값싼 면 식탁보를 쓰면 식사 후에 음식물만 털어 내고 세탁기에 집어넣으면 되어 편리합니다. 이도저도 싫다면 1회용 비닐 식탁보를 구매하여 사용하는 방법도 있습니다.

돌아다니면서 먹어요

Q:

"아무리 타일러도 한곳에 앉아 있지를 못하고 돌아다니면서 밥을 먹어요. 앉히면 밥을 안 먹고 놀면서 먹어야 입을 벌리네요."

A:

아이가 제자리에 앉아서 밥 먹는 것은 참 어려운 일입니다. 한자리에 30분 정도 가만히 앉아서 밥을 먹었다면 아이는 정말 대단한 일을 한 것입니다. 원래 아이의 집중 시간은 몇 분 안 됩니다. 처음부터 잘하기 힘들다는 것을 인정해 주세요.

아이는 원래 돌아다니고, 뛰어다니는 것을 좋아합니다. 식사 시간이라고 다를 것이 없겠지요. 식사 시간에 자유롭게 돌아다녔는데도 별 제지를 안 당했다면 아이는 그래도 된다고 생각할 수밖에 없지요. 아무리 타일러도 안 듣는다고 했지만, 처음부터 안 된다고 일관적으로 했다면 아마 안 되는 것으로 알았을 것입니다. 처음에는 밥 먹이는 것이 더 중요해서 돌아다니면서 먹는 것을 허용해 주었을 것입니다.

어찌 되었든 간에 고칠 것은 고쳐야겠지요? 앞부분에서 말씀드렸듯이, 돌아다니면서 먹어도 우리 모두가 행복하다면 괜찮지만 아마도 그렇지 않을 것입니다.

1. 밥을 안 먹더라도 식사 시간에는 식탁에 앉아 있게 해 주세요.

신나게 놀고 있는 아이에게 계속 놀 것인지, 식탁으로 올 것인지 선택하라고 하면 당연히 계속 놀 것입니다. 식사 시간이 되면 아이는 밥을 먹을지, 안 먹을지는 선택할 수 있지만 식탁으로 오는 것은 필수가 되어야 합니다. 일단 아이를 식탁으로 데려오세요.

2. 원칙을 알려 주세요.

'식사는 한자리에서 먹는 것이다.'라는 원칙을 알려 주세요. 말을 잘 못하는 아이들도 다 알아듣습니다. 처음부터 알려 주어야 합니다. 어렸을 때는 괜찮다고 허용해 주다가 언제부턴가 안 된다고 하면 아이는 이해가 되지 않습니다.

원칙을 몇 가지 만들되, 대신 흔들리면 안 됩니다. 오늘은 친구가 왔으니 돌아다녀도 된다고 허락해 주면 아이는 혼란스럽지요. 육아의 기본은 일관성입니다.

처음부터 30분 동안 자리에 가만히 앉아서 먹는 것은 어려우므로, 밥은 식탁에서 먹되 씹는 동안 돌아다니는 것을 허락해 주는 것은 괜찮습니다. 그러고 나서 차츰차츰 앉아 있는 시간을 늘리도록 해 봅니다.

3. 정해 놓은 시간이 지나면 음식을 치우세요.

돌아다니면서 먹느라 밥 먹는 데 한 시간 이상 걸린다면 식사 시간을 제한합니다. 시계에 아이가 좋아하는 캐릭터 스티커를 붙여 보세요.

"지금 긴바늘이 뽀로로에게 있는데, 크롱에게 갈 때까지만 먹는 거야."

그리고 5분 전과 3분 전에 한 번씩 경고를 해 주고, 시간이 되면 실제로 음식을 치웁니다. 그래야 아이가 식탁에 붙어 있는 시간이 조금씩 늘어날 수 있습니다.

4. 밥이 아이를 따라다니게 하지 마세요.

아이가 돌아다니면서 먹는 이유는 돌아다니는 곳으로 먹을 게 오기 때문입니다. 밥그릇을 들고, 혹은 밥숟가락을 들고 아이를 따라다니지 마세요. 일단 밥을 먹고 돌아다니는 한이 있어도 그다음 밥을 먹으려면 식탁으로 돌아오게 해 주세요. 이것부터 시작해 봅니다.

식사 시간에 가족들은 아이와 상관없이 재미있게 식사를 해야 합니다. 엄마만 혼자 먹는 경우라도 음식 맛을 음미하며 맛있게 먹어 주세요. 며칠 후에는 소외감을 느끼고 식탁으로 돌아와 함께할 것입니다. 아이가 엄마를 찾거나 소리 지르더라도 간단한 대답만 하고 무시하셔도 됩니다.

5. 식사 환경을 차분하게 만들어 주세요.

어른이 옆에서 TV를 보고 신문을 읽는 등 식사에 집중하지 않는 모습을 보이면, 아이도 식사에 집중하지 못합니다. 식사 전에 장난감을 함께 정리하고 식사를 시작할 수 있도록 해 주세요. 아직 정리되지 않은 장난감이 있으면 놀이에 미련이 남아서 다시 그곳으로 가고 싶어지지요. 부모가 식사 중간에 필요한 물이나 냅킨을 가지러 자꾸 일어나는 것 또한 정신없는 일입니다. 미리 준비해 주세요. 차분한 식사 환경이 아이도 차분하게 만듭니다.

6. 또래 친구와 함께 밥 먹는 기회를 만들어 주세요.

혼자서 밥을 먹으면 놀기만 하고 잘 안 먹던 아이가 친구와 경쟁하면서 먹으면 잘 먹는 경우가 많습니다. 친구의 먹는 모습을 보면서 자극을 받는 것이겠지요? 이왕 함께 먹는 거라면 밥을 잘 먹는 친구면 더욱 좋겠네요.

음식 가지고 장난을 쳐요

Q:

"두 돌이 다 되어 가는데 밥을 주면 엎어 버리거나 숟가락으로 떠서 주위에 뿌려 버립니다. 반찬도 손으로 집어서 던지거나 조물락조물락 만져요. 그러다 보니 자꾸 쫓아다니면서 먹여 주게 됩니다."

A:

생후 20개월이 되면 아이들은 활동량이 많아지고 호기심도 많아집니다. 그리고 뭐든 혼자 하고 싶어 합니다. 식사 시간도 예외가 아니겠지요.

아기 식탁 의자에 앉혀 놓으면 벌떡벌떡 일어납니다. 엄마는 가슴이 철렁하지요. 밥을 던지고 엎어 버립니다. 반찬을 손으로 만져 보다가 집어 던지기도 합니다. 주위가 난리 납니다. 왜 그럴까요?

아이는 생각합니다. '밥을 던지면 어떻게 될까? 식탁 의자 위에서 반찬을 떨어뜨리면 어떤 일이 일어날까? 반찬을 조물락조물락 만져 보니 재미있네. 이만큼 힘을 주어 던지니까 저기까지 가는구나.' 아이의 식탁은 재미있는 장난감 천지입니다. 먹는 것보다 노는 게 훨씬 재미있는 것이지요.

아이의 지적 호기심과 음식에 대한 관심은 그대로 유지하면서, 식사 예절을 고칠 수는 없는 것일까요?

먼저 아이가 호기심을 가지고 무언가를 시작할 때, 해야 할 일과 하지 말아야 할 일을 알려 주어야 합니다. 아이의 행동을 최대한 허용해 주는 것은 필요하지만, 식사 시간에 하지 말아야 할 행동(위험하거나 다른 사람에게 피해를 주는 일 등)은 알려 주어야 합니다. 아이에게 하지 말아야 할 행동을 가르쳐 주지 않았기 때문에 아이는 그 행동을 하는 것이지요. 체벌을 하거나 무섭게 하라는 것은 아닙니다. 양육자가 단호한 표정으로 일관성 있게 규칙을 알려 주면 됩니다.

음식을 자꾸 손으로 만진다는 것은 숟가락이나 젓가락, 포크 사용을 잘 못해서 그럴 수도 있습니다. 소근육 발달이 덜된 것이지요. 보통 손으로 만지다가 도구를 사용하고 싶어 하여 숟가락질을 시작합니다. 숟가락질, 젓가락질을 잘하게 되면 자연스럽게 밥도 잘 먹게 됩니다.

10개월이 되기 전에 숟가락을 쥐어 주어야 합니다. 그때 좀 흘리더라도 이해해 주어야 합니다. 자꾸 흘린다고 먹여 주면, 아이는 숟가락질을 배울 기회가 그만큼 적어지지요. 찰흙 놀이 등을 통하여 소근육 발달을 도와주며, 흘리더라도 혼자 먹게 하여 숟가락질을 가르쳐야 합니다.

음식을 가지고 장난을 친다는 건 그래도 음식에 대한 관심이 있다는 증거입니다. 음식 자체를 싫어하는 아이는 만지기조차 싫어합니다. 식탁에서 단순히 집어 던지고 엎어 버리는 것보다 더 재미있는 활동을 알려 주세요.

예를 들어, 김이나 달걀지단에 밥과 단무지를 넣고 놀이하듯 돌돌 말아 먹는 셀프 김밥 만들기, 상추나 양배추쌈 싸 먹기, 주먹밥 만들기 등입니다. 식사 시간 전의 요리 단계에 직접 참여하는 것도 좋습니다. 빵이나 쿠키에 견과류나 초코칩을 한 개씩 박아 본다든가, 밀가루에 시금치 간 것이나 파프리카 간 것을 넣고 색색 반죽을 만드는 것이지요. 아이들은 조물락거리는 것을 정말 좋아합니다. 손의 협응력 발달은 덤입니다. 단 손으로 하는 것이므로 활동 전에 깨끗하게 손 씻는 것은 필수겠지요?

◇ 손은 아이만 씻어야 하는 게 아니에요 ◇

생활 속에서 실천하기 가장 쉬운 식중독 예방법은 손 씻기입니다. 어린이집이나 유치원에서도 올바른 손 씻기를 생활화하기 위해 다양한 교육을 하고 있습니다. 손에 어떤 균이 살고 있는지, 손은 언제 씻어야 하는지, 손을 안 씻으면 무슨 일이 일어나는지, 그리고 올바른 손 씻기 방법도 끊임없이 알려 줍니다. 어린이집이나 유치원에서는 자의든, 타의든 손을 안 씻을 수 없습니다.

엄마는 어떠한가요? 아이의 음식을 준비하는 엄마의 손 씻기는 아이의 손 씻기보다 훨씬 더 중요합니다. 음식을 만들다가 전화가 오면 어떻게 하나요? 전화뿐 아니라, 문자를 확인하고 블로그나 유튜브에 있는 레시피를 보면서 조리하기도 합니다. 핸드폰에 얼마나 세균이 많은지는 뉴스 등을 통해 많이 접해 보았을 겁니다.

손은 화장실에 다녀올 때만 씻는 것이 아닙니다. 음식을 만드는 중에 세균이 많은 무언가 다른 것을 만졌을 때(핸드폰을 만지거나, 코를 풀거나, 머리를 긁는 등)는 손을 씻고 다시 음식을 만져야 합니다.

손으로 먹어요

Q:

"생후 18개월인데 아직도 밥을 손으로 먹어요. 숟가락은 요플레나 아이스크림 먹을 때만 사용을 하네요. 더러운 균이 들어갈까 봐 걱정됩니다."

A:

아이가 손으로 먹는 이유는 한 가지입니다. 편해서입니다.

혹시 아이가 숟가락으로 식사하면서 음식물을 흘릴 때, 양육자가 예민하게 반응하지 않았나요? 손으로 먹으면 덜 흘리니 아예 숟가락질을 포기한 것일 수 있습니다.

사실 손으로 먹어도 되긴 합니다. 더러운 균이 걱정된다면 손을 깨끗이 닦고 먹으면 됩니다. 어린이집이나 학교를 가면 자연스럽게 숟가락 사용을 할 것입니다. 다른 친구들을 보며 학습하게 되니까요. 그래도 외국처럼 손으로 먹는 나라가 아니라면, 손으로 먹는 버릇은 고쳐야겠지요. 어떻게 해야 할까요?

1. 숟가락, 젓가락질이 서툴러서 음식물을 흘리더라도 내버려 두고 격려해 줍니다.

처음에는 입으로 들어가는 것이 얼마 되지 않을 것입니다. 시간이 좀 걸려도 느긋하게 기다려 주어야 합니다. 예민하게 반응하면 아이는 숟가락질 자체를 포기하려 합니다.

2. 식기를 정비해 줍니다.

깨지지 않는 플라스틱 공기는 너무 가벼워서 밥을 뜰 때 자꾸 움직입니다. 어른 밥공기처럼 밑이 좁고 위가 넓은 것은 엎어지기 쉽습니다. 아이의 밥그릇은 바닥이 안정적으로 밀착되고, 무게감은 약간 있는 것이 좋습니다.

숟가락은 너무 크지 않고 길지 않은 것으로 고릅니다. 멋진 캐릭터가 있으면 더욱 좋겠지요. 젓가락질 연습은 연습용 아이 젓가락이 있으니, 그걸로 연습시키기 바랍니다.

3. 손을 이용한 놀이 활동으로 소근육 발달을 도와줍니다.

소꿉놀이나 숟가락으로 물건 옮기기, 찰흙 놀이 등을 하면 숟가락 사용에 도움이 됩니다.

조금씩 숟가락 사용을 배워 가는 동안 핑거푸드를 적극 활용하여 먹는 즐거움은 계속 유지해 주어야 합니다. 손으로 먹는 것이 보기 싫다고 먹여 주면 절대로 안 됩니다. 엄마가 먹여 주는 것보다는 본인 손으로 먹는 것이 차라리 낫습니다.

스마트폰을 보여 주어야 밥을 먹어요

Q:

"아이가 밥을 안 먹고 자꾸 돌아다녀서 스마트폰으로 영상을 보여 주었더니 가만히 앉아서 밥을 먹더라고요. 이제는 스마트폰이 없으면 밥을 먹지 않습니다."

A:

돌아다니느라 정신이 없는 아이를 자리에 앉히는 가장 좋은 방법은 무엇일까요? 밥을 잘 안 먹는 아이에게 한 숟갈이라도 먹일 수 있는 방법은요? 우리 모두 다 알고, 종종 사용하는 방법인 스마트폰이나 TV를 통해 영상을 보여 주는 것입니다. 영상에 집중하느라 자리에 앉힐 수 있고, 밥을 입에 넣을 수 있으니까요. 아이에게 안 좋을 것 같기는 한데, 그 효과가 너무 강력하여 도저히 유혹을 뿌리치기가 어렵지요. 이러지도 못하고, 저러지도 못하고…….

결론부터 말씀드리자면, 무조건 안 됩니다. 왜일까요?

1. 음식을 먹여 주게 됩니다.

아이가 영상을 보는 동안에 양육자가 밥을 입에 넣는 상황이 되므로, 스스로 먹는 연습은 점점 못 하게 됩니다. 아이는 스스로 먹을 때에 성취감을 느끼고, 식사 자체에 대한 만족감을 느낍니다. 엄마가 먹여 주는 것은 엄마의 잔소리를 피하면서 그냥 한 끼 때우는 것밖에 안 되지요.

2. 집중력이 낮아집니다.

《안 먹는 아이 잘 먹는 아이》의 저자 한영신, 박수화 박사님은 아이가 TV나 스마트폰에 집중하는 것처럼 보이지만, 실제는 계속되는 자극을 좇는 것이라고 말합니다. TV나 스마트폰 화면이 계속 바뀌면서 자극하고, 아이의 눈동자는 이를 따라 계속 반응하면서 움직이는 것이지요. 어릴 때 TV나 스마트폰에 노출되면 오히려 책이나 다른 작업에 집중하는 것이 힘들어질 수 있습니다.

3. 씹기를 잘 못하게 됩니다.

밥 먹기에 집중해도 씹기 연습하는 것이 쉽지 않은데, 영상을 보면서 먹게 되면 음식 맛을 느끼고 씹고 삼키는 일에 집중하기 어렵습니다. 씹기를 잘 못하면 브이 라인 얼굴은 될 수 있을지 몰라도, 두뇌 발달이나 식욕에는 방해가 됩니다. 씹지를 잘 못하는데 밥은 삼켜야 하므로 대체로 국에 말아서 꿀꺽 삼키는 경우도 많습니다. 건더기 먹기는 어렵지요. 영양 섭취에도 문제가 생깁니다.

스마트폰 없이 밥을 잘 먹게 하려면, 어떻게 해야 할까요?

소아청소년정신과 전문의인 오은영 박사님의 스마트폰 시청 가이드라인은 이렇습니다.

"24월 미만은 스마트폰을 통한 영상 시청은 아예 금지. 24개월 이상은 적정 시간대 부모와 함께 조정. 단 식사 시간에는 금지."

어제까지 밥 먹을 때 스마트폰을 보고 있었고, 이제 이 습관을 고치고 싶다면 오늘부터 바로 차단해야 합니다. 서서히 줄이는 것은 어렵습니다. 마음을 다잡고, 날을 잡아 그날부터 단호하게 차단해야 합니다. 차단하기로 결정했다면, 밀고 나가셔야 합니다. 며칠 동안 차단하였다가 할머니가 오신 날 허락하고, 친구가 온 날 허락하면 안 됩니다. 육아에 있어 가장 중요한 것은 일관성입니다.

외식하려면 전쟁이에요

Q:

"친구들 모임이나 집안 모임으로 가끔 외식을 하게 되는데 외식할 때마다 전쟁입니다. 자꾸 돌아다니는 아이와 실랑이를 하다 보면, 진이 빠져서 음식이 입으로 들어가는지, 코로 들어가는지 모르겠네요."

A:

외식을 안 할 수도 없고, 하자니 너무 힘들고……. 이왕 해야 하는 외식이라면 즐거운 외식을 위해 몇 가지 체크를 해 볼까요?

1. 아이가 가기에 적당한 식당인가요?

- 놀이방은 있나요?
- 아이가 먹을 수 있는 메뉴는 있나요?
- 유아용 식탁 의자는 있나요?
- 테이블에서 불을 쓰지 않나요?
- 종업원들이 뜨거운 물 종류를 나르지는 않나요?
- 아이를 위한 깨지지 않는 식기가 있나요?

2. 아이가 가기에 적당한 시간대인가요?

가능하다면, 아이 식사 시간대에 외식하는 것이 좋습니다. 함께 갔는데 아이도 먹어야 하지 않겠어요? 외식하러 가서 다 함께 먹고 있는데 아이는 배가 부르다면 처음부터 돌아다닐 것입니다.

3. 외식을 위한 옷차림은 어떤가요?

혹시 아이에게 하얀 공단 원피스나 다림질이 잘된 파스텔톤 셔츠를 입히지는 않으셨나요? 언제, 어디에서 튈지 모르는 각종 음식물을 지우기에 너무 어려운 옷들은 아닐는지요? 공단처럼 세탁이 까다롭거나, 락스에 담글 수도 없는 파스텔톤 셔츠에 뭐가 묻는다면, 막 빨아 입힐 수 있는 옷에 뭐가 묻었을 때보다 불쾌지수가 아마 10배는 더할 것입니다. 편한 옷차림으로 외출해 주세요. 부모님 맘도 편해질 거예요.

4. 준비물은 챙기셨나요?

아이 연령에 따라 준비물은 달라집니다만, 공통적으로 챙겨야 할 준비물 몇 가지를 알려 드립니다. 물휴지, 턱받이, 갈아입을 옷, 앉은 자리에서 놀이할 수 있는 약간의 놀잇감(예: 종이와 색연필), 아이 식기(간혹 준비가 안 된 식당이 있음) 등입니다.

5. 아이에게 미리 규칙을 말해 주세요.

아이가 예측 가능할 수 있게 해 주는 것은 매우 중요합니다. 지금 어디를 갈 것인데 가서 하지 말아야 할 규칙에는 어떤 것이 있는지 미리 이야기해 주세요. 평상시 아이가 하는 행동을 생각하고, 지켜야 할 것들을 말해 주세요. '소리 지르지 않기', '식탁 사이로 돌아다니지 않기', '엄마 옆에 앉아 있기', '밥 먹기 전까지만 놀이방에서 놀기' 등을 미리 구체적으로 말해 줍니다. 이것도 안 되고, 저것도 안 된다고 하면 아이는 기분이 나빠집니다.

그럼에도 불구하고, 외식 장소에서 소란을 피우는데 말을 해도 듣지 않는다면 어떻게 해야 할까요?

일단 다른 곳으로 데리고 가서 말을 하고, 그래도 듣지 않는다면 외식을 중단하고 돌아와야 합니다. 몇 번이면 됩니다. 식당에서 예절을 지키지 않으면 외식 자체를 못 하게 된다는 것을 가르쳐 주어야 하기 때문입니다. 단 이러한 훈육은 만 3세 이후부터 해 주세요. 3세 이전까지는 이러한 훈육이 어렵습니다. 육아 멘토 오은영 박사님이 <우리 아이가 달라졌어요>에서 했던 그런 적극적인 훈육은 만 3세 이후부터 하는 훈육입니다. 말도 잘하고, 말귀도 잘 알아듣고, 고집이 세지는 바로 그 시기이지요.

그럼 아이가 3세 이하라면 어떻게 해야 할까요? 저도 터울이 별로 지지 않는 아이 셋을 키워서 외식하고 싶은 엄마의 마음을 누구보다도 잘 알지만, 조금 더 클 때까지 외식을 자제하는 것도 좋습니다. 기분 좋게 외식하려다가 부모와 아이 모두 너무 지쳐 버릴 수 있더라고요. 요즘에는 동네 아이 친구나 어린이집 친구들 집을 돌아가며 모임을 많이 하더군요. 외식만큼 맛있는 배달 음식으로 편하게 다른 손님 눈치 안 보면서 말이지요.

먹여 줘야 먹어요

Q:

"간식이나 마실 것은 혼자 잘 꺼내 먹는데, 밥은 먹여 줘야 먹어요. 할머니 댁에 가서 할머니가 떠먹여 주면 한 공기 다 먹는데 혼자 먹으면 제대로 먹지도 않고 시간도 오래 걸립니다."

A:

아이는 혼자 먹는 게 좋을까요? 누군가 먹여 주는 게 좋을까요?

엄마는 아이 스스로 먹는 게 좋을까요? 옆에 앉아서 먹여 주는 게 좋을까요?

아이도, 엄마도 전자이길 바라는데 현실은 후자인 경우가 많습니다. 먹여 주지 않으면 밥을 안 먹으니 먹여 줄 수밖에 없다고 합니다. 잠시 시간을 되돌려 아이가 어렸을 때로 돌아가 볼까요?

10개월쯤 된 아이가 있네요. 엄마 밥 먹는 것을 보더니 자기도 숟가락질을 해 보겠다고 떼를 씁니다. 숟가락을 주고 이유식을 먹게 했더니 입으로 들어가는 것보다 바닥에 흘리는 것이 더 많고 옷에도 잔뜩 묻었네요. 숟가락을 휘둘러서 저 멀리 장난감에도 죽이 들러붙어 있습니다. 아이도 먹고는 싶은데 실제로 입속에 들어오는 이유식은 얼마 없다 보니 짜증을 부리기도 합니다. 이때 엄마는 생각합니다.

'너와 나를 위한 좋은 방법인 먹여 주기를 하자.'

이유식을 먹여 주었더니, 시간도 오래 걸리지 않고 바닥에 흘리지도 않네요. 이유식 먹고 나면 바닥에, 식탁에 흘리고, 옷 뒤처리하느라 힘들었는데 이제 설거지만 하면 되네요. 다음 이유식도, 그다음 이유식도, 그다음 밥도 먹여 주고 있습니다. 두 돌이 다 되어 가는데도 밥을 먹여 주고 있다고요? 밥 안 먹는 아이가 되는 것은 자명합니다.

자전거 타기 연습을 할 때도 무수히 넘어져서 옷이 찢어지고, 때론 다치는 과정은 누구에게나 필요합니다. 자전거를 탈 때 엄마 뒤에 타서는 자전거 타는 법을 배울 수 없습니다.

아이에게도 연습할 시간을 주세요. 밥알을 흘리고, 던지고, 뭉개는 나날은 아이가 혼자 먹을 수 있는 능력을 기르는 데 꼭 필요한 날들입니다.

"우리 애는 먹여 줘야 먹어요."

혹시 우리 어른들이 먹여 주는 게 더 편했던 건 아니었나요?

밥을 스스로 먹는다는 것은 그냥 밥을 먹는다는 차원이 아닙니다. 숟가락질을 하면서 소근육 발달을 하고, 음식이 내 입안에 들어올 때 성취감을 느낄 수 있어서 편식 예방에도 많은 도움이 됩니다. 아이들은 편식을 하지 않아야 올바른 성장 발달을 하고 잔병치레도 없습니다. 어린이집에 가서도 스스로 먹을 수 있어야 생활하는 데 어려움이 없습니다. 단체생활 준비의 기본이지요.

아이 스스로 먹을 수 있도록 도와주세요. 힘이 들겠지만 도와주세요. 진정 아이에게 도움이 되는 것은 지금 밥을 먹여 주는 것이 아니라, 스스로 먹을 수 있도록 돕는 것입니다.

8개월 즈음 기대지 않고 혼자 앉을 수 있으면 손에 음식을 쥐어 준 채로 이유식을 먹이고, 돌이 되면 숟가락으로 떠먹기 시작해야 합니다. 아이에게 밥 먹기는 놀이이기 때문에 흘리고, 묻히고, 주워 먹으면서 입에 들어가기 시작합니다. 이때 절대로 야단치면 안 됩니다. 그러면서 먹는 양은 늘어납니다. 18개월이 되면 발달단계상 혼자 먹을 수 있습니다.

물론 먹는 시간이 오래 걸릴 수 있습니다. 아이가 스스로 먹다 보면 30~40분 정도는 기본이지요. 느긋이 기다려 주어야 합니다. 하지만 18개월이 지나면 20~30분 이내로 식사 시간을 줄이는 것이 좋습니다. 30분 이상이 되면 혈당이 올라가서 식욕이 떨어지기 때문입니다.

어제까지 먹여 주던 엄마가 갑자기 혼자 먹으라고 하면, 아이는 당연히 먹여 달라고 떼를 쓸 것입니다. 그래도 아이에게 숟가락을 쥐어 주세요. 어렸을 때 훈련이 안 되었으므로 더 늦기 전에 훈련을 시작해야 합니다. 우선은 아이가 먹기 쉬운 핑거푸드부터 시작해 볼까요?

조금만 질겨도 못 씹어요

Q:

"돌이 지난 쌍둥이인데 한 아이는 음식을 입에 물고만 있고 삼키지 않아요. 한 아이는 식욕은 있는데 숟가락이 입속에 들어가자마자 씹지 않고 꿀떡 삼켜 버리고요. 둘 다 씹는 것이 문제인 것 같은데 어떻게 해야 할까요?"

A:

음식을 잘 씹지 못한다고 하소연하는 경우를 종종 봅니다. 음식은 씹어서 먹어야 합니다. 잘 씹지 못해 물고 있거나 그냥 삼키면 안 됩니다. 서울대학교 가정의학과 박민선 교수님은 "오래 씹고, 꼭꼭 씹고, 잘게 씹는 것은 음식 씹기의 3원칙"이라고 말합니다. 음식은 왜 꼭꼭 씹어 먹어야 할까요?

음식을 씹으면 소화가 잘되고, 식욕이 좋아집니다. 씹으면 소화액 분비가 활발해지고, 음식을 먹고자 하는 신호를 뇌로 보냅니다. 소화가 잘되므로 위장병도 예방할 수 있습니다. 그리고 음식을 씹으면 두뇌가 좋아집니다. 씹는 활동은 뇌 활성화와 밀접한 관련이 있습니다. 일정 시간 음식을 씹을 때 뇌 혈류량이 늘어나고, 뇌로 공급되는 산소량도 증가하여 뇌 기능이 향상됩니다. 또한 음식을 씹으면 뼈가 튼튼해집니다. 침샘에서 분비하는 페로틴이라는 호르몬이 뼈와 치아 조직을 튼튼하게 합니다.

씹지 않는 아이는 비만에 걸릴 위험도 높습니다. 유아기에 잘 씹지 않던 아이는 언제부터인가 씹지 않고 그냥 삼키는 아이가 됩니다. 씹지 않고 삼키면 음식을 빨리 먹게 되고, 포만감을 느끼기 전에 많은 양의 음식을 먹어 버리지요.

이렇듯 음식을 씹어서 먹어야 하는데, 우리 아이는 왜 씹지 못할까요? 아니, 왜 씹으려 하지 않을까요? 몇 가지 이유를 생각해 볼 수 있습니다.

1. 이유식을 너무 늦게 시작하였습니다.

씹는 능력은 이가 나는 것과는 별개로 24개월까지 꾸준히 발달합니다. 최근의 연구 결과에 따르면, 특히 생후 6~10개월이 매우 중요하다고 합니다. 이유식을 10개월쯤에 시작한 아이들은 7세가 되었을 때 또래 아이들보다 씹고 삼키는 기능이 떨어졌다고 합니다. 먹는 능력이 발달하는 시기에 맞추어 서서히 단단한 음식을 주어야 합니다.

2. 씹기 훈련이 안 되어 있습니다.

씹어서 삼키는 능력은 정교하고 어려운 발달 과정 중 하나입니다. 많은 훈련이 필요하지요. 차근차근 씹어서 삼키는 훈련을 해 주어야 합니다. 앉기와 손으로 떠먹기로 시작된 이 훈련은 다양한 근육을 이용한 씹기와 삼키기로 이어집니다.

씹기는 수직씹기와 돌려씹기가 있습니다. 6개월 정도에 아이가 턱을 아래위로 움직이면서 오물오물 씹는 것은 수직씹기입니다. 9개월이 지나 턱을 좌우로 움직이면서 으깨듯이 씹는 것은 돌려씹기입니다. 고기를 씹으려면 수직씹기뿐 아니라 돌려씹기까지 완성되어야 합니다.

3. 젖병으로만 먹였습니다.

이유식이나 선식 등을 젖병에 타서 먹이게 되면 고형식을 먹는 훈련의 기회가 없어집니다. 돌이 지나서 밥 등을 먹을 때 거부하거나 그대로 삼키게 되지요. 젖병으로 먹는 것은 쉽기 때문에 젖병을 떼기는 아주 힘이 듭니다. 또한 밥 먹는 양이 적으므로, 유동식이라도 먹으라고 젖병을 계속 사용하는 악순환이 이어집니다.

그럼 씹기 훈련은 어떻게 시키면 좋을까요?

1. 씹는 즐거움을 주어야 합니다.

여러 가지 질감을 경험시켜 줍니다. 음식에는 부드러운 것도 있지만 끈적이는 것도 있고, 조금 딱딱한 것도 있음을 알게 합니다. 아이가 씹지 않고 삼키면 더 부드러운 음식을 주는 것보다 오히려 조금 더 딱딱하게 조리해서 줍니다. 씹는 기능을 발달시키려면 현재 아이가 가진 능력보다 조금 높은 수준의 딱딱함이 좋습니다. 물론 너무 높은 수준의 딱딱함을 가진 음식을 주면 탈이 나거나 거부감이 생길 수 있으므로, 아이의 상태를 보며 조금씩 조절해야 합니다.

9개월이 지나면 돌려씹기를 연습해야 합니다. 그러나 9개월이 지나도 고기나 채소를 다 갈아서 주면 씹는 즐거움도 없고, 씹는 연습이 부족해집니다. 부드럽게 끓이기는 하지만 형태나 모양이 있어야 합니다.

2. 함께 식사하며 씹는 방법을 가르쳐 주어야 합니다.

아이가 음식 먹는 방법을 잘 살펴보면서 문제가 무엇인지 잘 파악해야 합니다. 수직씹기만 하고 있는지, 돌려씹기도 하고 있는지, 몇 번 정도 씹다가 삼키는지 등을 말이지요. 그리고 마주 보고 식사를 하면서 먹는 방법, 정확하게는 음식을 씹는 방법을 가르쳐 줍니다. 엄마를 거울삼아 아이는 배우게 됩니다.

3. 음식물을 입에 물고 있다면 더 이상 강요하지 않습니다.

음식을 잘 못 씹고 못 삼켜서 물고 있는 경우가 많지만, 먹는 것을 강요당할 때 방어책으로 입에 물고 있는 경우도 있습니다. '엄마, 나 입에 밥 있으니까 자꾸 먹으라고 하지 마.'와 같은 의미이지요.

4. 절대로 국이나 물에 밥을 말아 먹는 습관은 안 됩니다.

씹기 연습을 지속적으로 해야 할 중요한 시기에 국이나 물에 밥을 말아 먹으면 연습할 기회가 없어집니다.

음식을 잘 씹지 않는 습관은 단기간에 고치기 어렵습니다. 6개월 정도 연습한다 생각하고 조금씩 익숙해지도록 지도하는 것이 중요하지요. 음식을 잘 못 씹을 때 야단치지 말고, 잘 씹을 때 칭찬해 주고 상을 주는 방법이 올바른 식습관 만들기에 도움이 됩니다.

◇ 씹기 게임 ◇

식탁에서 음식을 먹으면서 할 수 있는 게임입니다. 쉽고 재미있는 문제를 내서 맞히게 하는데, 반드시 다섯 번을 씹어야 맞힐 수 있는 것이지요. 다음엔 열 번을 씹어야 맞힐 수 있도록 하고, 그다음엔 열다섯 번을 씹어야 맞힐 수 있게 하는 것이지요. 문제를 맞혔을 때 스티커를 주면서 동기부여를 하면 효과가 좋습니다.

너무 오래 먹어요

Q:

"밥 먹는 데 보통 한 시간이 걸립니다. 밥알을 세고 있는 것 같아요. 세끼 밥 먹이다 보면 하루가 지납니다."

A:

먹는 것이 느린 아이가 있습니다. 전반적인 행동 패턴이 느려서 먹는 것이 느릴 수도 있고, 먹기 싫어서 느리게 먹는 것일 수도 있습니다. 둘 다인 경우도 많지요. 옆에서 지켜보는 부모는 답답해 죽습니다. 자꾸 다그치게 되지요. 그럼 아이는 먹는 것에 대한 즐거움이 점점 없어지고, 점점 더 느려집니다.

느리게 먹어도 즐겁게 먹으면서 자기의 양을 다 먹는다면 괜찮습니다. 그런데 입에 물고 있기도 하고, 무언가 먹고 있는 것 같기는 한데 밥이 줄지 않는다면, 아이는 엄마에게 무언의 신호를 보내고 있는 것입니다.

"엄마, 나 밥 먹기 싫어! 힘들어, 양이 너무 많아!"

먹기 싫거나 먹기 힘든데, 엄마 때문에 억지로 먹고 있는 것이지요. 어떻게 해야 할까요?

1. 너무 많은 양을 준 것은 아닌지 체크해 봅니다.

연령별 적정 배식량이 있기는 합니다만, 모든 아이가 그 양을 먹을 수 있는 것은 아닙니다. 먹기도 전에 질려 버릴 수 있습니다. 예를 들어, 오늘부터 1일로 하고 두 숟가락부터 시작해 볼까요? 천천히 먹더라도 그 양을 다 먹으면 칭찬해 주세요. 식탁에서 칭찬받는 아이가 되면 식사 시간이 즐거워집니다. 그리고 며칠 동안 두 숟가락을 잘 먹었다면 이제 반 숟가락만 늘려 주세요. 잘 먹는다고 한 숟가락 늘리면 다시 안 먹을 수도 있습니다.

2. 밥은 함께 먹어 주세요.

아이가 밥을 오래 먹다 보면 함께 있는 엄마는 시간이 아깝습니다. 집안일은 쌓여 있는데 한 시간씩이나 잘 먹지도 않는 아이 옆을 지키고 앉아 있는 것이 시간 낭비인 것 같지요. 그러다 보면, 엄마는 아이에게 먹으라고 해 놓고 또는 간간이 한 숟가락씩 떠먹여 놓고는, 설거지를 하고, 동생 이유식을 먹이고, 부엌을 정리합니다.

밥을 먹여 주는 것이 중요한 게 아니라, 함께 먹으면서 엄마가 열심히 먹는 모습을 보여 주는 것이 중요합니다. 아이는 엄마를 보면서 씹는 방법도 배우고, 열심히 먹어야 함도 배웁니다. 당연히 엄마도 아이 앞에서 밥을 열심히 먹어야겠지요.

3. 먹는 것에 집중할 수 있는 환경을 만들어 주세요.

식탁은 부엌에 있는 것이 좋습니다. 간혹 쟁반이나 상에 먹을 것을 가지고 와서 아이가 놀던 거실에서 먹게 하는 경우가 있는데, 아이도 정신없습니다. TV는 끄고, 장난감은 치웁니다. 식탁도 가능하면 음식 이외의 것이 없는 것이 좋습니다.

밥은 급하게 먹는 것보다 천천히 먹는 것이 좋습니다. 하지만 너무 오래 먹으면 어린이집 등에서 단체생활을 할 때 적응이 어려울 수 있으니, 어릴 때 바로잡아 주세요.

◇ 엄마와 있을 때만 오래 먹어요 ◇

엄마가 밥 먹는 것에 신경을 많이 쓴다고 느끼는 경우 엄마의 관심을 끌기 위해 엄마와 있을 때만 오래 먹기도 합니다. 엄마가 밥을 먹이기 위해 어르고 달래고 야단치는 모든 행동들이 관심으로 다가오기 때문입니다. 동생이 생기는 등 환경의 변화가 일어났을 때 갑자기 이런 행동을 보이기도 합니다. 밥 먹는 시간 이외의 시간에 아이에게 관심을 충분히 쏟아 주세요. 엄마가 온전히 나에게 관심을 쏟는다는 것을 느끼면, 아이도 점점 나아질 것입니다.

입에 물고만 있어요

Q:

"20개월 아이입니다. 이유식도 그리 잘 먹는 편은 아니었지만 밥을 먹고 나서부터는 더 안 먹네요. 밥을 입에 물고 하루 종일 먹습니다. TV를 보며 멍한 표정으로 물고 있기도 하고, 어느 날은 저녁에 먹던 것을 물고 자기도 합니다."

A:

아이가 밥을 입에 물고 있으면 편할까요, 불편할까요? 아마도 불편할 것입니다. 그런데도 아이는 왜 밥을 물고 있을까요? 아이는 불편함을 무릅쓰고도 밥을 물고 있어야 하는 이유가 있는 것입니다. 그 이유는 무엇일까요?

1. 음식을 못 씹는 것입니다.

씹기가 잘 안 되는 아이는 관련된 3가지 행동을 보입니다.

- 물고 있기
- 대충 씹어 삼키기
- 뱉어 버리기

상담 내용은 물고 있는 것만 언급하고 있지만, 일부는 대충 씹어 삼키거나 도저히 입에 물고 있다가 안 되겠는 것은 뱉기도 할 것입니다.

2. 양육자가 먹는 것을 강요하고 있습니다.

먹는 것이 싫은데 자꾸 먹으라고 하니까 '보세요. 지금 먹고 있잖아요!'라고 시위하고 있는 것입니다.

3. 식사 시간이 싫습니다.

식사의 양이 먹을 수 있는 양보다 너무 많으면 매번 남길 수밖에 없습니다. 그렇게 남기다 보면 엄마나 선생님 등 양육자에게 질책을 받거나 잔소리를 들을 수밖에 없지요. 저는 초등학교와 중학교 시절에 참으로 미술 시간이 싫었습니다. 미술을 잘 못했기 때문이지요. 미술 선생님은 옆 친구를 항상 칭찬하시면서 제 그림을 보시면 한숨부터 쉬셨습니다. 그게 어찌나 창피하고 민망하던지요.

이유식부터 잘 먹지 않았던 아이였기 때문에 엄마는 식사를 더욱 신경 썼을 것이고, 그러다 보니 더욱 많이 먹이기 위해서 어르고 달래고 야단도 쳐 봤을 것입니다. 하루 3번의 식사 시간이 전쟁이라고 생각했을는지도 모릅니다. 그럼 아이 마음은 어땠을까요? 아이 또한 전쟁을 준비했을 것입니다. 그 준비 과정 중 하나가 밥을 물고 있는 것은 아닐는지요?

이제 아이를 조금 편안하게 해 주면 어떨까요? 지금 굉장히 적은 양을 주는 것 같아 걱정되더라도 아이가 먹을 수 있는 양을 주고, 다 먹었을 때 칭찬해 주세요.

매일 받아쓰기를 50점 맞는 아이가 있습니다. 엄마는 매일 화를 내지요. 아이는 받아쓰기가 너무 싫습니다. 이 아이를 하루아침에 100점 맞게 하는 방법을 아시나요? 부모 교육에서 이 질문을 드렸더니 '밤샘 공부를 시킨다.', '재미있게 공부를 시킨다.', '커닝을 하게 한다.' 등의 답이 나오더군요. 이렇게 해도 100점을 맞을 수는 있을 것 같지만, 이 방법은 어떨까요?

문제를 좀 쉽게 내는 것입니다. 아이가 다 맞힐 만한 쉬운 문제로 내는 것이지요. 또래 친구보다 문제가 좀 쉬우면 어떤가요? 받아쓰기 시험 시간이 너무 싫어서 시험 시간마다 배가 아프거나, 학교 가기를 거부하는 것보다는 낫지 않나요? 그러면서 조금씩 난도를 높여

가면 어떨까요? 받아쓰기 시간을 즐기는 아이로 만들어 주세요. 그래야 시간이 지나, 더 어려운 것도 할 수 있는 아이가 됩니다.

밥 먹는 것도 마찬가지입니다. 우선은 아이가 먹을 수 있는 양으로 시작합니다. 그리고 다 먹으면 칭찬을 해 주세요. 내일은 오늘 먹었던 양에서 밥알 3알만 더 붙여 볼까요? 그 정도는 먹지 않을까요? 아이가 식사 시간을 즐기도록 도와주세요.

그리고 중요한 것 한 가지 더! 씹는 훈련은 반드시 필요합니다.

너무 까다로워요

Q:

"우리 아이는 모든 면에서 너무 까다롭습니다. 예민하여 대충 넘어가는 법이 없고, 새로운 음식 먹이기는 정말 어렵습니다. 옷이 조금만 불편해도, 음식이 조금만 달라져도, 환경이 조금만 바뀌어도 짜증을 냅니다."

A:

까다로운 아이는 예민합니다. 분유의 온도나 종류가 달라도 안 먹고, 조그마한 소리에도 잠을 깹니다. 옷이 조금만 불편해도 짜증을 내지요. 우리 뇌에서 분노 등 감정을 담당하는 영역인 편도체가 민감한 것인데, 위험 상황에 더 민감하게 반응하는 것이지요.

까다로운 아이는 낯선 상황을 싫어합니다. 낯선 환경, 낯선 사람, 낯선 음식, 낯선 놀이가 싫습니다. 키즈 카페나 어린이집도 싫고, 사람이 붐비는 것도 싫습니다. '푸드 네오포비아'의 경우 새로운 음식이라도 15번 정도 노출시키면 거부가 줄어들지만, 까다로운 아이는 끝끝내 받아들이지 않기도 합니다. 대부분의 아이들이 정말 좋아하는 모래놀이, 물놀이, 물감놀이 등도 처음부터 하기가 쉽지 않습니다.

소리에 민감하고, 밥도 제대로 먹지 않으므로 밤에 자주 깹니다. 모유 먹는 시기에는 안정감을 주는 모유를 자주자주 먹으려고 하여 수유 간격이 짧았을 것입니다. 모유수유 이후에도 익숙한 주 양육자인 엄마만 찾기 때문에 다른 가정보다 육아가 배는 더 힘들 것입니다.

《까다로운 내 아이 육아백과》에서는 "까다로운 아이는 다시 말해 필요가 많은 아이며, 그 필요를 채워 달라고 끊임없이 요구하는 아이다."라고 말합니다.

예민하고, 낯설어하며, 끊임없이 필요를 채워 달라고 요구하는 이 아이, 어떻게 해야 할까요? 육아가 힘이 들지 않을 수는 없으나 그 힘듦을 조금이라도 줄이려면 어떻게 해야 할까요?

1. 아이의 기질을 파악하고 이해해야 합니다.

아이의 기질은 다양합니다. 쌍둥이도 기질이 다릅니다. 이 기질을 파악하고 이해해야 그 행동에 동요하지 않을 수 있습니다. 좀 더 정확한 기질을 파악하기를 원한다면 ㈜뉴트리아이에서 개발한 온라인 식행동 검사 도구인 DBT 검사를 실시해 보는 것도 좋습니다.

◇ 영유아 식행동(DBT) 검사 ◇

㈜뉴트리아이(nutrii.co.kr)와 서울시 식생활종합지원센터에서 시행하는 식행동 검사(DBT) 홈페이지 등을 통해 참여할 수 있습니다. 총 78문항으로 구성된 설문에 답하면 "아이의 식행동·부모의 식행동·식사 지도 유형을 분석하여 결과를 제공합니다. 식행동 검사 결과의 요인별 수준 등급이 '주의·위험'인 경우에는 상담 예약을 하고 기관을 방문하여 맞춤형 상담 및 교육을 받을 수 있습니다.

- 아이의 식행동: 접근회피성, 감각예민성 과활동성, 불규칙성
- 부모의 식행동: 불규칙성, 까다로움, 자기방임
- 부모의 식사 지도 유형: 책임/관리/염려, 규제/강요

2. 아이와 싸우지 말아야 합니다.

성격이 예민하다 보면, 친구가 툭 하고 팔을 건드려도 아프다고 난리를 치고 짜증을 부리며 공격적인 성향을 보이는 경우가 많습니다. 왜냐하면, 아이는 이 자극이 진짜 아팠기 때문이지요. 아이가 이런 공격성을 보일 때 엄마는 함께 공격적으로 반응하기 쉽고, 짜증 섞인 대꾸를 하기 쉽습니다. 힘들다 보니 아이와 싸우는 상황까지 됩니다. 이러한 상호작용이 반복되면 부정적인 면이 점점 더 강화될 수 있지요.

이런 경우 부모는 정서적으로 안정된 태도를 보여 주어야 합니다. 그래야 이 악순환에서 헤어 나올 수 있습니다. 부모가 함께 감정적으로 휘말리면 안 됩니다. 아이가 부정적인 행동을 하면 그 감정을 이해해 주고, 객관적으로 설명해 주며, 주위를 환기시켜 주어야 합니다.

예를 들어, 위의 경우처럼 친구가 툭 하고 팔을 건드려서 난리가 난 경우, 엄마는 아이가 진짜로 아팠음을 이해해 주어야 합니다. 그러고 나서 친구가 너를 아프게 하려고 그런 게 아니라 너는 조금만 닿아도 아플 수 있는 것을 몰라서 한 경우임을 설명해 줍니다. 그리고 다른 장난감 놀이를 하러 간다든가, 손을 씻으러 간다든가 주위 환기를 해 주는 것이지요.

마찬가지로 식사 시간에도 끝끝내 받아들이지 않는 음식을 먹이려고 아이와 실랑이를 벌이기보다는, 영양적으로 문제가 생기지 않도록 대체할 수 있는 음식을 찾아야 합니다.

3. 몸을 사용하는 활동을 합니다.

2012년 〈우리 아이가 달라졌어요〉의 내용 중에 2년째 하의 실종 패션을 즐기는 아이가 있었습니다. 바지 입기를 거부하고 집 안에서도 신발은 꼭 신어야 하는 아이였지요. 1.53kg의 쌍둥이로 태어나서 인큐베이터에 3주간 있으면서 차가운 기기들을 부착했던 기억이 피부에 뭔가 닿는 것을 싫어하게 만든 것이었습니다.

이렇게까지 심한 경우는 아니더라도 몸에 무언가 닿는 것을 싫어하는 경우 몸을 사용하는 활동을 하는 것이 좋습니다. 그 당시 오은영 박사님의 피부 접촉 거부감 치료법은 솔로 피부를 쓸어 주는 솔 치료법이었습니다. 이처럼 감각이 예민하여 까다로운 아이라면 이렇게 몸을 사용하는 활동을 하는 것이 좋습니다.

우리 몸 중 가장 많은 감각수용기를 가진 얼굴을 이용한 놀이(비눗방울 놀이, 표정 놀이 등)를 비롯하여 온몸을 부딪히며 노는 볼풀이나 이불 놀이, 베개 놀이도 많은 도움이 됩니다. 모래놀이, 찰흙 놀이는 분명 싫어할 테지만 쌀이나 콩처럼 손에 달라붙지 않는 것부터 시작하면 조금씩 나아질 수 있습니다. 밀가루를 가지고 놀다가 물을 넣어 반죽을 한다든가, 신문지나 포스트잇을 이용하여 찢고, 붙이고, 던지는 놀이도 좋습니다.

4. 규칙적인 생활을 합니다.

낯선 상황이 싫은 것은 예측할 수 없어서입니다. 예측할 수 없다는 것은 두려움입니다. 생체리듬을 규칙적으로 하고, 일정한 생활 패턴을 유지하는 것이 좋습니다. 예측 가능한 환경을 만들어 주는 것이지요.

생활 속에서는 규칙에 대한 충분한 설명을 해 주고, 규칙을 지키지 않았을 때 생기는 일에 대해서도 이야기해 주어야 합니다. 정해진 생활 패턴이 생기면 두려움이 훨씬 줄어듭니다.

전체 아이의 10%에 해당되는 까다로운 아이 육아가 배는 더 힘들 수 있지만, 이런 까다로움이 절대적으로 필요한 분야도 많습니다. 훌륭한 음악가, 셰프, 소믈리에, 창작 활동을 하는 다양한 예술가 등에게는 까다로움과 예민함이 필수입니다. 10%밖에 없는 귀한 우리 아이의 능력, 잘 키워 주세요.

음식을 뱉고 토해요

Q:

"밥 먹을 때 자꾸 뱉어 내요. 조금 더 싫어지면 토하기도 해요."

A:

아이가 음식을 뱉는 것은 예의가 없어서도, 엄마에게 반항해서도 아닙니다. 신체적·정서적으로 힘들기 때문입니다. 간혹 버릇없이 양육한 것은 아닐까 염려되어서 야단을 치는 경우가 있는데, 야단칠 것이 아니라 신체적·정서적인 문제를 먼저 해결해 주어야 합니다.

1. 아이의 구강 내 감각이 민감하진 않나요?

아이들은 어른보다 구강 내 감각이 3배 이상 민감하고 일부 아이들은 그보다 훨씬 더 민감합니다. 그러다 보니 쓴맛이나 거친 느낌이 너무 강해서 도저히 삼킬 수가 없습니다. 어른들이 음식을 먹다가 머리카락 같은 이물질이 있을 때 입으로 골라내는 것과 비슷한 느낌입니다.

'채소류'를 주로 뱉어 낸다면 이유식 등에서 채소류를 잘 접하지 못했거나, 채소류를 먹어 보았더라도 너무 푹 익혔거나 잘게 갈려 있어서 채소의 낯선 질감에 익숙해질 시간이 없었을 수 있습니다.

이럴 경우 완전히 간 채소부터 시작하여 조금씩 덩어리진 것의 비율을 높여 가야 합니다. 양은 한 작은술 정도로 적게 시작하여 점점 양을 늘려 줍니다.

예민한 아이는 음식을 뱉을 뿐 아니라, 아예 새로운 음식을 시도하는 것을 어려워할 수도 있습니다. 이런 경우 당분간은 다양한 음식을 주려는 노력보다는 익숙하고 부드러운 음식을 주면서 새로운 음식을 차츰차츰 늘려 나가야 합니다.

구강 내 감각뿐 아니라 얼굴이나 팔 등의 감각도 민감할 수 있습니다. 이러면 사회생활할 때 힘들어질 수 있습니다. 다양한 오감놀이를 통해 긴장을 풀 수 있도록 도와주세요.

2. 한 번 먹이는 양이 많지는 않나요?

생각보다 입속에 많은 양의 음식이 안 담아지는 아이가 있습니다. '이렇게 조금씩 먹어도 되는 걸까?'라는 생각이 들 정도로 조금씩 먹여 보세요.

3. 먹으라고 강요하고 있지는 않나요?

자꾸 뱉고 안 먹다 보니 "요거 하나만 먹자.", "딱 한 번만 더 먹자." 라며 쫓아다니게 됩니다. 밥을 먹이는 양도 엄마가 정해 놓고 그것을 먹이려고 애씁니다. 그러면 아이는 먹는다는 행위 자체가 부담이 되어 점점 더 안 먹게 됩니다.

아이에게 선택권을 주면 어떨까요? 밥 한 숟가락, 계란 반쪽이라도 괜찮습니다. 몇 가지 음식을 놓고 뷔페처럼 본인이 선택하게 해 보세요. 적은 양이라도 내가 가져온 양을 내가 다 먹을 수 있다는 성취감과 자신감을 갖게 하는 것이 무엇보다 중요합니다. 성장하는 아이에게 하루하루 먹는 양은 무엇보다도 중요합니다만, 억지로 먹이는 것은 멀리 보았을 때 결코 좋은 방법이 아닙니다.

4. 정서적으로 불안정하지는 않나요?

양육자에게 불편한 마음이 있거나 관심을 받고 싶을 때 아이가 할 수 있는 행동 중 가장 쉬운 것이 음식을 안 먹거나 뱉거나 토하는 등 먹는 것으로 하는 행동입니다. 다른 행동은 힘으로 밀리기 때문입니다.

아이가 자꾸 뱉고, 토하고, 골고루 잘 먹지 않으면 양육자는 속이 상합니다. 혹시 '나한테 반항하는 것은 아닌가?'라는 생각도 합니다. 아닙니다. 예민해서, 못 삼켜서, 먹기 싫어서 뱉는 것입니다. 아이를 이해해 주고, 많이 놀아 주고, 안아 주세요.

국물에 밥을 말아 줘야 먹어요

Q:

"아이가 밥을 잘 안 먹는데 그나마 조금 먹는 게 국에 밥을 말아 먹는 거예요. 안 좋을 것 같기는 한데 그래도 굶기는 것보다는 낫지 않을까요?"

A:

주변에서 국에 밥을 말아 먹는 아이, 어른을 종종 봅니다. 이유는 매우 다양합니다. 밥과 국만 있으면 되니, 먹기에 간편합니다. 국에 간이 되어 있으므로 이것만으로 충분히 맛있습니다. 씹기 힘든데 이렇게 먹으면 별로 씹지 않아도 꿀꺽 잘도 넘어갑니다. 이러다 보니 국만 나오면 무조건 밥을 마는 것이 습관이 된 경우도 있습니다.

아이에게 국에 밥을 말아 먹이면 안 되냐고요? 내가 국에 밥을 말아 먹으면 안 되냐고요?

결론부터 말씀드리면 '안 됩니다!' 이유는 다음과 같습니다.

1. 위장에 부담을 주고 소화가 잘 안 됩니다.

소화는 입에서부터 시작됩니다. 치아는 음식물을 잘게 잘라 주고, 침과 음식물을 잘 섞이게 해 주지요. 침에 있는 소화효소는 소화가 잘 되게 도와줍니다. 침은 음식을 씹었을 때 더 잘 나옵니다. 물이나 국에 밥을 말아 먹으면 씹지도 않고 바로 식도로 넘어가므로, 음식물이 잘게 잘라지지도 않고 침에 의한 분해작용도 일어나지 않습니다. 심지어 위 속에 있는 소화액을 희석시켜 위에서의 소화도 방해합니다.

아이들은 소화 기능이 약하여 식재료나 조리 방법도 소화가 잘될 수 있도록 해 주어야 하는데, 국에 밥을 말아 먹으면 아이의 위장에 부담을 주어 소화가 잘 안 되게 합니다.

2. 나트륨 섭취가 많아집니다.

우리가 먹는 식사를 한번 상상해 보세요. 무엇이 보이나요? 밥, 국, 불고기, 콩나물무침, 김구이, 명란젓, 깍두기가 있다고 가정해 봅시다. 이 음식들 중 소금이 가장 많이 들어 있는 것은 무엇일까요? 명란젓? 깍두기? 혹시 국?

정답은 '국'입니다. 왜냐하면, 절대적으로 양이 많기 때문입니다. 어린이집이나 유치원, 학교 등에서 저염을 실천한다고 할 때 가장 쉬운 방법이 무엇인지 아세요? 바로 국을 숭늉으로 바꾸는 것입니다. 아예 국을 빼 버리는 것이지요.

싱겁게 먹지 않으면서 나트륨을 줄일 수 있는 방법 중 첫 번째는 국을 안 먹거나 먹더라도 건더기 위주로 먹는 것입니다. 그런데 국에 밥을 말아 먹으면 어떻게 될까요? 나트륨이 많은 국을 국물까지 아주 맛있게 먹게 되겠지요.

3. 씹기 연습이 안 됩니다.

씹기의 중요성은 아무리 강조해도 지나치지 않습니다. 잘 씹어야 뼈가 튼튼해지고, 똑똑해지고, 소화도 잘됩니다.

밥을 잘 안 먹는 아이들의 대다수가 잘 씹지 못합니다. 밥을 잘 안 먹으니 국에 말아서라도 조금이라도 먹이려고 하고, 그러다 보면 씹기 연습은 더 안 되고, 이런 악순환이 계속되다 보면 아이에게 밥 먹이기 실랑이는 한도 끝도 없습니다.

4. 살이 찝니다.

국내 연구팀이 성인 50명을 대상으로 실험을 했는데, 국에 밥을 말아 먹는 그룹이 따로 먹는 그룹에 비해 식사 시간이 짧고 식사량은 더 많았습니다.

국에 밥을 말아 먹으면 식사 속도가 자연스럽게 빨라집니다. 씹는 횟수가 줄고 빨리 삼킬 수 있기 때문에 식사량도 많습니다. (포만감은 식사를 하고 소화가 되어 혈당이 올라가면 뇌로 그 신호를 보내어 느끼게 되는데, 그 시간이 약 20분 정도 소요됩니다. 포만감을 느끼기 전에 과식으로 이어지는 이유입니다.)

그럼 어떻게 해야 할까요? 어른의 경우 이러한 문제점을 이해하고 국에 밥을 말아 먹지 않으려고 노력하면 됩니다. 그럼 아이는요? 그 시작은 씹기 연습입니다. 아이는 그냥 밥을 먹기가 어려운 것이므로, 씹기 연습을 통해 밥과 국을 따로 먹을 때의 즐거움을 알려 주어야 합니다.

잠들기 전에 자꾸 먹으려고 해요

Q:

"우리 아이는 잠들기 전에 자꾸 무언가를 먹으려고 해요. 낮엔 잘 안 먹으면서 밤만 되면 갑자기 잘 먹는 아이가 되는데, 이렇게 먹여도 괜찮은 건가요?"

A:

닭이 먼저일까요, 계란이 먼저일까요? 낮에 잘 안 먹어서 밤에 잘 먹는 걸까요, 밤에 잘 먹어서 낮에 잘 안 먹는 걸까요? 무엇이 먼저냐고 따지는 것보다 더 급한 건, 아니 더 중요한 건 낮에 잘 먹어야 하는 것이지요.

잠들기 전에 음식을 먹으면 위는 소화를 시켜야 하므로 깊게 잠들기가 어렵습니다. 그러면 아침에 일찍 일어나기 어렵고, 일어나도 하루 종일 피곤하며, 식욕이 없게 됩니다. 그래도 아이니까 활동을 하다 보니 저녁이 되면 배가 고파져서 먹을 것을 찾게 되지요. 악순환입니다. 이 악순환의 고리를 끊으려면 매정하다 생각되더라도 며칠은 아이와 씨름해야 합니다.

적어도 잠들기 2시간 전에 식사를 끝내야 합니다. 우선 식사 시간을 조절해 주고, 잠자기 직전에는 먹을 것을 주면 안 됩니다. 배가 고프다고 떼를 쓰면 우유 반 잔 정도만 줍니다(일부 아이들은 우유가 오히려 속을 거북하게 만들 수 있으므로 이럴 경우 양을 줄이거나 물로 대체해야 합니다). 하루 이틀 정도만 씨름하다 보면 아침에 배가 고파서 먹게 됩니다.

간혹 잠투정으로 먹을 것을 달라고 하는 경우도 있습니다. 잠이 들면 엄마와 분리되므로 어떻게 해서든지 잠들지 않으려고 하는 것이지요. 낮에 잘 안 먹던 아이가 먹을 것을 달라고 하면 기쁜 마음으로 주게 되는데, 이것이 습관이 되어 잠자기 직전에 자꾸 먹게 됩니다. 낮에 안 먹었으니 밤에라도 먹으라는 것은 결코 아이에게 도움이 되지 않습니다. 오히려 아이의 성장 발달을 저해하고 건강을 해치는 행동이지요.

아이는 밤에 자랍니다. 깊게 잠들어 있을 때 자랍니다. 깊게 잠들지 못하면 잘 자랄 수 없습니다. 아이가 잘 자라기 원한다면 며칠 동안의 씨름은 감내해야 합니다.

아이마다 너무 달라요

Q:

"형제가 있는데 한 아이는 너무 느리고, 한 아이는 너무 까다로워요. 함께 키우려니 너무 힘드네요."

A:

저도 아이가 셋인데, 아이들을 보면 같은 부모에게서 태어났는데 모두 참 다르다는 것을 느낍니다. 새로운 물건이든, 음식이든 만져 보고 먹어 보는 데 거침없는 아이가 있는가 하면 두려워하여 시도조차 안 하는 아이도 있습니다. 자고 있을 때 옆에서 기침 소리만 나도 뒤척이는 아이가 있는가 하면, 청소기를 돌려도 모르고 자는 아이도 있습니다. 이는 유아기에 나타나는 기질 차이 때문입니다.

기질은 성격과는 조금 다릅니다. '기질'은 '사람 및 상황에 접근하는 자기 나름대로의 행동양식'이고, '성격'은 '기질을 바탕으로 더욱 넓은 정서적 변화와 스스로의 의지까지 포함'하는 것입니다. 기질은 고유의 특성이라서 성격 중 잘 변하지 않는 부분입니다. 성인기까지 이어지면서 평생에 걸쳐 나타나지요.

예전에는 기질은 타고나는 것이므로 유전이라는 운명적 요인에 따라 결정된다고 보았는데, 최근 연구에 따르면 '지역별 문화권의 사회적 관습의 차이, 가정 양육 환경의 차이, 가족 구성원 간 관계, 성정체성에 관한 부모의 신념' 등 후천적 요인으로 달라진다고 합니다.

그러므로 영유아기에 아이를 잘 관찰하여 어떤 기질인지 파악하고 이해한 후 부모가 그에 따른 대응, 즉 양육의 방향과 지침을 세운다면 육아에 많은 도움이 될 것입니다. 예를 들어, 기질이 까다로운 아이의 경우 아이의 기질을 이해하고 기질에 맞는 민감한 양육을 한다면 덜 까다로운 아이로 자라날 수 있습니다. 그런데 양육자가 이를 스트레스로 받아들이고 강한 통제나 엄격한 훈육, 또는 무관심으로 방치한다면 더욱 까다로운 아이로 자라나게 되는 것이지요.

기질을 분류하는 방법은 연구자마다 견해가 다양합니다. 이 중 토마스와 체스(Thomas & Chess)의 NYLS 모형, EAS 모형, 로스바트(Rothbart) 모형 등이 있지만 가장 널리 알려져 있는 NYLS 모형을 소개하도록 하겠습니다.

미국의 토마스와 체스는 뉴욕의 종단 모형 연구(NYLS, NewYork Longitudinal Study)를 통해 기질의 아홉 가지 요소를 발견하고, 이를 바탕으로 세 가지 유형으로 나누었습니다.

기질의 아홉 가지 요소

- 활동 수준(신체적 에너지, 어떻게, 얼마나 많이 움직이는가)
- 규칙성(먹고 자고 배뇨하는 것이 규칙적으로 이루어지는가)
- 접근/회피(새로운 음식, 장난감, 낯선 사람에 대해 초기 반응이 어떠한가)
- 적응성(바뀐 환경, 변화에 얼마나 빠르게 잘 적응하는가)
- 반응 강도(부정적, 긍정적 상황에 좋고 싫음 등을 얼마나 강력하게 반응하는가)
- 민감도(소리, 빛, 냄새 등 감각적 자극에 얼마나 민감하게 반응하는가)
- 기분(전반적인 기분을 잘 표현하는가)
- 산만성(별 관계없는 주의 자극에 주의력이 분산되는가)
- 지속성(특정 활동이나 놀이에 얼마나 집중하는가, 얼마나 지속할 수 있는가)

이러한 요소를 바탕으로 기질은 크게 세 가지로 나뉩니다.

먼저, 생활이 규칙적이고 주변 환경 변화에도 잘 적응하여 키우기 수월한 '순한 기질'이 있습니다. 연구에서 40% 정도가 해당하였습니다. 새로운 것에 적응하는 속도가 느리고 무언가 수행하는 시간도 오래 걸리는 '더딘 기질'은 15% 정도가 해당하였습니다. 새로운 상황도 싫고, 감정 표현도 서툽니다. 일상적인 생활이 불규칙적이고, 작은 변화와 자극에도 민감하게 반응하며 적응하기 힘들어하는 '까다로운 기질'은 10% 정도였습니다. 새로운 것을 접하면 강하게 저항하기도 합니다.

그리고 35%는 어떤 기질에도 속하지 않았고, 일부는 세 가지 기질이 혼합되어 있기도 하였습니다.

우리 아이는 어디에 속할까요? 그리고 어떻게 양육하여야 할까요?

더딘 기질은 행동이 느리므로 자신감이나 자존감이 낮아질 수 있습니다. 칭찬과 격려를 구체적으로 해 주고, 활발하게 활동할 수 있도록 도와주세요.

기질이 까다로운 아이임을 알게 되었다면, 아이의 부정적인 행동에 동요하지 말아야 합니다. 아이의 공격적인 성향에 함께 공격적으로 반응하거나, 짜증을 섞어 반응하면 아이의 부정적인 부분이 강화될 수 있습니다.

접근성이 낮은 아이는 푸드 네오포비아와는 좀 다릅니다. 새로운 음식을 두려워하는 푸드 네오포비아의 경우 새로운 음식에 자꾸 노출시켜 주면 어느 순간 익숙해져서 먹게 되지만 접근성이 낮은 아이는 아무리 주어도 거절합니다. 이런 경우 아이의 기질을 이해해 주어 그대로 받아들여야 합니다.

불규칙한 기질을 가지고 태어난 경우에는 계획을 세워서 교정해 줄 수 있습니다. 시간이 걸리더라도 충분히 교정될 수 있는 부분입니다.

자극에 민감하다면 감각기관의 역치(필요한 자극의 최소량)가 낮은 경우입니다. 주변 환경을 세심하게 챙겨 주어 불편함이 없도록 도와주어야 합니다. 미각을 예로 들어 볼까요? 우리가 간혹 오이 꽁지를 먹으면서 느끼는 씁쓸함을 아이들이 오이를 먹으면서 느낀다면 어떨까요? 아무리 오이가 몸에 좋다고 해도 그 씁쓸함을 참아 가며 먹을 수는 없습니다. 어른들도 뱉어 버리고 말잖아요.

조심성이 너무 많아서 새로운 것에 적응하기 어려운 아이라면 스스로 안전하고 익숙한 것으로 느낄 수 있을 때까지 반복적으로 시도하고, 익숙해질 수 있는 시간을 주세요. 기다림이 필요합니다.

까다롭게 태어났지만 양육자가 정서적으로 안정된 태도로 긍정적인 반응을 보인 경우 커 가면서 까다로움이 점점 없어집니다. 예민한 부분을 발달시켜 그 분야에 두각을 나타내는 경우도 많습니다. 개인에 따른 차이가 있음을 인지하고 존중해 주면서 그에 따라 양육 태도를 달리해 주는 노력이 필요합니다.

언제부터 식사 예절을 가르쳐야 하나요?

Q:

아이가 3세인데, 식사 예절이 엉망이에요. 주위에서는 일찍 식사 예절을 가르치라네요. 식습관 교육은 언제부터 가능한가요?

A:

아이의 기질을 이해했다면, 이제 아이의 발달단계를 이해해야 합니다. 연령별로 어떻게 식습관을 교육해야 하는지 알려 드릴게요.

1. 1~2세에는 음식을 통해 자신감과 독립심을 키워 주세요.

이유식을 먹기 시작하면 도움 없이 스스로 먹겠다고 난리가 납니다. 익숙하지 않으므로 음식을 흘리는 것은 기본이고, 밥그릇을 엎기도 합니다. 이유식 한번 먹고 나면 손, 옷, 바닥은 엉망진창이 됩니다. 그러나 지금 이 순간에도 아이의 자신감과 독립심이 자라고 있습니다. 더불어 아이의 근육과 신경도 발달되고 있지요. 이 난리가 싫어서 숟가락을 뺏어 떠먹여 준다면 아이는 의존적인 사람이 되어 버리고, 근육과 신경 발달도 저하됩니다.

자신감은 자기 자신의 가치나 능력을 믿는 마음이고, 독립심은 남에게 의지하지 않고 살아가려는 마음입니다. 독립적인 사람에게는 자신감을 쉽게 찾을 수 있는 반면 의존적인 사람에게는 자신감보다는 무력감이 나타납니다. 즉, 스스로 할 줄 아는 아이가 자신감도 높다는 의미입니다.

-〈아이의 시간, 성장의 비밀〉(교육부) **중에서**

스스로 해야 독립적이 되고, 자신감이 생깁니다. 아이가 스스로 할 수 있는 순간을 놓치지 마세요. 음식을 손으로 집는 순간, 숟가락을 사용하려는 순간, 컵을 들고 마시려는 순간 등입니다. 아이는 스스로 먹으면서 성취감을 느낍니다. 성취감을 느껴야 자신감이 생기고 행복합니다. 밥 먹는 시간이 즐거워지는 비결이지요. 스스로 먹지 않으면 성취감이 없으므로 밥 먹을 때마다 엄마와 실랑이를 벌이게 됩니다. 이유식 시기에 스스로 먹지 못한 아이는 유아기에 밥 먹이기가 힘듭니다.

음식을 던지고 으깨면서 주위를 더럽히지만, 그러면서 아이는 중력을 느끼고 으깨지는 강도를 배웁니다. 아이는 학습하고 있는 중이지요. 이때 양육자는 안전한 식기를 주거나 적절한 컵을 주는 등의 도움만 주면 됩니다. 일회용 비닐 식탁보를 구매하여 깔고 사용하면 치우는 스트레스를 줄일 수 있겠지요.

2. 미운 세 살, 지금 필요한 것은 충분한 사랑입니다.

'미운 일곱 살'이라고 하던 것이 어느덧 '미운 네 살'로 가더니, 이제는 '미운 세 살'이라고 합니다. 두 돌이 지나면서 온갖 미운 짓을 하지요. '제1반항기'라고도 하는데, 호불호가 명확하고, 변덕이 심합니다. '싫어!'와 '내가 할래!'라는 말을 입에 달고 삽니다. 손이나 입으로 사물을 탐색하던 기간을 지나, 사물의 쓰임새나 왜 그러한 행동을 하는지가 궁금해집니다. '왜?'라는 질문이 끝이 없습니다. 논리적인 생각을 할 수 있는 시기가 되므로 '왜?'라는 질문에 논리적인 설득이 되기 전까지 질문을 멈추지 않습니다(점점 더 양육자가 똑똑해져야 하는 이유입니다). 음식에 관해서는 더 분명하지요.

미운 세 살 아이가 네 살이 되고 일곱 살이 되면 괜찮아질까요? 만약 그렇다면 시간만 흘러가면 되겠지만, 무조건 특정 시기가 된다고 해서 끝나는 문제가 아닙니다. 왜냐하면, 반항기라는 시기가 있다기보다는 아이를 반항하게 만드는 부모가 있기 때문입니다. 아이에게

명령하고, 야단치고, 지배하려고 했기 때문이지요. 그래서 반항기가 없는 아이도 있습니다. 아이가 반항할 필요가 없도록 부모가 대응했기 때문입니다.

아이는 자아가 형성되고 독립심이 생기면서 자신의 의견과 주장을 나타내게 됩니다. 자신이 중심이 되는 자아 정체성을 확립하는 시기이지요. 그런데 자신의 의견과 주장을 나타내는 과정에서 잘 받아들여지지 않으면 음식을 거부하거나 고집을 부리는 '반항' 행동을 통해 자신에게 '힘'이 있음을 과시하게 됩니다. 부모에게 사랑과 관심을 받기 위해 '반항' 행동을 하는 경우도 있고요. 이를 고치려고 야단치고 화를 내면 이 반항기는 끝이 나지 않습니다.

긍정적인 자아가 형성될 수 있도록 칭찬과 격려를 해 주고, 아이의 안전에 문제가 없는 한 의견을 존중해 주는 것이 좋습니다. 웬만하면 아이의 요구를 들어주세요. 이 시기에 필요한 것은 부모에게 충분한 사랑과 관심을 받고 있다고 느끼는 것입니다.

오은영 박사님은 《못 참는 아이 욱하는 부모》에서 아이에 대한 사랑과 훈육을 자동차에 비유하였습니다. 태어나서 3년 동안 부모의 사랑이라는 연료를 충분히 채운 다음, 훈육을 통해 사회질서와 규칙을 알아야 한다는 것이지요. 부모의 사랑이라는 연료가 충분하지 않으면 운전이 불가능하므로 연료부터 충분히 채워야 한다고 하였습니다. 지금 필요한 것은 충분한 사랑입니다.

3. 적극적인 훈육은 만 3세 이후에 가능해요.

0세부터 2세까지는 아이에게 충분한 사랑을 주며 건강이나 안전에 해가 되지 않는다면 아이의 요구를 들어주는 것이 좋습니다. 3세까지는 훈육보다는 되고 안 되는 것을 단호하고 간결하게 말해 주면 됩니다.

만 3세가 지나면 적극적인 훈육이 가능하고 필요합니다. 오은영 박사님이 <우리 아이가 달라졌어요>에서 했던 훈육은 모두 만 3세 이후 아동에게 한 것입니다.

· 2부 ·

모유부터 이유식, 밥까지 우리 아이 식습관의 모든 것

초보 엄마를 위한
단계별 식습관 가이드

1장

“수유를 잘하고 싶어요”

모유수유에 성공하고 싶어요

Q:

"모유가 좋다는 것은 잘 알고 있지만, 주위를 보면 완모를 하는 것이 쉽지 않아 보입니다. 모유수유에 성공하고 싶은데 어떻게 해야 할까요?"

A:

아기가 젖을 먹는 것은 본능입니다. 제대로 준비하고 노력하면 충분히 성공할 수 있습니다. 모유수유에 성공하려면 출산 전에 모유수유에 대해 교육을 받거나 관련된 책을 읽어 두면 좋습니다. 병원에서 하는 산전 모유수유 교육은 남편과 함께 참석해서 받으세요. 모유에 대한 전반적인 지식, 아빠의 역할, 수유에 필요한 기술 등을 알려 줄

거예요. 관련 책으로는 《육아 상담소 모유수유》와 《삐뽀삐뽀 119 우리 아가 모유 먹이기》를 추천합니다.

그러나 모유수유에 성공하기 위해 더욱 중요한 것은 엄마의 자신감입니다. 아기와 나를 믿고 잘 먹고 잘 쉬면서 젖을 물리면 모두 모유수유에 성공할 수 있습니다.

물론 힘들 것입니다. 특히 모유수유가 자리 잡는 첫 1개월은 더욱 힘들 것입니다. 하지만 이 글을 읽는 여러분은 그 어려운 출산도 하신 분들입니다. 모유수유도 성공할 수 있습니다.

모유 먹이기에 성공하기 위해 출산 후 한 달까지는 반드시 다음 사항을 기억해 두기 바랍니다.

1. 출산 후 한 시간 안에 반드시 젖 물리기를 시도해야 합니다.

바로 젖 물리는 게 어려울 수 있는 상황이 있지만, 가능하면 빨리 젖을 물려야 합니다. 아기는 젖 빠는 본능이 있으므로 젖을 찾아 물고 빠는데, 아기의 젖 빠는 힘은 매우 강해서 엄마의 유선을 자극해 모유 분비를 촉진할 수 있습니다.

엄마의 배 위에 아무것도 입히지 않은 아기를 올려놓아 보세요. 스스로 젖을 찾아서 물고 빠는 것을 볼 수 있습니다. 아기가 엄마 젖을 찾고 만족감을 느낄 수 있도록 소개하는 시간인데, 이럴 경우 모유수유의 성공률이 높습니다.

2. 출산 후 1개월까지는 아기와 함께 지내며 배고파하면 바로 먹입니다.

신생아는 배고파하면 먹여야 합니다. 배고프면 먹는다는 것을 알아야 합니다. 배고파할 때 먹이려면 엄마와 아기가 함께 있어야 합니다. 신생아실에 아이를 맡겨 두고 배고플 때 연락 달라고 하는 경우, 막상 엄마가 서둘러서 간다고 해도 이미 아이는 울다 지쳐서 배불리 먹지 못합니다. 그러면 얼마 못 먹고 그만두게 되지요.

젖을 물려야 하는 때는 아이가 잠에서 깨어나 눈을 뜨고 배고파하는 신호를 보낼 때입니다. 배고픈 아기는 눈이 똘망똘망해지고, 입맛을 다시며, 엄마 젖을 찾으려 활발히 움직입니다. 그러다가 울음을 터뜨립니다. 울기 시작하면 이미 늦습니다. 눈 뜨면 바로 젖을 물려야 조금이라도 더 먹을 수 있어 아이의 뱃구레를 늘릴 수 있습니다.

생후 24시간 동안에는 아기가 자는 시간이 많아서 수유할 기회가 많지 않습니다만, 적어도 6회 이상은 해야 합니다. 둘째 날부터는 하루에 8회 이상 아기가 배고파할 때 젖을 먹입니다.

아기가 엄마의 젖을 빨고 있을 때 프로락틴이라는 호르몬이 분비됩니다. 출산 후 2주 동안 프로락틴 수치를 높게, 지속적으로 유지해야 엄마의 모유 생산이 원활해집니다.

배고파하는 신호를 오해하는 경우가 많습니다. 대표적인 예가 입 주위를 손가락으로 건드리고 입을 오물거리면 배가 고프다고 생각하는 것입니다. 이것은 뿌리 찾기 반사, 포유 반사, 젖 찾기 반사로 그냥 반사적으로 오물거리는 것입니다.

운다고 무조건 젖을 물려도 안 됩니다. 아기가 보채거나 우는 이유는 다양합니다. 기저귀가 젖었거나, 졸리거나, 엄마와 떨어져 있다는 분리불안만으로도 울지요. 아기는 여러 이유로 신호를 보냅니다.

3. 한번 젖을 물리면 가능한 한 길게 먹이려고 노력해야 합니다.

아기가 잠에서 깨면 바로 젖부터 물리고, 잠들지 않도록 깨워 가며 먹여야 합니다. 더우면 자꾸 잠들려고 하므로 시원하게 해 주는 것이 좋습니다. 20℃ 정도가 적당합니다. 자꾸 아이가 잠들려고 하면 몇 가지 방법을 시도해 볼 수 있습니다. 젖을 물고 입만 오물거리면서 잠들려고 하면 유륜 주위를 엄지와 검지로 지그시 누릅니다. 젖이 쉽게 나와 아이가 다시 빨게 되지요. 아이 이름을 부르고, 엉덩이나 발바닥을 부드럽게 만져 주는 것도 좋습니다. 그래도 잠들면 물 묻은 손수건으로 얼굴을 닦아 주셔도 좋습니다.

최대한 길게 먹이려고 애써야 찔끔찔끔 먹는 것을 막을 수 있습니다. 출생 후 수일 동안은 적어도 15분 이상 먹이고 양쪽 젖을 다 먹여야 합니다. 이번에 두 번째 물렸던 젖은 다음번에는 먼저 물립니다.

배부르게 먹어야 푹 잠들 수 있고, 푹 잠들어야 수유 간격이 길어지며, 그래야 다음 수유 때 배가 고파서 자연스럽게 배불리 먹게 됩니다. 이렇게 진행되면 수유 간격이 길어지고, 수면 유형도 일정하게 되어 규칙적인 일상이 될 수 있지요. 이때부터 뱃구레를 키우는 노력이 절대적으로 필요합니다.

4. 분유를 함부로 먹이지 않습니다.

일반적으로 출산 후 3일은 젖이 잘 나오지 않습니다. 그러다 보니 아이는 울고 보채게 되는데 이때 엄마의 마음이 흔들려 분유를 주게 됩니다.

아기는 생후 일주일간 필요한 영양분을 가지고 태어난다고 합니다. 출산 후 수일 동안 나오는 초유는 하루에 20~40㎖ 정도로 아주 적습니다. 초유만이라도 먹인다는 마음으로 참고 기다려야 합니다. 이 시기 아기는 이것만 먹어도 충분합니다. 탈진하지 않습니다.

모유가 부족한 것 같아 분유를 보충해 주어 모유수유에 실패하는 경우가 많습니다. 분유를 보충하기 전에 먼저 대소변을 충분히 싸는지 확인해 봅니다. 다음의 기저귀 양을 참고하시기 바랍니다.

기저귀 종류 / 출생 이후	소변 기저귀 개수	대변 기저귀 개수
첫째 날	1~2	1
둘째 날	2~3	2
셋째 날	3~4	최소 2
넷째 날	4~5	최소 3
다섯째 날	4~5	최소 3
여섯째 날 이후	최소 6	최소 4

* 출처: 《잘 자고 잘 먹는 아기의 시간표》(정재호, 한빛라이프)

기저귀 개수가 표의 최소 수량보다 적고 체중도 줄고 있다면 모유가 절대적으로 부족한 것일 수 있습니다. 하지만 이런 경우는 전체 산모의 5퍼센트 내외로 매우 적습니다. 대부분은 젖이 충분한데도 적다고 오해하는 경우가 많습니다.

그리고 한 가지 더! 모유는 직접 물릴 수 없는 의학적인 이유나 엄마와 아기가 떨어져 있을 수밖에 없는 경우를 제외하고는 짜서 먹이지 않습니다. 모유가 잘 나오지 않는 출산 초기에 모유를 짜서 먹이면 모유량이 줄어들 수 있습니다. 시간도 배로 들고, 모유 먹이기는 더욱 힘들어집니다. 직접 물려서 먹이는 것이 좋습니다.

5. 바른 수유 자세로 제대로 젖 물리는 것이 중요합니다.

수유 자세는 요람식 자세, 교차 요람식 자세, 풋볼 자세, 누워서 먹이는 자세, 무릎에 앉히는 자세, 옆으로 누워서 먹이는 자세 등 다양합니다. 어떤 자세든 산모와 아기에게 모두 편안한 자세를 찾는 것이 중요합니다. 초기 모유수유에 실패하는 경우는 나쁜 수유 자세 때문인 경우가 많습니다.

젖을 물릴 때는 가능한 한 아기의 입을 크게 벌리게 하고 엄마의 유두를 아기 입속 깊숙이 넣어야 합니다. 젖을 잘못 물리면 유두에 상처가 나거나 피가 나고 통증이 심합니다.

젖이 너무 적게 나와요

Q:

"출산한 지 10일 되었는데 모유량이 적은 것 같아요. 유축해 보면 20㎖ 정도밖에 안 나와요. 제가 가슴이 작아서 모유량이 적은 것 같아 아기에게 미안하네요. 결국 분유 수유를 하면서 모유는 간식처럼만 주어야 하는 걸까요?"

A:

모유수유를 할 때 가장 고민되는 것 중 하나가 내 모유의 양이 아기에게 충분하다는 확신이 서지 않는 것입니다. 젖양이 정말로 부족한 경우는 전체 산모의 5% 내외로 매우 적습니다. 대부분은 젖양이 충분한데도 적다고 오해하고 있는 것이지요. 가슴이 작은 경우 신생아 시기에 수유 간격이 조금 짧을 수는 있지만, 모유수유가 안정되면 아기에게 충분한 양이 준비됩니다.

젖을 나오게 하는 방법 중 가장 효과적이고 좋은 방법은 아기가 빠는 것이고, 두 번째는 손으로 짜는 것입니다. 가장 안 좋은 방법은 유축기를 사용하는 것입니다. 가장 안 좋은 방법인 유축기로 젖을 나오게 했더니 20㎖밖에 안 나왔다고 속상해하지 마세요. 유축기를 사용하면 아기가 직접 빨 때보다 훨씬 적게 나오는 것이 보통입니다.

내 모유의 양이 우리 아기에게 충분한 것인지 어떻게 알 수 있을까요? 가장 확실한 방법은 아기의 몸무게를 확인하는 것입니다. 보통 생후 3일 동안은 출생 시 몸무게보다 5~10%가 줄어들지만, 일주일 후부터 조금씩 늘어 가는 양상을 보입니다.

젖을 충분히 먹고 있는지 알 수 있는 또 다른 방법은 기저귀를 확인해 보는 것입니다. 출산 후 일주일부터는 하루에 소변 기저귀가 6개 이상 나와야 합니다. 대변은 옅은 색으로 3~4회 정도 봅니다. 아기가 잘 놀고 잘 울고 피부에 탄력이 있다면 잘 크고 있는 것입니다. 잘 크고 있기는 한데, 그래도 아기가 자꾸 젖을 찾는다면 엄마 품을 찾는 것이므로 자주 안아 주세요.

대부분 신생아(출생~생후 4주까지)는 하루 8~12회 정도 젖을 먹습니다. 아기가 15분 이상 젖을 먹고 잠이 든다면 엄마의 젖양은 충분한 것입니다. 다만 조금 먹다가 자꾸 잠이 드는 경우가 있습니다. 이럴 경우

잠이 들지 않도록 깨워 가며 먹여야 합니다. 그래야 뱃구레도 키우고 후유까지 먹일 수 있습니다.

만약 생후 10일 이후에도 체중을 회복하지 못하면서 아기가 무기력해 보인다면 정말로 젖양이 부족한 것인가 고민해 봐야 합니다. 하지만 그렇다 하더라도 실망하지 마세요. 이제부터 젖양을 늘리는 노력을 하면 됩니다. 젖양을 늘리려면 어떻게 하면 될까요?

1. 모유는 아기의 자극에 의해서 만들어집니다.

모유를 자주 먹여야 몸에서 필요하다고 느껴서 많이 만들어 냅니다. 적어도 하루에 8~12회, 밤에도 먹입니다(그렇다고 한 시간마다 한 번씩 물리라는 뜻은 아닙니다). 젖 생산에는 프로락틴이라는 호르몬이 관여하는데, 이 호르몬은 밤중 수유를 할 때 더 많이 분비됩니다. 당분간은 밤중 수유를 꼭 해야 합니다.

2. 수유할 때마다 양쪽 젖을 다 먹입니다.

한쪽을 10분 정도 먹이고 아기가 잠이 들려고 하면 트림시키는 자세로 안고 토닥여 주며 잠을 깨워야 합니다. 처음엔 요람 자세로 10분 먹이고, 5분 쉬면서 깨웁니다. 정신 차린 상태에서 풋볼 자세로 10분 정도 더 먹입니다. 만약 15분 이상을 깨어서 먹으면 중간에 자세를 바꾸지 않아도 됩니다. 한쪽 젖을 먹이고 다른 쪽 젖을 먹이면 됩니다.

만약 한쪽을 15분 이상 먹었는데 더 이상 먹기를 싫어한다면 남은 한쪽 젖은 짜 주는 것이 좋습니다. 그래야 젖이 다시 차오릅니다. (반대로 젖양이 많아 줄이고 싶다면 짜면 안 되겠지요?)

모유수유 중 아기가 젖을 삼키는 횟수가 줄어들면 손으로 유방 중 뭉쳐 있는 부분을 지그시 눌러 주면 수유에 도움이 됩니다. 수유 전에 온찜질을 해 주는 것도 좋지요.

3. 엄마가 잘 먹고 잘 쉬고 잘 자야 합니다.

마음을 편안히 하고 자신감을 가지세요. 이 3가지 방법을 사용하며 계속 수유하다 보면 아기에게 충분한 양의 모유가 나오게 됩니다.

그래도 안 된다면, 그때 분유 보충을 생각해도 늦지 않습니다.

젖이 너무 많이 나와요

Q:

"출산한 지 한 달 되었는데, 젖양이 너무 많아서 그런지 아기가 젖 먹는 걸 오히려 힘들어하네요. 먹으면서 몸을 뒤로 뻗대고 사레도 자주 걸려요. 젖 빨 때 공기를 먹는지 넘기면서 꾸르륵대는 소리도 들리고 토도 자주 하네요. 젖이 너무 많아서 남은 젖을 유축기로 계속 짜내고 있는데 너무 힘듭니다."

A:

모유 사출 반사라는 것이 있습니다. 아기가 엄마의 젖을 빨면 그 자극으로 모유가 나오는 과정을 뜻합니다. 사출 반사가 제대로 되어야 수유를 제대로 할 수 있지요.

그런데 젖양이 많은 경우 사출이 너무 강해서 아기가 잘 받아들이지 못하고 거부를 하는 경우가 있습니다. 젖꼭지를 잘 물었다가도 갑자기 쏟아지는 젖에 놀라서 젖꼭지만 물거나 핥곤 합니다. 건성으로 먹다 보니 전유만 조금 먹고 후유는 제대로 먹지 못합니다. 제대로 먹지 못한 후유는 어디로 갈까요? 엄마 체중으로 갑니다. 지방이 부족한 전유만 먹고 묽은 변도 자주 보다 보니 아기는 금방 배가 고파져 자꾸 보챕니다.

또한 젖양이 많은 경우 엄마의 젖에 충분히 밀착해서 먹기가 힘듭니다. 아기는 공기를 많이 마시게 되어 트림도 많이 하고 방귀도 많이 뀝니다. 속이 불편하니까 아기를 안으면 몸을 뻗대고 힘들어하지요. 배는 부글부글 끓고 왈칵 토하기도 자주 합니다. 소화를 잘 못 시키므로 방귀 냄새도 역합니다. 이러면 배앓이를 하게 될 수도 있습니다.

이럴 때는 젖양을 줄이면서 후유까지 먹도록 해야 괜찮아집니다. 어떻게 해야 젖양을 줄일 수 있을까요?

젖은 비워지면 다시 채워진다고 하여 '화수분', '옹달샘' 같다고 합니다. 많이 퍼내면 많이 채워지지요. 되도록 덜 비우면 덜 만들어집니다. 수유 후 유축기로 남은 젖을 다 짜내면 젖은 다시 채워지고 그만큼 젖양은 자꾸 늘어납니다. 아프지 않을 정도로만 짜서 젖이 차는 속도를 느리게 해야 합니다.

수유 시에는 먼저 나오는 사출이 센 전유는 조금 짜낸 후 먹입니다. 한쪽 젖만 먹여서 후유까지 먹여야 합니다. 그래도 아기가 자꾸 사레가 걸린다면 수유 자세를 바꿔 보는 것도 좋습니다. 요람 자세보다는 풋볼 자세로 먼저 먹입니다. 그래도 힘들어하면 무릎에 앉히는 자세로 바꾸어 보는 것도 좋습니다. 유두 보호기를 써서 젖의 흐름을 느리게 하는 방법도 있습니다.

젖이 찼는데 안 짜면 엄마에게 가슴 통증이 유발됩니다. 이럴 때는 양배추 요법이나 냉팩 요법을 해 주면 좋습니다.

양배추 요법

1. 양배추는 수분이 날아가지 않도록 수건에 싸서 비닐팩에 넣은 후 냉장고에 넣어 둔다.

2. 냉장고에 넣어 두었던 양배추 잎(가능하면 겉잎) 몇 개를 젖꼭지 부분을 제외하고 가슴 전체에 넓게 붙인다.

3. 통증이 있는 가슴에 붙여 주고 3시간마다 새잎으로 갈아 준다.

냉팩 요법(양배추가 없을 때)

1. 길쭉한 형태의 목수건 4장을 준비한다.

2. 삶아서 소독한 후에 2장은 건조시켜 보관한다.

3. 2장은 물에 적셔 물기를 짠 후에 비닐팩에 넣어 냉동한다.

4. 사용하려고 할 때 냉동실에서 목수건 2개를 꺼내 물에 적셔서 녹인 후 꽉 짜서 가슴을 감싸 준다.

가슴이 아프다고 따뜻한 수건으로 온팩을 하거나 가슴을 손으로 잡고 원을 그리며 돌리는 기저부 마사지를 하면 안 됩니다(조리원에서 보면 대부분의 산모들이 습관적으로 하고 있습니다). 온팩이나 기저부 마사지는 젖양을 늘릴 때 하는 방법입니다.

그리고 초보 엄마들이 가장 많이 하는 실수로, 아기가 울면 안고 흔들면서 돌아다니는 것이 있지요. 그래도 울음을 안 그치면 젖이든 분유, 아니면 공갈 젖꼭지라도 물려서 울음을 그치게 합니다. 아기가 우는 이유는 배가 아파서인데, 엄마는 정신없이 흔들기만 합니다. 자꾸 무언가를 주려고만 합니다. 아기는 얼마나 힘들까요?

아기가 많이 힘들어할 때는 먼저 달래 주어야 합니다. 아기를 세워 안고, 등을 손(손은 안쪽으로 오므립니다)으로 쳐 줍니다. 손 안쪽에 공기가 있으므로 소리는 크게 나지만 아프지 않습니다. 규칙적으로 톡, 톡 쳐 줍니다. 그럼 아기는 그 소리를 들으며 안정감을 느끼고 흥분을 가라앉히지요. 울음이 조금 잦아들면 눕혀서 배를 아래 방향으로 문질러 줍니다. 그리고 또다시 안고 톡, 톡 쳐 줍니다. 이게 아기를 제대로 달래는 방법입니다.

한쪽 젖만 먹으려고 해요

Q:

"아기가 오른쪽 젖만 먹으려고 해요. 그러다 보니 왼쪽 젖의 크기가 점점 줄고 있네요. 이렇게 영영 짝짝이가 되는 거 아닌가요? 그리고 한쪽만으로도 모유수유가 가능한가요?"

A:

한쪽 젖만 먹으려고 하는 데는 이유가 있습니다.

먼저 아기의 문제입니다. 태어났을 때부터 오른쪽 젖만 먹으려고 했다면 탈장, 쇄골골절 등의 원인일 가능성이 있습니다. 감기로 코가 막혔을 수도 있고, 왼쪽 귀에 중이염이 있어서 눌리니까 아파서 그럴 수도 있지요.

엄마의 문제일 수도 있습니다. 왼쪽 젖꼭지가 편평유두이거나 함몰유두일 수 있습니다. 그렇지 않더라도 오른쪽 유두가 좀 더 돌출되어 있을 수도 있습니다. 오른쪽 젖의 유관이 더 발달되어 유즙 배출이 잘되고 있을 수도 있지요.

아기와 엄마 모두 병원에서 진찰을 받아 정확한 원인을 확인하는 것이 필요합니다. 만약 의학적인 문제가 아니라 한쪽 젖이 잘 안 나와서 그러는 거라면, 싫어하는 쪽도 먹이려는 노력을 해야 합니다. 아기들은 쉽게 먹을 수 있는 젖을 좋아합니다. 잘 안 나오는 젖을 온팩이나 기저부 마사지를 하여 잘 나오게 한 후 물려 보세요. 어두운 방에서 수유를 하거나 걸어 다니면서 젖을 먹이는 것도 효과가 있습니다.

위에서 말씀드린 아기의 문제라면, 아기의 치료와 더불어 수유 자세를 바꾸면 안 먹던 쪽의 젖도 먹일 수 있습니다.

아기가 계속해서 한쪽 젖만 먹게 되면 수유가 끝난 뒤에 젖의 크기가 차이가 날 수 있습니다. 몇 달이 지나면 예전 상태로 점차 돌아오기는 하지만, 가능하면 양쪽 젖을 먹이려는 노력이 필요합니다.

모유를 보관했다 먹여도 되나요?

Q:

"출산휴가가 끝나고 이제 복직해야 해서 아이를 부모님께 맡겨야 해요. 주중에는 유축기로 젖을 모았다가 주말에 가져다 드리려고 하는데, 이렇게 얼렸다가 주어도 괜찮은가요?"

A:

괜찮습니다. 모유는 냉동해도 영양 성분과 면역 성분이 대부분 잘 보존됩니다.

직장에서 유축한 것은 직장의 냉동고에 보관하거나, 냉동고가 없다면 냉장고 중 가장 온도가 낮은 곳(가능한 한 깊숙한 곳)에 보관하였다가 퇴근할 때 집으로 가져와 바로 냉동합니다. 냉동했던 것을 한 번에 하나씩 먹을 수 있도록 60~120㎖씩 담으면 좋습니다(아기의 수유량에 따라 결정). 모유가 얼면 부피가 늘어나므로 용기 가득 채우지 말고 입구에서 2~3㎝ 아래까지 담습니다.

일반적인 가정의 냉장고에 모유를 냉장 보관하면 3일 이내에 먹입니다. 냉동고가 냉장고 안에 있을 경우 2주, 냉동고가 냉장실과 별도의 문으로 되어 있으면서 -18℃까지 온도가 지속적으로 잘 유지되는 냉동고라면 3~6개월도 보관 가능합니다. 단 3개월 이상 보관 시 모유 내 지방, 단백질 및 열량이 감소합니다. 산화를 촉진하는 유리지방산도 증가할 수 있고, 일부 연구에서는 비타민 C 농도도 감소하였습니다. 그러므로 가능하면 3개월 안에 먹이시길 권합니다. 용기에 날짜를 기록하고 오래된 것부터 먹입니다.

이동 시에는 냉동 상태가 유지될 수 있도록 반드시 냉동 팩을 넣은 아이스박스를 이용합니다. 윗부분에 놓여 있어서 조금이라도 녹았다면, 냉장실에 보관하며 24시간 이내에 먹입니다.

냉동했던 모유를 해동할 때는 냉장실에 넣어 해동하거나, 흐르는 찬물로 녹입니다. 따뜻한 물에 중탕으로 데우기도 합니다. 단 너무 뜨거운 물이나 전자레인지를 사용할 경우 모유가 55℃ 이상이 되어, 젖에 있는 주요 성분이 파괴될 수 있습니다. 또한 골고루 데워지지 않아 아기가 화상을 입을 수도 있으므로 주의하세요.

간혹 모유를 녹이면 모유의 층이 분리되어 보이기도 하는데 상한 것이 아닙니다. 살살 흔들어 주면 다시 섞입니다. 시큼한 냄새가 나거나 이상한 맛이 나기 전에는 버리지 마세요.

한번 해동한 모유는 다시 냉동하지 않습니다. 2시간 이상 실온에 두어서도 안 됩니다. 아이가 먹던 남은 모유는 버립니다.

그리고 모유를 유축하기 전에 손을 깨끗하게 씻는 것은 필수입니다. 유축 도구와 수유 도구는 매 사용 후에 주방 세제와 물로 잘 씻고 종이 타월로 닦은 후 깨끗한 밀폐용기에 보관합니다.

모유수유 중 엄마는 어떻게 먹어야 하나요?

Q:

"출산한 지 2주일이 되었고, 모유를 먹이고 있습니다. 산후조리원에서는 주는 대로 먹어서 걱정이 없었는데, 이제 집으로 돌아가면 어떻게 챙겨 먹어야 할까요?"

A:

모유수유에 성공하기 위해서는 무엇보다 엄마가 잘 먹어야 합니다. 그러나 잘 먹는 것이 많이 먹는 것을 의미하는 것은 아닙니다. 평상시보다 500㎉ 정도의 열량만 더 섭취하면 됩니다. 우리나라 보통 19~29세 여성이 필요로 하는 에너지를 2,100㎉라고 할때, 모유 먹이는 엄마는 2,600㎉ 정도를 먹으면 되지요. 양적으로 2,600㎉를 챙겨 먹으며 질적으로는 5대 영양소(탄수화물, 단백질, 지방, 비타민, 무기질)가 골고루 들어 있는 식사를 하는 것이 중요합니다.

우리나라는 예로부터 출산을 하면 쌀밥에 미역국을 먹었습니다. 출산 후 먹는 미역국은 요오드를 비롯한 다양한 미네랄과 풍부한 식이섬유를 섭취할 수 있는 매우 좋은 음식입니다. 그러나 쌀밥에 미역국만 하루에 4~5회 먹는다면 탄수화물과 요오드 과다 섭취가 됩니다. 배가 부르니 다른 영양소 섭취는 당연히 줄게 됩니다.

육아를 하면서 엄마가 식사를 잘 챙겨 먹는 것은 정말로 힘든 일입니다. 식사를 잘 챙겨 먹는 것이 아니라 간단하게 한 끼를 때우곤 하지요. 하지만 주변 사람들의 도움을 받아 꼭 잘 챙겨 먹어야 합니다.

모유는 아이에게 필요한 모든 영양소를 담고 있습니다. 이 모든 영양소를 충분히 주려면 엄마가 모든 영양소를 골고루 충분히 먹어야 하는 것이 당연하겠지요?

먹는 음식을 일일이 칼로리로 수치화하여 따지면서 먹기는 어렵습니다. 그렇지만 다음의 내용을 알아 두면, 수유기뿐 아니라 평생 식단 관리를 하는 데 도움이 되므로 잠시 소개합니다.

2,100㎉를 하루에 먹는다고 할 때 보통 식사로 500~600㎉를 먹고, 간식으로 300~600㎉를 먹게 됩니다(식사와 간식의 비율은 개인마다 다릅니다).

모유수유를 하여 2,600㎉를 먹는다면 600~700㎉의 식사와 500~800㎉의 간식을 드시면 됩니다. 식사 때 단백질의 양을 조금 늘리거나, 과일이나 빵, 우유 등의 간식을 조금 늘리는 것으로 충분합니다. 식사 시 몇 가지 주의 사항을 말씀드리겠습니다.

1. 밥은 가능한 한 잡곡밥을 드세요.

잡곡밥은 부족하기 쉬운 비타민과 미네랄을 섭취할 수 있는 매우 효과적인 방법입니다. 밥을 먹기 싫은 날도 있지요? 그럼 면류나 다른 곡류를 먹어도 됩니다.

2. 단백질식품인 고기, 생선, 계란, 콩류는 매끼 꾸준히 드세요.

고기는 저지방 부위를 선택하거나 기름기를 떼어 내고 조리합니다. 생선은 소화가 잘되는 매우 좋은 단백질 급원이지만, 수은 섭취의 위험이 있으므로 주의하여 섭취합니다. 콩류, 땅콩, 견과류에도 좋은 식물성 단백질이 포함되어 있으므로 꾸준히 섭취하면 좋습니다.

한 끼에 불고기 1접시(100g) 정도면 150㎉ 정도가 되는데, 수유 시에는 50g 정도를 더 섭취하면 좋습니다.

3. 과일과 채소류는 충분히 섭취하세요.

과일과 채소류는 비타민과 무기질의 급원으로 식욕을 촉진시키고 신진대사를 원활히 하므로 충분히 섭취합니다. 과일은 하루에 2~3회 정도 먹습니다. 채소는 매 끼니당 2가지 이상을 먹으려고 노력해야 합니다. 다양한 채소를 먹으면 아기의 편식을 예방하는 효과도 있습니다(지금은 별것 아닌 것 같지만 아기가 만 2세가 지나면 많은 엄마의 최대 고민은 자녀의 편식이랍니다).

4. 알레르기 문제가 없다면 우유는 3잔 정도 권합니다.

우유, 요거트, 치즈와 같은 유제품에는 칼슘과 단백질이 풍부하게 들어 있습니다. 우유 1잔은 125㎉입니다. 우유를 못 먹는다면 두유나 요거트로 대신하면 됩니다.

5. 음료 대신 물을 마셔요.

대략 8잔 정도의 물을 마십니다(물을 신경 쓰면서 마셔 본 분들은 알겠지만, 8잔 마시는 것이 쉬운 일은 아닙니다). 수유할 때는 단 음식이 많이 당깁니다. 탄산음료를 비롯하여 단 커피, 단 주스도 너무 먹고 싶지요. 그러나 이런 음료를 비롯한 단 음식은 유선을 막고 모유량도 줄게 할 수 있습니다. 또한 열량이 너무 과다하기 때문에 모유수유를 함에도 불구하고 살이 빠지지 않는 억울한 상황을 초래합니다.

6. 음식은 위생적으로 관리해요.

엄마가 먹은 음식은 아이에게 바로 전달됩니다. 상한 음식이나 충분히 가열하지 않은 음식을 주의합니다. 회와 같은 날음식을 먹는 것은 괜찮지만 신선도를 철저히 확인합니다.

7. 과다한 열량의 간식은 조심하세요.

수유하고 나면 배가 많이 고픕니다. 밥 차리기도 힘이 드니 간단히 먹기 쉬운 인스턴트식품이나 패스트푸드, 간식을 찾게 됩니다. 이런 일이 반복되면 잘 먹는 것이 아니라 열량만 많이 섭취하게 됩니다.

모유수유는 상당한 에너지를 필요로 하므로 체중감량에 효과적입니다. 필요 이상의 음식물 섭취만 피하면 건강하게 출산 전 몸무게로 돌아갈 수 있습니다. 더불어 분만 후 6주부터는 조금씩 걸어 주면 산후 회복에도 매우 좋습니다.

모유수유 중 엄마가 피해야 할 음식은 무엇인가요?

Q:

"아이 엉덩이가 빨개질까 봐 매운 것도 못 먹고, 잠 안 잘까 봐 커피도 안 마시고……. 아이 둘을 연이어 모유수유로 키우다 보니 매운 음식과 커피를 못 먹은 지 3년이 다 되어 갑니다. 이제 슬슬 커피도 먹고 싶고, 시원한 맥주 한 잔, 매콤한 아귀찜도 먹고 싶네요. 정말 조금도 먹으면 안 되는 건가요?"

A:

우리나라에서 모유를 먹이고 있는 산모 145명을 대상으로 섭취를 제한하고 있는 음식을 조사해 보니 평균 4.9개였습니다. 응답자의

38.6%는 모유수유 기간 동안 음식을 가려 먹는 데 어려움을 느꼈다고 했지요. 가려 먹는 음식들의 종류를 살펴보니, 커피 등 카페인 음료(90.3%), 김치 등의 매운 음식(85.5%), 날음식(75.2%), 찬 음식·식혜(각 69%), 고지방 음식(31.7%), 밀·견과류(각 13.1%), 우유 가공품(12.4%), 특정 과일(10.3%) 등의 순이었습니다.

엄마가 먹은 음식이 젖을 통해 아기에게 전달되는 것은 맞습니다만, 일부는 근거 없는 속설이나 과장된 정보입니다. 간혹 이상 반응을 일으키는 음식이 있기도 하지만, 이는 개인적인 특성입니다. 모유를 먹인다고 이런저런 음식을 피하기보다는 어떤 음식을 먹었을 때 아이가 불편해하는지 살펴보는 것이 중요합니다. 엄마가 어떤 음식을 먹고 수유했을 때 발진, 설사, 구토 등의 반응을 동일하게 보인다면 그때 그 음식 섭취를 중단하면 됩니다.

카페인: 하루 한두 잔 정도의 커피는 괜찮습니다.

엄마가 섭취한 카페인의 1% 이하가 젖으로 갑니다. 카페인으로 300㎎, 커피의 양으로 환산하면 아메리카노 1~2잔 정도는 아기에게 거의 영향을 주지 않습니다. 카페인으로 750㎎(아메리카노 4~5잔) 이상 섭취하면 아기가 보채고, 잠을 안 잘 수 있으므로 과량 섭취는 피해야 합니다. 미숙아나 신생아는 특히 예민하므로 주의해야 하지요.

보통 카페인을 말하면 커피를 떠올리지만, 녹차, 홍차, 초콜릿, 콜라, 드링크 등에도 들어 있으므로 카페인 함유량을 확인하고 섭취하여야 합니다.

매운 음식: 매운 음식을 조금 먹는 것은 아기에게 해롭지 않습니다. 다만 김치의 경우 마늘이나 파 때문에 모유의 향이 바뀌어서 아기가 싫어할 수 있지요. 김치와 같은 매운 음식을 먹은 후 아기가 모유를 거부하거나 기분이 상해 보인다면 식단에서 줄여야 하겠지만, 아기가 모유수유로 접해 본 음식의 맛과 향을 커서도 익숙하게 느낄 수 있으므로 골고루 먹는 것이 좋습니다.

다만 너무 매운 음식(매운맛을 강조하는 음식들)이나 양파 등을 너무 많이 먹으면, 아이의 배를 불편하게 하고 기저귀발진이 생길 가능성이 있으므로 주의하시기 바랍니다. 매운 음식은 보통 짠 경우가 많으므로 나트륨 섭취도 주의하시는 것이 좋습니다.

날음식: 날음식은 수유 중 먹어도 됩니다.

날음식은 익히지 않았으므로 식중독의 위험이 있어 피하라고 하는데, 식중독의 위험이 있기는 산모나 일반인이나 마찬가지입니다. 반드시 신선한 음식을 먹는 것이 중요합니다. 다만 기생충의 위험이 있는 민물회는 먹지 말고, 회를 먹을 때 고추장이나 고추냉이는 너무 많이 먹지 마세요.

생선: 수은이 많이 들어 있는 큰 생선의 섭취는 피합니다.

생선은 단백질의 우수한 급원이고 부드러워서 소화도 잘됩니다. 특히 등푸른생선은 DHA, EPA와 같은 오메가-3 지방산이 풍부합니다. 비타민 A, D, B군과 셀레늄과 같은 무기질 함량도 높습니다. 어린이의 두뇌 발달 및 성장 발달에도 매우 좋은 식재료이지요. 수유부를 비롯하여 임신부, 유아에게도 생선 섭취를 권합니다.

그러나 환경오염 때문에 거의 모든 생선에서 메틸수은을 비롯한 중금속이 검출되고 있습니다. 신경계에 손상을 줄 수 있으므로 식약처에서는 임신·수유부와 어린이를 대상으로 〈생선 안전섭취 가이드〉를 제시하였습니다.

메틸수은 함량이 비교적 낮은 일반 어류와 참치 통조림은 일주일에 400g 이하를 섭취하길 권합니다. 일반 어류와 참치 통조림의 경우 한 번 섭취할 때 양은 약 60g, 한 토막(손바닥 크기 정도) 정도입니다. 일주일에 6토막 정도를 먹으면 됩니다.

메틸수은 함량이 비교적 높은 다랑어, 새치류 및 상어류는 일주일에 100g 이하로, 한 번 정도만 섭취하는 것이 좋습니다. 다랑어, 새치류 및 상어류에서 우리가 흔히 접하는 종류는 참치회일 것입니다. 참치회 한 조각은 보통 10g이므로 일주일에 10조각 이내로 섭취하면 됩니다.

찬 음식: 너무 차가워서 엄마의 이가 시리거나 배가 아플 정도가 아니라면, 모유수유와는 상관없이 먹어도 괜찮습니다.

식혜: 기호식품으로 한두 잔 드시는 건 괜찮습니다.

식혜는 민간요법으로 젖양을 줄인다고 알려졌는데 어느 정도는 맞습니다. 모유의 경우 전유(모유수유 중 처음에 나오는 젖)에 탄수화물 성분이 많습니다. 식혜의 주재료인 엿기름에 있는 전분분해효소가 이를 분해하여 모유량이 적어지는 경향을 보이게 됩니다. 그러나 이는 사람에 따라 다르고, 정확한 분석이 부족합니다. 기호식품으로 한두 잔 드시는 것은 괜찮습니다.

고지방 음식: 모유를 먹일 때뿐만 아니라 일반인도 고지방 음식은 피하는 것이 좋습니다. 튀기거나 기름이 많이 들어간 음식은 조금만 먹어도 열량이 높기 때문에 비만이나 각종 대사증후군의 원인이 되지요. 산모의 경우 젖몸살이나 유선염을 일으킬 수 있으므로 피하는 것이 좋습니다.

견과류, 유제품, 밀가루: 아기에게 알레르기를 일으킬 수 있으므로 조심하는 것이 좋습니다. 특히 아기가 아토피 등 알레르기 증상을 일으키는 음식이 있다면, 이는 제한하여야 합니다. 해당 음식을 먹고 아기의 반응을 보는 것이 중요합니다. 알레르기 반응으로는 점액변, 녹변, 설사, 몸에 반점 등이 있습니다.

알코올: 알코올은 절제하는 것이 좋습니다.

알코올은 엄마의 젖을 통해 아기에게 전달되고 모유의 냄새를 변하게 하여 아기가 수유를 거부하게도 합니다. 모유수유 중에 술을 많이 마실 경우, 아기의 성장 발달에 문제가 생길 수 있습니다. 또한 알코올은 모유량을 감소시킵니다.

다만 평소에 술을 즐기던 엄마라서 참기 어려운 경우에는 미리 계획을 세워 진행해야 합니다. 수유 직후에 마시고(알코올 농도 5% 맥주 350㎖ 정도, 11% 포도주 150㎖ 정도, 40% 양주 40㎖ 정도), 다음 수유까지 적어도 2시간 이상의 간격을 두어야 합니다. 음주 후 1시간이 지났을 때 모유에 알코올이 가장 많이 배출되고, 음식과 함께 마셨을 경우에는 조금 더 늦게 배출되므로 이를 반영해 수유 간격을 좀 더 늘려야 하지요.

아기가 모유를 통해 알코올을 섭취한 경우 잘 자는 것처럼 보이지만, 잠의 질은 낮아져 더 보채게 됩니다.

언제, 어떻게 젖을 떼야 할까요?

Q:

"이제 돌이 막 지난 우리 딸은 이유식도 워낙 잘 먹고 젖도 잘 먹습니다. 3개월 후면 복직해야 해서 젖을 끊으려고 하는데 쉽지가 않네요. 어떻게 떼는 것이 좋을까요?"

A:

젖은 오래 먹일수록 좋습니다. 대부분의 산모들은 6개월에서 돌까지를 목표로 합니다. 세계보건기구와 유니세프에서는 적어도 두 돌까지 모유를 먹이라고 권장하고 있습니다. 간혹 주위에서 젖에 영양가가 없으니 끊으라고 하는 경우가 있습니다. 모유는 아기에게 필요한 영양에 맞추어 변화하고 면역체계에도 도움을 줍니다. 밥과 반찬, 간식을 잘 챙겨 먹는 것이 중요하지, 분유나 우유로 바꾸어야 하는 것은 아닙니다.

직장으로 복귀한다고 하여 모유수유를 끊어야 하는 것은 아닙니다. 직장에서 유축기를 사용하여 모유수유를 지속하는 엄마들도 많습니다.

그럼에도 불구하고 젖을 꼭 끊어야겠다면 여유를 가지고 천천히 떼기를 권합니다. 젖 떼기를 너무 갑자기 시도할 경우 아기에게 큰 충격을 줄 수 있기 때문입니다. 할머니나 이모에게 아기를 맡기고 사라지는 등의 방법은 엄마와 아기 모두에게 좋지 않습니다.

젖을 떼면서 가장 중요한 것은 '너에게 젖을 주지 않아도 엄마는 너를 변함없이 사랑한다.'는 느낌을 주는 것입니다.

젖을 언제 뗄 것인지는 엄마의 상황에 맞춰 정해지기도 하지만, 그보다는 아기의 의사에 따른 젖 떼기를 추천합니다. 아기가 준비되지 않았는데 억지로 젖을 떼려고 하면 그 과정이 너무 힘들고 시간이 오래 걸릴 수 있기 때문입니다. 아기가 엄마의 가슴에 별로 관심이 없어 보이거나 젖을 줘도 조금만 물고 있다가 떼어 낸다면 이제 젖을 떼도 되는 시기입니다.

1. 단기간에 젖을 떼야 할 때

엄마가 직장에 갑자기 출근하게 되거나, 출장을 가거나, 수유를 할 수 없는 상황 등이 생긴 경우입니다. 이럴 경우 젖을 끊을 때까지 남은 시간을 고려하여 계획을 세워 봅니다. 예를 들어, 8일 이내에 젖을 끊어야 하는데 아이가 하루에 8번 모유수유를 하고 있다면 하루에 1회씩 분유로 대체하는 것입니다. 첫날은 한 번, 둘째 날은 두 번 분유로 대체하면서 분유 횟수를 점차 늘려 가는 거지요.

2. 장기간 계획적으로 젖을 뗄 때

수유 횟수를 2~3일마다 1회 정도씩 줄여 봅니다. 수유 시간이나 아이의 성격 등을 보면서 젖을 뗄 수 있습니다.

3. 젖을 뗄 때 도움이 되는 몇 가지 방법

- 아기가 원할 때만 젖을 주고 먹는 시간을 조금씩 줄여 봅니다.
- 젖 먹는 일이 생각나지 않도록 조심합니다. 아기 앞에서 가슴을 보이는 행동을 하지 않고, 젖을 먹이던 장소는 피하는 것이 좋습니다. 대부분 아기들은 특정한 시간과 장소에서 젖을 먹으려고 하므로 그 상황을 피하면 젖을 덜 찾게 됩니다.
- 아기의 관심을 다른 것으로 돌려 봅니다. 젖을 달라고 하면 다른 곳으로 주의를 전환시킵니다. 흥미를 가질 만한 다양한 놀이나 책 읽기를 하는 것도 좋고, 외출해서 함께 산책을 하거나 친구 집에 놀러 가는 것도 좋습니다.
- 젖을 찾기 전에 미리 먹을 것을 준비하세요. 목이 마르거나 배

가 고파서 젖이 생각나지 않도록 규칙적으로 미리 밥이나 간식, 마실 것을 주세요. 만약 미리 준비하지 않으면 젖이 생각나고 떼를 쓰게 됩니다.

4. 젖을 뗄 때 엄마가 기억해야 할 것

- 젖은 천천히 떼야 유선염이 생기지 않고, 젖의 모양도 예쁘게 돌아갑니다.
- 젖이 불어 아프면 탱탱한 정도가 사라질 만큼만, 편안해질 정도만 짜냅니다. 너무 많이 짜면 젖이 또 차고, 아예 안 짜면 유선염이 생길 수 있습니다.
- 젖이 불어 아프면 양배추 요법과 냉팩 요법이 도움이 됩니다.
- 젖을 붕대로 감아 압박하면 유선염이 생길 수 있으니, 주의하세요.
- 짠 음식을 피하고 갈증이 가실 만큼의 물을 마십니다.
- 젖에 약이나 쓴 것을 바르는 방법은 엄마에 대한 신뢰를 떨어뜨릴 수 있으므로 안 하는 것이 좋습니다.
- 엄마의 체온을 느낄 수 있는 스킨십을 자주 해 아이가 안정을 찾을 수 있게 해 줍니다.

아기에게 어떤 분유를 먹일까요?

Q:

"모유를 못 먹이는 것이 너무 마음이 아파 분유만은 좋은 것으로 먹이고 싶어요. 어떤 것을 고르면 좋을까요?"

A:

아기에게 가장 좋은 음식은 모유입니다. 그러나 모유가 부족하거나 먹일 수 없는 상황이 있습니다. 모유와 가장 비슷하게 만들기 위해 오랫동안 노력한 것이 분유입니다. 두유나 미숫가루보다 분유가 좋습니다.

분유는 소젖을 최대한 모유와 비슷하게 만들려고 애쓴 것이므로,

어느 회사의 것이든 기본 성분은 비슷합니다. 아기 성장에 큰 차이가 나지 않습니다. 출생 후 1년까지 철분 강화 조제분유를 주면 됩니다. 다만 분유를 선택하는 데 몇 가지 주의 사항을 알려 드립니다.

1. 섞어 먹이지 마세요.

어떤 제품을 사도 기본적인 영양 성분은 비슷합니다. 여러 가지 제품을 섞여 먹인다고 더 훌륭한 분유의 조합이 되는 것이 아닙니다.

여러 통의 분유를 한꺼번에 따서 먹이면 한 통만 가지고 먹을 때보다 더 오래 먹게 됩니다. 한번 개봉한 분유는 3주 내에 먹어야 하는데 여러 통을 개봉하면 그 이상 먹게 되므로 오염의 위험이 높아지지요. 단계를 바꿀 때나 분유 종류를 바꿀 때를 제외하고는 한 가지를 먹이는 것이 좋습니다.

2. 어떤 것을 고를까요?

최신 제품 vs 먹던 제품

신제품이 나오면 바꾸어 주어야 하나 고민이 되지요. 많은 연구 결과들을 보면, 지금의 분유가 몇십 년 전보다 좋아진 것은 사실입니다. 그러나 신제품이 지금 먹던 것보다 월등히 좋은 것은 아닙니다. 지금 먹는 분유가 문제없다면 그냥 먹이는 것이 좋습니다. 분유를 바꾸면서 고생하는 경우도 많습니다.

국산 vs 외국산

간혹 외국산 분유가 국산 분유보다 훨씬 더 좋다고 생각하는 경우가 있습니다. 아닙니다. 분유마다 약간의 함량 차이는 있지만, 대개 비슷합니다. 외국산 분유가 좋다고 하여 모유를 끊는 경우도 있는데 정말 잘못된 정보입니다. 외국산 분유의 품질이 국산보다 우수하다는 근거는 없습니다. 국산 분유든, 외국산 분유든 모유를 흉내 낸 대용품일 뿐입니다. 어느 것을 선택해도 아이가 잘 받아들인다면 문제 없습니다.

소 vs 산양 vs 콩

아기에게는 모유가 최고입니다. 그다음은 분유입니다. 수십 년간의 연구를 통해 모유와 비슷하게 만들려고 노력한 결과물이 분유입니다. 아기를 키울 때는 콩 분유보다 우유로 만든 분유가 좋습니다. 필수아미노산의 함유나 미네랄 흡수 면에서 보았을 때 그렇습니다. 콩으로 만든 분유를 먹여야 하는 아주 특수한 경우가 있습니다. 우유를 먹으면 설사를 한다거나 선천성대사이상이 있는 경우입니다. 소아청소년과의 처방을 받아서 사용합니다.

'모유와 가장 유사하다.', '일반 분유보다 더 많은 영양 성분을 함유했다.', '아이의 성장 발달에 좋다.'는 이유 등으로 산양 분유의 인기가 점점 높아지고 있습니다. 가격은 일반 분유보다 2배 정도 비쌉니다.《삐뽀삐보 119 소아과》의 저자 하정훈 선생님을 비롯하여 굳이 산양 분유를 권장하는 의사는 없습니다. 그러나 아이에게 먹였을 때 잘 먹고 배변도 원활하다면 산양 분유를 먹이는 것을 굳이 말리지는 않습니다.

분유 타는 방법이 어려워요

Q:

"모유를 못 먹일 상황이라 분유를 먹이고 있는데 첫아이다 보니 모든 게 다 어렵습니다. 분유통에 써 있는 방법대로 타기는 하는데 잘하고 있는 건지 모르겠네요. 분유 탈 때 특별히 주의할 사항이 있나요?"

A:

분유통에 써 있는 대로 농도를 정확하게 맞추는 것은 대단히 중요합니다. 이외에 대한모유수유의사회가 권장하는 조제분유 올바르게 타는 방법을 소개합니다.

1. 분유를 타기 전 식탁이나 탁자 위를 깨끗하게 닦기

2. 손을 비누와 따뜻한 물로 15초 이상 닦기

3. 분유 탈 때 사용하는 모든 도구는 깨끗이 닦아서 열탕소독하기

4. 물을 끓였다가 70℃ 정도로 식힌 후 분유 타기

5. 번거로워도 분유는 먹을 때마다 새로 타기

(분유에는 지방과 단백질이 많이 들어 있습니다. 상하기 쉽지요. 타 놓은 분유는 1시간 이내에 먹입니다. 어쩔 수 없는 상황이라 미리 타 놓는다면 냉장 보관을 하였다가 24시간 이내에 중탕으로 데워서 먹입니다.)

6. 세척 후 잘 건조시킨 우유병에 적정 용량의 물을 붓기

7. 분유통에 써 있는 물과 분유의 비율을 정확히 맞춰 적정 농도로 타기

8. 뚜껑을 꼭 닫고 가루가 잘 녹을 때까지 부드럽게 흔들기

(분유를 섞을 때 위아래로 흔들면 거품이 생깁니다. 우유병을 양 손바닥에 끼우고 옆으로 굴리듯 섞어 줍니다.)

9. 분유를 탄 우유병을 흐르는 찬물로 재빨리 식히되 뚜껑에 물 닿지 않게 하기

10. 수유 전에는 팔목 안쪽에 조제한 분유를 떨어뜨려 온도 확인하기

(적절한 분유 온도는 40도 정도입니다. 팔목 안쪽에 떨어뜨려 보아 따뜻하다고 느낄 정도면 좋습니다.)

11. 외출 시에는 가루 분유를 1회 분량씩 담아 가서 먹기 직전에 타거나 멸균 액상 분유 먹이기

분유는 몇 시간 간격으로 먹이면 되나요?

Q:

"100일 된 아기인데 분유는 평균 140㎖ 정도 먹어요. 2시간 간격인데 너무 자주 먹나요?"

A:

분유량은 아기의 소화 기능, 모유와 혼합 수유 정도, 아기의 체중에 따른 빠는 힘 등에 따라 다를 수 있습니다. 분유 간격은 수면 습관과도 밀접하게 연관되어 있고, 이제 이유식을 하려면 식사 패턴도 잡아 주는 것이 필요합니다.

우리 아이가 적당하게 먹고 있는지 궁금하지요? 몇 시간 간격으로 먹이는 게 좋을지도 고민되고요. 분유만 먹이는 경우 다음 표를 참고하시기 바랍니다.

아기 개월 수	1회 분유량	수유 간격	횟수
출생~2주	30~90mℓ	2시간~2시간 30분	8~10회
2주~1개월	60~120mℓ	2~3시간	6~8회
1~2개월	120~160mℓ	4~5시간	5~6회
2~3개월	160mℓ	4~5시간	5~6회
3~4개월	160~200mℓ	5시간	5회
4~5개월	180~200mℓ	5시간	5회
5~6개월	200~240mℓ	5~6시간	4~5회

• 출처 : 《우리 아이 주치의 소아과 구조대》(대한소아과개원의협의회)

신생아 시기(출생 후 한 달까지)는 아기가 먹고 싶을 때 먹이는 것이 맞습니다만, 보통 2시간마다 먹습니다. 보통 신생아들은 몸무게 kg당 150~180mℓ 정도를 먹으면 안정적입니다. 예를 들어, 4kg의 아기라면 하루에 600~700mℓ 정도를 먹으면 충분한 것이지요. 출생 후 2주가 지나면 수유 간격은 늘고, 횟수는 줄어들게 됩니다.

신생아 시기가 지나면 분유량을 서서히 늘려 주는 것이 좋습니다. 한 달 단위로 10~30mℓ씩 늘립니다. 그런데 이 시기에 '배앓이'라고 하는 영아산통을 하는 경우가 많습니다. 여러 가지 이유가 있지만, 분유 수유와 관련된 원인으로는 젖병 속의 공기를 많이 흡입하는 것이 있습니다. 수유 시 아기가 공기를 덜 먹도록 해 주고, 트림을 충분히 시켜 주는 것이 중요합니다.

출생 후 3~4개월이 되면 아기가 뒤집기를 하게 되면서 자주 게워 낼 수 있습니다. 너무 놀라지 말고 수유 중간에 한 번 더 트림을 시켜 주기 바랍니다. 3개월 때는 급성장기가 찾아와서 수유량이 늘어납니다.

출생 후 5~6개월이 되면 수유량과 수유 간격이 늘어납니다. 이유식은 아기 상태에 따라서 다르지만 대부분 시작하였을 것입니다. 간혹 이유식을 먹지 않고 분유만 먹겠다고 하는 경우가 있습니다. 이유식 양에 너무 신경 쓰기보다는 일정한 시간에 이유식을 접하는 습관을 들이는 과정이라고 생각해 주세요. 또한 배변도 다른 양상을 보일 수 있습니다.

위의 표를 보고 엄격하게 맞추려 하기보다는 아기의 상태를 눈여겨보는 것이 더 중요합니다. 아기의 몸무게가 잘 늘고 잘 논다면 괜찮다는 거지요. 그러나 총 수유량은 1,000㎖ 이상 넘어가면 아기의 위에 부담을 주고 비만이 될 수도 있으므로, 주의하기 바랍니다.

◇ 수유 간격 기준은 시작 시간인가요, 끝 시간인가요? ◇

끝 시간입니다. 예를 들어, 9시부터 분유를 먹기 시작했는데 오랫동안 먹어서 9시 50분까지 먹었습니다. 2시간 후에 분유를 먹인다면 11시 50분에 시작하면 되는 것이지요.

분유를 갈아타는 기준은 무엇인가요?

Q:

"아기가 다음 주에 100일이 되고, 체중은 5.5kg입니다. 100일부터는 2단계라고 하던데 아기가 좀 작은 편인데도 다음 주에 분유 단계를 바꾸는 것이 맞나요? 그리고 단계 바꿀 때 주의 사항도 알려 주세요."

A:

분유는 아기 성장에 따라 단계별로 나옵니다. 개월 수에 따라 모든 아이들이 동일하게 성장하는 것이 아니므로, 꼭 개월 수에 맞추어 먹이지 않아도 됩니다. 오히려 아기의 몸무게를 살펴보는 것이 더 중요합니다. 보통 2단계로 바꿀 때를 100일 정도로 보는데, 이때 아이의 체중이 6.5~7kg이면 적당합니다. 아기가 6kg도 되지 않는다면 조금 더 기다려도 된다는 것이지요.

그리고 단계를 바꾸거나, 여러 가지 이유로 다른 브랜드의 분유로 바꾸는 것은 괜찮습니다. 다만 건강한 아기는 단번에 바꾸어도 괜찮지만, 장이 약하거나 예민한 아기는 비율을 조절하는 것이 좋습니다. 바뀔 분유의 비율을 10~20%씩 올리면 됩니다. 제조회사에 따라 성분이나 맛 차이가 조금씩 있으므로 아기가 거부할 수도 있습니다. 변 상태가 바뀔 수도, 갑자기 토할 수도 있으므로 아기의 상태를 살피면서 바꾸는 것이 좋습니다.

분유의 단계를 바꿀 때는 그에 맞는 젖꼭지도 함께 바꿔 주세요. 젖꼭지는 오래 사용하다 보면 구멍이 커질 수 있습니다. 그러면 분유가 너무 많이 나와서 아기가 부담스러워하고 토할 수 있습니다. 거꾸로 들었을 때 분유가 주루룩 떨어지면 구멍이 너무 큰 것이지요. 천천히 똑똑 떨어져야 합니다.

분유는 이왕이면 아이의 컨디션이 좋을 때 바꿉니다. 감기나 질병 등에 걸렸을 때는 시도하지 않는 것이 좋습니다. 분유를 바꾼 후에는 수유량, 토함, 변 상태, 알레르기 증상 등의 변화를 살펴봅니다.

분유를 타는 물은 무엇이 좋나요?

Q:

"우리 아기가 좀 작게 태어나서 잘 자랄까 항상 고민이에요. 친척분이 멸치 육수로 분유를 타서 먹이면 키가 잘 큰다고 하던데 괜찮은가요?"

A:

분유는 맹물(수돗물, 정수기 물, 생수 등)에 타는 것을 기준으로 만들어진 것입니다. 맹물을 5분 정도 끓여서 식힌 후 사용하는 것이 가장 좋습니다. 분유 타려고 끓였던 물은 냉장고에서 48시간 정도 보관 가능합니다. 혹시 상온에 두었다면 수시간 정도만 보관하고, 이후엔 버리세요. 지하수나 우물물은 반드시 수질검사를 한 다음 끓여서 사용해야 합니다.

칼슘을 보충할 목적으로 사골 국물이나 멸치나 다시마 우린 물을 사용하기도 합니다. 그러나 이미 분유에 충분한 칼슘이 들어 있습니다. 오히려 강한 맛 때문에 분유를 거부할 수 있고 알레르기의 위험도 있습니다. 멸치 등에 들어 있는 나트륨 성분은 장 기능이 미숙한 아기에게 오히려 해롭고, 배탈이 날 수도 있지요. 보리차, 둥굴레차, 결명자차 등의 경우도 알레르기의 위험이 있는데다 찬 성질이라 권하지 않습니다. 굳이 먹이고 싶다면 6개월 이후에 시도하기 바랍니다. 또한 녹차는 카페인이 들어 있으므로 아기에게 먹이기에 적절하지 않습니다.

분유 타는 온도는 70℃ 정도가 적당합니다. 너무 뜨거운 물에 분유를 타면 비타민 등 일부 영양소가 파괴되고, 분유 단백질의 엉김 현상 등이 나타날 수 있습니다. 또한 너무 식힌 물에 타면 사카자키균이나 살모넬라균 오염의 위험이 있습니다.

◇ 아기가 먹다가 남긴 분유를 다시 먹여도 될까요? ◇

아기가 분유를 생각보다 조금 먹어서 아까울 정도로 많이 남는 경우가 있습니다. 그러면 냉장고에 보관했다가 먹이기도 하는데, 그러면 안 됩니다. 아기가 젖병을 빨면 젖병 안 기압이 낮아져 젖병 속으로 공기가 들어갑니다. 이때 입안의 세균이나 침도 들어가서 분유를 상하게 하지요. 어느 정도 시간까지 가능하냐고 물어보는 경우가 많습니다. 20분을 기준으로 하면 어떨까요? 아기가 먹다가 잠시 놔두었는데 20분이 지났다면 미련 없이 버리기 바랍니다.

액상 분유를 먹여도 괜찮은가요?

Q:

"생후 2주 된 아기인데 액상 분유 주면 혹시 설사나 배앓이할까 봐 못 주고 있어요. 먹여도 괜찮을까요?"

A:

괜찮습니다. 분말형 조제분유는 무균상태가 아닙니다. 그래서 감염 위험이 높은 아기(조산아, 생후 2개월 미만의 저출생 체중아, 면역력이 약화된 아기)는 오히려 멸균이 되어 있는 액상 분유를 먹입니다.

액상 분유는 아기에게 곧장 먹일 수 있고 젖병 소독을 하지 않아도 되는 편의성 때문에 여행 시뿐만 아니라 집에서도 사용이 점점 늘고 있습니다. 국내 출산율 감소로 전체 분유 시장은 위축되고 있지만, 액상 분유 시장은 성장하고 있는 추세입니다. 아직 가격이 비싼 것이 단점입니다.

단 액상 분유는 보통 냉장고에 보관하는 경우가 많습니다. 차게 먹이는 것이 장 건강에 좋다며 그냥 먹이기도 합니다. 차게 먹이면 엄마는 매우 편리합니다만, 아기에게는 별로 좋지 않습니다. 특히 생후 1~2개월 아이가 찬 분유를 먹으면 체온이 낮아질 수 있고, 감기에 걸렸거나 설사를 하는 아기는 증상이 더 심해질 수 있습니다. 뜨거운 물에 담가서 미지근하게 먹이는 것이 가장 좋습니다.

밤중 수유는 어떻게 끊어야 하나요?

Q:

"10개월 아기인데 매일 3~4번씩 밤중 수유를 합니다. 자꾸 깨고 달래는 게 힘들다 보니 젖을 물리게 되네요. 젖 대신 물을 줘도 짜증 내고 안 먹어요. 한두 번도 아니고……. 너무 힘이 듭니다."

A:

신생아(생후 한 달까지)는 위가 작으므로 하루 종일 먹고, 밤낮을 가리지 않고 먹습니다. 개월 수가 늘어나면서 한 번에 먹는 양이 늘게 되고, 서서히 먹는 간격도 길어집니다. 분유 수유아는 만 4개월 무렵, 모유수유아는 만 6개월 무렵부터 밤중 수유 끊기가 가능합니다.

10개월인데 아직까지 밤중 수유를 서너 번 한다면 엄마가 많이 힘들 것입니다. 서너 번이 아니라 한두 번이라도 힘들지요. 그럼 아이는 밤에 잠이 깨어 먹는 것이 좋기만 할까요? 아이가 원하니까, 아니면 아이를 위해서 엄마가 고생하고 있다고 생각하시나요?

아닙니다. 아이도 힘듭니다. 아이도 밤에 먹는 것이 버릇이 되어서 일정한 시간이 되면 먹기 위해 깨야 합니다. 아이도 푹 자고 싶은데 버릇이 되어서 일어나게 됩니다. 그럼 낮에 어떨까요? 피곤합니다. 피곤하니 더 칭얼거립니다. 잠도 제대로 못 잤고, 밤에 많이 먹었으니 낮에 식욕이 그리 많이 생기지 않습니다. 한창 이유식을 먹어야 할 때인데, 귀찮습니다.

밤중 수유가 잦은 아기는 이유식도 잘 먹지 않는 경우가 많습니다. 정신 차리고 먹어야 하는 이유식보다 그냥 삼키기 쉬운 모유나 분유를 더 좋아하지요. 액체를 먹은 배는 고형식을 먹은 배보다 더 쉽게 꺼집니다. 자주 배가 고프게 되는데, 이 배고픔이 밤이나 낮이나 계속됩니다. 이유식 양이 늘지 않다 보니 뱃구레도 늘지 않습니다. 이유식이 제대로 진행되지 않으니 철분도 부족해질 수 있습니다.

엄마가 편안해지려는 이유만으로 밤중 수유를 끊어야 하는 것이 아닙니다. 아이에게도 분명 밤중 수유는 해롭습니다.

밤중 수유를 끊는 것은 근본적으로 수면 교육과 직결되어 있습니다. 아기의 수면 교육을 잘 정리한 《잘 자고 잘 먹는 아기의 시간표》

라는 책 중 '도전! 밤중 수유를 끊어 보자!'의 내용을 소개합니다. 단계별로 시도해 보면 좋겠습니다.

1. 소아청소년과를 방문하여 빈혈검사 또는 철분제 복용에 대해 상의하기

철분결핍성빈혈이 있으면 그저 잘 먹이는 것만으로는 한계가 있습니다. 빈혈이 심하다면 단기간 철분제 복용만으로도 눈에 띄게 잘 자고 잘 먹는 모습을 볼 수 있습니다.

2. 일과 개조하기

오전 8시 이전에 깨웁니다(6~7시 추천).

오후 4시 이후로는 재우지 않습니다.

저녁 7시가 되면 모든 전등을 끄고 어둡게 지내도록 합니다.

3~7일 정도 시도한 후 자고 깨는 게 어느 정도 일정해졌다면 다음 단계로 나아갑니다.

3. 세 번의 수유 고정하기

기상 직후, 저녁 8시 수면 직전, 새벽 1시 밤중 수유, 이 세 번의 수유는 고정시킵니다.

그 사이에 어떻게 먹였든 이 세 번의 시간에는 무조건 먹입니다.

짧게는 3일, 길게는 일주일 정도 시도합니다.

이 수준에서 주간의 이유식 양이 늘고 밤중 수유가 없어지기도 합니다.

4. 하루 중 먹는 시간을 모두 고정하기

시	10개월 전	10개월 후
오전 6시	깨운다, 수유	깨운다
8시	이유식 직후 수유	이유식 직후 수유
12시	수유	이유식 직후 수유
오후 5시	이유식 직후 수유	이유식 직후 수유
8시	수유	수유
새벽 1시	수유	수유

5. 새벽 1시 수유를 점진적으로 끊어 보기

젖을 물리는 시간을 줄여 봅니다. 혹시 울더라도 아이가 배고파서 깨는 게 아니므로 걱정하거나 불편해하지 않아도 됩니다.

일정한 시간에 잠을 깨우고 재우려는 노력만으로 아이가 많이 바뀐 것을 느끼셨을 것입니다. 정해진 시간에 먹이는 것만 성공해도, 아이는 이유식을 잘 먹고 밤중 수유가 줄거나 없어질 것입니다.

젖병을 끊을 수가 없어요

Q:

"아이가 20개월인데 아직 젖병으로 분유를 먹고 있어요. 끊어 보려고 하는데 워낙 고집이 센 아이라 너무 어렵네요."

A:

젖병은 돌 전에 떼기를 시도하여 18개월 전에는 끊는 것이 좋습니다. 아기가 돌이 되면 세끼 식사를 주식으로 하고, 모유나 생우유는 간식으로 2번 정도 먹는 것이 적당합니다. 젖병으로 분유를 먹는다고요? 그래도 젖병은 떼야 합니다. 젖병은 왜 떼야 할까요?

가장 중요한 이유는 턱관절 발달에 문제가 생겨 부정교합 및 이갈이, 중이염까지 생길 수 있기 때문입니다. 또한 젖병을 계속 사용하다 보면 밥을 간식으로 생각합니다. 배가 고프면 밥을 찾는 것이 아니라 젖병을 찾는 것이지요. 음식물을 씹고 삼키는 훈련도 못 하게 됩니다. 씹는다는 것은 소화 기능뿐만 아니라 두뇌에 자극을 주므로 지적 능력과도 연관됩니다. 어르신들이 밥 잘 먹는 아이가 똑똑하다고 하셨는데 맞는 말씀입니다.

밥을 제대로 먹지 않으면 반찬도 제대로 먹지 않게 되므로, 철분이나 식이 섬유소 섭취도 부족해집니다. 철분 부족은 빈혈을 일으키고 식욕부진을 유발합니다. 밥 먹고 싶은 생각이 없어지니 더 밥을 안 먹고 철분은 점점 더 부족해지지요. 악순환이 시작됩니다. 식이 섬유소 섭취도 부족하여 변비로 고생합니다. 또 젖병 사용에 대해 엄마와 실랑이를 벌이다 보면 떼를 많이 쓰게 되는데, 이런 과정에서 오히려 고집이 센 아이로 자라날 수 있습니다.

마음을 모질게 먹고 젖병을 떼려고 하지만 갑자기 떼기는 어려울 것입니다. 아기에게도 준비 기간이 필요합니다. 모유를 떼는 것만큼이나 젖병을 떼는 것은 아이에게 힘든 일입니다. 젖병 떼기에 앞서 선행되어야 하는 몇 가지가 있습니다.

1. 이유식 제대로 먹이기

아기가 젖병 없이 다른 음식을 먹어야 한다면, 다른 음식을 먹는 방법에 대한 연습이 필요합니다. 이유식은 반드시 숟가락으로 먹입니다. 숟가락으로 먹이면 손의 소근육이 발달합니다. 제 스스로 음식을 떠 넣으면서 바른 식습관의 기본이 형성되지요. 밥을 제대로 먹지 못하는 상태에서 젖병만 떼면 안 됩니다. 젖병을 끊으면서도 영양을 잘 공급받으려면 이유식 과정을 잘 거치면서 밥을 잘 먹어야 합니다. 처음부터 밥을 잘 먹는 아이는 없습니다. 이유식 단계를 제대로 하면 결국 밥을 잘 먹는 버릇이 잡힙니다.

2. 컵과 빨대를 잘 활용하기

분유나 우유는 컵에 담아 먹입니다. 8개월 이후부터는 스파우트 컵이나 빨대 컵을 이용하며 연습할 수 있습니다. 계속 아이가 젖병을 고집한다면 젖병에는 물을 담아 먹입니다. 젖병에 빨대를 꽂아 주는 것도 시도해 볼 만합니다. 우유, 요구르트와 같은 음료에는 무조건 빨대를 꽂아 주고, 재미난 모양의 빨대를 이용하는 것도 좋습니다.

3. 밤중 수유 끊기

돌이 지나서도 밤중 수유를 하는 아기는 젖병 없이 잠들지 못하는 것입니다. 밤중에 자다 깨서 먹는 것이 습관이 된 것이지요. 이러면 젖병 떼기가 점점 어려워집니다. 밤중 수유를 완전히 끊어야 젖병을 뗄 수 있습니다.

4. 이별식 하기

아이가 18개월이 지났는데도 젖병을 찾는다면 과감하게 아이가 보는 앞에서 젖병을 버리세요. 버리기 전 1~2주 정도 기간을 두고 젖병과 이별하는 날짜를 정해 보는 것도 좋습니다. 달력에 하루하루 표시를 하며 아이에게도 마음의 준비를 할 시간을 줍니다. 그리고 정해진 날짜가 되면 아이가 작별 인사를 하게 하고 젖병을 버리면 됩니다. 이때 젖꼭지를 가위로 자르거나 야단치지는 마세요. 심리적으로 위축될 수 있습니다.

아마 처음에는 다시 아이가 울고 손가락으로 젖병 빠는 시늉을 하며 젖병을 찾을 것입니다. 그러면 함께 이별식 했던 것을 설명해 주면서 설득해야 합니다. 절대로 하지 말아야 할 것은, 아기가 아무리 울고 떼를 써도 젖병을 다시 주어서는 안 된다는 것입니다. 만약 떼를 쓰는 것이 안쓰러워서 다시 젖병을 주면, 다음번에는 더 심하게 떼를 쓸 것입니다.

젖병을 가지고 아이와 실랑이를 벌이는 것은 아이를 더 괴롭히는 것입니다. 잠시 마음이 아파도 견뎌야 합니다. 단호한 말투로 안 된다고 말해 주세요. 아이가 아직 말귀를 못 알아듣는 것 같아도 엄마의 단호함은 느낍니다. 그러면 됩니다.

간혹 두세 살 차이로 동생이 생기면 퇴행 현상이 생기는데 이때 젖병을 다시 찾기도 합니다. 사실 젖병을 빨고 싶어서가 아니라 엄마의 사랑을 확인받고 싶기 때문입니다. 아이가 컵을 사용할 때 '의젓하다'고 많이 칭찬해 주세요. 그러다 보면 아이는 자연스럽게 젖병 사용을 멈추게 될 것입니다.

젖병은 어떻게 소독할까요?

Q:

"생후 3개월 된 아기의 엄마입니다. 아직은 매일 젖병을 열탕소독하는데 언제까지 매일 소독해야 하나요? 젖병 세정제만 쓰면 안 되나요? 주위에서 젖병소독기도 좋다고 하던데, 열탕소독 안 하고 젖병소독기만 사용해도 되나요?"

A:

하루에 몇 개씩 젖병을 사용하는데 아기의 입에 닿는 것이다 보니 세척·소독에 신경이 많이 쓰일 것입니다. 아기들은 면역력이 약하기 때문에 소독을 철저히 해 주어야 합니다. 생후 6개월까지는 매일매일 젖병을 소독합니다. 6개월 이후부터는 젖병 세정제로 깨끗이 닦고, 일주일에 한 번 정도 소독해 주면 좋습니다.

소독의 방법은 여러 가지가 있지만 가장 안전한 것이 열탕소독입니다. 세정제로 젖병과 젖꼭지를 깨끗이 씻은 후 전용 냄비에 물을 붓고 팔팔 끓여 줍니다. 물이 끓으면 젖병과 젖꼭지를 넣습니다. 환경호르몬 검출의 위험이 있으므로 젖꼭지는 30초 후에 건져 내고, 젖병은 3분 후에 건져 냅니다. 가장 손쉽고 확실한 소독 방법이지만, 번거롭고 화상의 위험이 있다는 단점이 있지요.

전자레인지를 이용하는 방법도 있습니다. 젖병과 젖꼭지를 깨끗이 닦은 후 젖병 속에 물을 넣습니다. 젖꼭지가 안쪽으로 들어가게 닫은 후 전자레인지에 돌립니다. 젖병 속의 물이 수증기가 되면서 소독이 됩니다.

최근에는 다양한 젖병소독기도 많이 나와 있어서 선택의 폭이 넓습니다. 세정제로 젖병과 젖꼭지를 깨끗이 씻은 후 젖병소독기에 넣어 작동을 시킵니다. 세척은 기본이고 살균, 건조까지 되지요. 젖병소독기는 젖병뿐만 아니라 치발기, 이유식기, 칫솔 등도 모두 살균이 가능합니다. 열탕으로는 소독하기 어려운 장난감이나 인형, 휴대전화 등도 살균이 가능해서 사용의 폭이 넓다는 장점이 있습니다.

젖병 소독 시에는 반드시 전용 집게를 사용하는 것이 좋습니다. 실리콘 처리가 되어 있지 않은 조리용 집게는 젖꼭지나 젖병에 흠집을 낼 수 있고, 흠집 난 곳에 우유 단백질이 끼면 잘 닦이지 않습니다.

어떤 방법으로 소독을 하든, 반드시 깨끗하게 젖병 세척을 하는 것이 중요합니다. 몇 가지 주의 사항을 안내합니다.

1. 다 먹은 젖병은 일단 물로 헹구기

젖병에 찌꺼기가 남은 채 시간이 지나면 세균이 번식합니다. 다 먹은 젖병은 바로 세척해 두면 좋지만, 여의치 않을 경우 물로라도 헹궈 두는 것이 좋습니다.

2. 전용 솔로 젖병 세정제를 묻혀 깨끗하게 닦기

일반 솔보다는 회전 솔이 세척력도 좋고 손목에 무리도 덜 갑니다. 젖병 세정제는 거품이 일 정도의 소량만 사용해도 됩니다. 뽀드득 소리가 날 정도로 씻은 후 깨끗이 헹굽니다. 젖꼭지도 반드시 전용 솔을 사용하는 것이 좋습니다. 일반 젖병 솔이나 새끼손가락으로는 제대로 닦을 수 없습니다.

3. 부속품도 꼼꼼하게 닦기

요즘 젖병에는 배앓이 방지 시스템이 적용되어 자그마한 부속품이 포함된 것들이 있습니다. 각각 분리하여 전용 미니 솔로 꼼꼼하게 닦아야 합니다.

보리차 같은 물을 따로 먹여도 되나요?

Q:

"혼합 수유를 하고 있는데요. 보리차 같은 물을 따로 먹여도 되나요?"

A:

물은 인간에게 필수이지요. 아이는 특히 체내 수분이 85%이므로 수분이 조금만 부족해도 탈수 증상을 보일 수 있습니다. 수분이 부족해지지 않도록 유의해야 합니다.

'태어나서 언제부터 물을 먹일 수 있는가?'라는 정해진 시기는 없습니다. 다만 신생아는 모유나 분유를 먹는 것만으로도 충분하여 따로 물을 먹일 필요가 없는 것이지요. 특히 모유의 전유에는 수분이 풍부하여 아이의 목을 축여 주는 데 문제가 없습니다.

다만 땀을 너무 많이 흘리거나 탈수가 되는 경우 또는 딸꾹질을 할 때에는 소량의 물을 줄 수도 있습니다. 이때는 끓여서 식힌 맹물을 주면 됩니다. 물이 너무 차도 아이 장에 자극을 줄 수 있으므로 손등에 떨어뜨려 보아서 미지근한 정도의 온도로 줍니다.

물을 꼭 따로 먹이기 시작하여야 하는 시기는 이유식을 시작하면서부터입니다. 분유나 모유의 양이 줄어들다 보니 부족한 수분의 양을 보충한다는 의미도 있고, 구강 청소의 효과도 있습니다. 이 시기에 물을 따로 주지 않으면 수분 부족으로 변비가 생길 수도 있지요. 단 이유식이나 수유 전에 물을 먹으면 아이가 배가 부른 느낌이 생기므로, 이유식 먹인 후나 수유 후에 스푼으로 조금씩 떠먹입니다.

그럼 어떤 물을 주어야 할까요? 6개월 이전에는 끓여서 식힌 맹물을 먹이고, 보리차는 알레르기의 위험이 있으므로 6개월 이후에 먹이는 것이 좋습니다. 끓이지 않은 생수나 정수기 물은 세균 감염의 위험이 있기 때문에 돌 이후부터 먹입니다.

한 번에 너무 많이 마시게 하는 것은 오히려 좋지 않습니다. 한 번에 30~50㎖(어른용 숟가락 2~3스푼)를 넘지 않도록 합니다. 너무 많은 양의 물을 한꺼번에 먹을 경우 체내 나트륨 농도가 낮아져 경기를 일으킬 수도 있습니다.

2장

"이유식을 잘 먹이고 싶어요"

이유식은 언제 시작해야 하나요?

Q:

"다음 주면 생후 100일이 됩니다. 몸무게도 출생 시보다 2배 정도 되었습니다. 이제 이유식을 시작해도 될까요?"

A:

아기들이 세상에 태어나면 모유나 분유를 먹습니다. 그러나 마냥 모유나 분유를 먹고 살 수는 없지요. 모유 먹는 아기는 6개월 정도, 분유 먹는 아기는 4~6개월 정도부터 이유식을 시작하게 됩니다. 《삐뽀삐뽀 119 소아과》의 저자 하정훈 선생님은 '이유식'이라는 말보다 '고형식'이라는 말이 더 정확하다고 말합니다. 동의합니다. 일반적으로 사용하는 말이 이유식이라서 여기서도 그냥 사용하지만, 이유식은 고형식이라는 사실을 잊지 않았으면 좋겠습니다.

아기마다 성장 속도가 다르므로 무조건 몇 개월에 이유식을 시작하라고 말할 수는 없습니다. 다만 4개월 전의 아기들은 장 기능이 미숙하여 단백질 소화가 어렵습니다. 면역체계도 허술하여 알레르기 발생 가능성도 높습니다. 4개월까지는 모유나 분유만 먹이세요.

아기의 몸무게가 출생 시 2~2.5배가 되는 시점을 이유식 시작 시기라고도 합니다. 맞는 아기도 있습니다. 그러나 100일 된 아기의 몸무게가 출생 시의 2배 이상이 되었다고 이유식을 시작할 수는 없습니다. 소화기관이나 입술 주변의 근육 발달 상태가 더 중요하기 때문입니다.

일반적으로 이유식의 시작 시기는 4개월부터 6개월 정도입니다. 시작 시기 결정은 철저히 아이에게 맞추어야 합니다. 산후조리원 동료 아기가 시작했다고 하여 우리 아기도 시작할 수 있는 것이 아닙니다.

아기가 이유식을 시작할 준비가 되었는지 어떻게 알 수 있을까요? 먼저, 아기가 부모의 먹는 모습에 강한 관심을 보입니다. 나와는 다른 모습으로 먹는 부모의 모습을 인지하는 것이지요. 부모를 따라서 입을 오물거리고, 먹는 모습을 흉내 내기도 합니다. 그러다가 더 이상 참을 수 없으면 엄마에게 달려들어 음식을 입으로 가져가 보기도 합니다.

수유 간격이 일정해지면서 수유 시간보다 조금 일찍 모유나 분유를 찾는다면 이유식을 시작할 시기입니다.

아기의 신체 발달 면으로 보면 지탱해 주면 앉을 수 있어야 하고, 입술 주변의 작은 근육들이 발달해야 합니다. 음식을 앞쪽에서 뒤쪽으로 가져가 삼킬 수 있어야 하는 것이지요. 혀를 자동적으로 내미는 반사 작용도 없어져야 합니다. 입술을 움직여서 내는 '엄마', '맘마' 등을 말할 수 있습니다.

근육 발달이 아직 안 된 경우라면 많은 시간 입을 벌린 모양을 합니다. 시각·청각적 자극에 집중할 때 입술 주변 근육이 풀려서 입이 벌어지고 침을 흘립니다. '엄마'나 '맘마' 같은 발음도 잘 나오지 않습니다. 아기 입술 주변의 작은 근육 발달이 늦어져 숟가락을 거부한다면 억지로 먹이지는 마세요. 아기는 계속 성장하고 발달할 것이므로 조금 기다려 주는 것이 좋습니다.

이유식을 늦게 시작하면 아토피피부염이나 식품알레르기 발생 가능성이 낮다고 생각하기도 합니다. 한때는 아토피피부염이 있을 경우 반드시 6개월 이후에 이유식을 시작해야 한다고도 했습니다. 그러나 최근 연구 결과를 보면 반드시 그렇지만은 않습니다. 아기가 이유식을 먹을 준비가 되었는데 이유식을 늦추면 오히려 알레르기가 생길 가능성이 크다고 합니다. 이유식을 너무 늦게 시작하면 액체만 먹던 아기가 덩어리 음식을 자꾸 뱉어 버려 이유식을 진행하기가 오히려 힘듭니다. 영양소 섭취도 부족해지고, 씹는 행위 같은 자극도 없어서 두뇌 발달에도 영향을 줍니다.

6개월이 지나면 모체에게 물려받은 철분이 모두 소진됩니다. 음식으로 철분을 공급해 주어야 하는 것이지요. 만 6개월이 지나기 전에는 이유식을 시작하는 것이 좋습니다.

이유식으로 무엇을 먹여야 하나요?

Q:

"아기가 5개월이 되어 갑니다. 이유식을 하려는데 쌀미음으로 시작하면 되겠지요?"

A:

이유식은 초기, 중기, 후기, 완료기로 나누어서 진행합니다. 각 단계별 요령은 아래와 같습니다.

1. 초기 이유식

초기 이유식은 쌀미음으로 시작합니다. 맛이 담백하고 향도 강하지 않고 소화도 잘되지요. 다른 재료와 섞어 먹이기에도 적당합니다. 쌀에는 알레르기 반응을 잘 일으키는 글루텐(밀에 있는 단백질)이 없습니다. 미국도 쌀이 주식이 아니지만 이유식은 라이스 시리얼(쌀로 만든 것)로 시작합니다.

처음 시작하는 쌀미음은 스프 정도의 묽기인 10배 죽으로 끓이면 됩니다. 쌀 10g에 물을 100cc 넣어서 끓이면 됩니다. 물 대신에 같은 양의 모유나 분유를 넣어도 됩니다. 한 번에 반 스푼 정도로 시작하여 5일 간격으로 한 숟가락씩 늘립니다. 일주일 동안 성공적으로 먹였다면 이제 새로운 식재료를 하나씩 추가해 봅니다. 새로운 음식을 시도한 후 2~3일 동안은 아기의 상태를 잘 살펴봅니다. 피부에 발진이 생기는지, 대변 양상이 바뀌는지, 토하는지 등을 확인합니다.

생후 6개월 이후부터는 모유나 분유만으로 아기에게 필요한 철분을 보충하기가 어렵습니다. 매일 지방이 적은 살코기 부위를 먹이세요. 채소와 과일은 다양하게 먹이는 것이 좋습니다. 생채소는 강판에 갈아 즙을 내어 끓여도 되고, 부드러운 부분만 미리 삶아 으깨어 넣어도 됩니다. 과일은 강판에 갈아서 끓이면 되고요.

채소와 과일 중 어떤 것을 먼저 먹일까 고민을 하곤 하는데요. 어떤 것을 먼저 먹여야 한다고 정해진 것은 없습니다. 쌀미음이나 야채미음을 거부할 때 과일 미음을 주면 비교적 쉽게 받아먹으므로 이유식 적응에 도움이 됩니다. 그러나 과일의 단맛에 익숙해지면 상대적으로 심심한 채소나 고기는 잘 안 먹으려고 할 수 있습니다. 일단 채소나 고기를 넣은 죽을 잘 먹으면 과일을 넣는 것이 좋습니다.

생후 6개월 이전에 과일주스는 먹이지 않습니다. 과일을 익혀서 통으로 강판에 갈아 주거나 으깨 주는 것은 만 4개월부터 줄 수 있습니다. 산성 과일의 경우 입 주변에 닿으면 자극이 되어 빨개질 수 있습니다. 부드러운 손수건으로 살살 닦아 주며 먹입니다. 당도가 낮은 과일을 주는 것이 좋고, 신맛이 난다고 꿀을 넣어서 먹이면 안 됩니다.

2. 중기 이유식

이유식을 처음 시작할 때는 먹는 것 반, 흘리는 것 반인데 언제부터인가 떠먹이면 오물오물 잘 받아먹을 겁니다. 이제 중기 이유식으로 갈 때가 된 것이지요. 보통 7개월부터라고는 하나 아이마다 조금씩 다르므로 너무 조바심 내지 않아도 됩니다. 이유식에 조금씩 익숙해지고, 소화도 잘 시킨다면 양이나 종류를 늘려 가며 자연스럽게 죽으로 넘어가면 됩니다. 혀로 으깨어 먹을 수 있는 정도의 죽이면 됩니다. 초기에 한 가지 식재료만 섞었다면 이제 2~3가지를 섞어도 됩니다. 오전에 한 번, 오후에 한 번, 필요하면 중간에 간식을 한 번 줍니다.

간식은 손으로 집어 먹을 수 있는 것으로 주는 게 좋습니다. 삶은 채소나 얇게 썬 과일 등이면 적당합니다. 손으로 집어 먹는 일은 아기의 소근육 발달에 도움이 되고, 손과 뇌, 그리고 입의 협응력을 길러 두뇌 발달을 돕습니다. 이후 숟가락질에도 도움이 됩니다. 물론 손과 입뿐만 아니라 온몸과 주변이 더러워질 수 있지만 조금만 참아 주세요. 어린이집에서 숟가락으로 혼자서 잘 먹는 아이가 될 것입니다.

쇠고기나 닭고기를 이용한 육수를 쓰는 것은 좋지만, 아직 음식에 간은 하지 않습니다. 이유식 양이 늘어나면서 모유나 분유의 섭취량이 줄겠지만, 아직은 모유나 분유에서 더 많은 영양을 섭취할 때입니다. 일정량의 이유식을 먼저 먹인 후, 모유나 분유를 충분히 먹여 주세요.

3. 후기 이유식

2개월 정도 죽을 잘 먹었다면 이제 9~10개월 정도가 되어 무른 밥을 먹을 때입니다. 덩어리가 많아야 합니다. 이쯤 되면 잇몸이나 앞니로 오물오물 씹을 수 있으므로, 아기에게 필요한 영양분의 많은 부분을 이유식에서 섭취해야 할 때입니다. 양도 늘어나고 횟수도 하루 세 번 규칙적으로 먹이는 것이 좋습니다. 한 번에 100g 정도의 이유식을 먹이고, 모유나 분유는 120~160㎖ 정도 먹입니다. 밤중 수유를 비롯하여 전체적인 수유량은 줄지만, 아직 수유는 계속해야 합니다.

9개월이 넘어가면 아이는 무엇이든 손으로 집으려 합니다. 스스로 먹고 싶기 때문이기도 하고, 음식을 촉각으로 느껴 보려는 본능이기도 합니다. 미니 주먹밥이나 삶은 고구마, 감자, 당근과 같은 핑거푸드를 최대한 활용해야 할 때입니다. 스스로 숟가락으로 먹는 연습도 시작할 수 있습니다. 액체 음식은 컵으로 먹어야 합니다. 아기를 믿고 도와주세요. 흘린다고 옆에서 자꾸 먹여 주면 두 돌이 지나도 혼자 먹기 어렵습니다. 아기마다 발달 상태가 달라서 좀 늦을 수는 있지만 모두 할 수 있습니다.

아기에게 줄 수 있는 재료들이 늘다 보면 자칫 어른 음식을 그냥 먹이는 경우가 있습니다. 아기가 잘 먹는다고 국에 밥을 말아 준다거나, 매운 반찬을 물에 헹궈 먹이는 것은 위장에 부담을 주므로 삼가는 것이 좋습니다.

4. 완료기 이유식

돌이 지나면 간을 조금씩 할 수 있습니다. 돌 즈음 되면 대부분 이유식 거부 시기가 오는데, 이때 간을 살짝 해 준 이유식은 큰 효과를 발휘합니다. 돌 시기에 이유식 거부 시기가 오지 않았다면 조금 더 간을 안 한 이유식을 먹이는 것도 좋습니다. 스스로 먹는 연습을 계속하고 있겠지만 아직 서투를 것입니다. 많이 흘리더라도 두려워하지 않고 계속할 수 있도록 도와주세요. 돌이 되면서 일시적으로 먹는 양이 줄어드는 경우가 많습니다. 특별한 문제가 없다면 시간이 해결해 줍니다.

각 단계별 이유식에 사용하는 식재료는 부록에 정리해 놓았으니 참고하여 주시기 바랍니다.

하루에 몇 번 먹이나요?

Q:

"아기가 9개월인데 이유식 2번에 수유를 5회 하고 있어요. 괜찮은 건가요?"

A:

아기의 발달단계별 수유 및 이유식 시간표와 관련해서는 《잘 자고 잘 먹는 아기의 시간표》라는 책을 추천합니다. 이유식과 수유의 횟수, 적당한 시간, 먹는 양이 일목요연하게 잘 정리되어 있습니다.

이 책에 따르면, 이유식 횟수에 대해서는 초기(5~6개월)에는 이유식 1~2회, 중기(7~8개월)에는 이유식 2회에 간식 1회, 후기(9~11개월)에는 이유식 3회에 간식 1~2회, 완료기(12~15개월)에는 이유식 3회에 간식 1~2회를 추천하고 있습니다.

아기의 식사 시간표는 밤중 수유 끊기와도 연결됩니다. 잘 자는 아기가 잘 먹습니다. 식사 시간과 수면 시간을 함께 조정하기 바랍니다. 이것은 하나의 예시로 아이마다, 가정마다 패턴이 다를 수 있습니다. 다만 완료기 때에는 가정의 식사 시간과 일정을 맞추는 것이 좋습니다.

컵은 언제부터 사용하나요?

Q:

"7개월 된 아기인데 컵은 언제부터 사용하나요? 빨대 컵부터 사용하면 되나요?"

A:

젖병은 빠는 욕구를 충족시키고 심리적 안정감을 줍니다. 우리나라의 많은 아이들이 두 돌이 될 때까지 젖병을 빨고 있습니다.

엄마들이 많이 힘들어하는 것 중 하나가 젖병 떼기지요. 돌 이후에도 젖병에 의지하면 밤중 수유를 끊기 어려워 치아우식증이 생기고, 분유만 먹으려고 하여 빈혈이 생길 수 있습니다. 젖병 사용에 대하여 엄마와 실랑이를 벌이다 보면 성격에도 좋지 않은 영향을 미칩니다. 젖꼭지에 의지하지 않고 생우유를 먹고 고형식을 먹어야 좋은 식습관을 갖게 됩니다.

그러기 위해서 컵 사용은 필수입니다. 컵 사용을 하려면 액체가 흐르지 않도록 자세를 올바르게 잡아야 합니다. 손으로 컵을 잡고 입으로 가져가야 하므로 소근육 발달과 지능 발달에도 도움을 줍니다. 삼키는 능력도 좋아지고 스스로 먹게 되면서 성취감도 생깁니다.

컵 사용은 젖병 떼기와 연관이 되는데, 9개월경부터 젖병 떼는 연습을 시작해서 돌 무렵에 끊는 것이 좋습니다. 6개월경부터는 컵을 사용할 수 있으므로 컵을 가지고 놀게 하면서 서서히 습관을 들여 줍니다. 모유 먹는 아기는 엄마의 젖꼭지를 깨물기도 하고, 분유 먹는 아기는 젖병의 젖꼭지를 밀어내기도 합니다. 이 시기에 컵 사용을 시도해 보면 좋습니다.

1. 컵 사용은 어떻게 가르쳐야 할까요?

아기가 컵에 대해 거부감을 갖지 않도록 하는 것이 우선입니다. 귀여운 캐릭터가 그려진 것이나 모양이 독특하여 관심을 끌 수 있으면 더 좋겠지요. 처음에는 컵을 장난감처럼 가지고 놀게 해 주세요. 엄마가 컵에 물을 담아서 입으로 마시는 것을 보여 주는 것도 필요합니다.

컵을 사용할 때는 분유도 컵으로 먹여 주면 좋습니다. 분유는 젖병에서만 나오는 것이 아니라는 사실을 가르쳐 주면 젖병 떼기도 수월

합니다. 컵으로 주스는 마셔도 분유는 안 먹는 아이가 있습니다. 분유를 컵으로 먹는 연습이 안 되어 있는 경우 젖병을 끊고 우유를 주면 거부하는 경우가 생깁니다.

컵을 사용하다 보면 익숙하지 않아서 흘리기 쉽고 컵을 놓쳐 엎지르기도 합니다. 방수 처리된 턱받이나 배가리개를 해 주고 비닐을 깔아 주어 엄마가 스트레스를 받지 않도록 신경 쓰는 것이 좋습니다. 물이나 분유는 컵에 1/3 정도만 담아 줍니다. 조급한 마음을 버려야 합니다. 엄마가 자꾸 신경을 쓰면 아기도 불편해하며 컵 자체를 거부하게 되지요. 절대 야단치면 안 됩니다. 자꾸 칭찬해 주어 컵을 사용하는 것에 흥미를 잃지 않도록 도와주어야 합니다.

2. 어떤 컵을 사용해야 할까요?

처음부터 바로 일반 컵을 사용하기 어렵다면, 6개월경에 젖꼭지와 비슷한 스파우트 컵을 먼저 사용하고, 8개월 정도에는 빨대 컵을 사용하다가 이후에 일반 컵으로 사용할 수 있습니다.

하지만 모두 그런 것은 아닙니다. 일반 컵을 사용하는 연습이 된다면 굳이 스파우트 컵이나 빨대 컵을 사용하지 않아도 됩니다. 컵의 크기가 조금 작은 플라스틱 컵을 사용하여 배워 나가는 것이 가장 좋습니다. 양쪽에 손잡이가 있으면 아기 혼자 먹기가 편하겠지요? 그러다가 좀 익숙해지면 손잡이가 한 개 달린 컵으로 바꿔 주면 됩니다. 하지만 컵 사용을 익히는 것이 너무 어렵다면 스파우트 컵과 빨대 컵을 일시적으로 사용해도 괜찮습니다. 컵 고를 때 주의할 사항은 다음과 같습니다.

스파우트 컵의 경우 너무 무겁지 않은 150㎖ 이하의 용량이 좋습니다. 환경호르몬 걱정 없는 PP 재질이나 트라이탄 소재가 좋습니다. 빨대 컵과 호환이 되어 스파우트와 빨대 부분만 교체할 수 있는 것도 좋겠지요? 또한 외출이 잦아지는 시기이므로 휴대하기 좋아야 합니다. 컵을 뒤집어도 내용물이 새지 않아야 하고, 뚜껑이 있어야 스파우트 부분을 위생적으로 관리할 수 있습니다.

빨대 컵의 경우 아이가 점점 커 나가므로 용량은 200~250㎖ 정도가 적당합니다. 아기가 먹는 양을 확인할 수 있도록 눈금이 있는 것을 고르세요. 또 내용물이 새면 큰일이므로 빨대 주변 실리콘 패킹이 튼튼한 것으로 골라야 합니다. 귀찮더라도 바로바로 세척하고, 젖병과 함께 소독해 주는 것이 좋습니다.

이유식 먹일 때 간식도 주어야 하나요?

Q:

"9개월인데 이유식을 겨우겨우 먹이고 있습니다. 주위에서 이제 간식도 주라고 하는데 꼭 주어야 하나요?"

A:

아이들의 위는 작기 때문에 한 번에 먹을 수 있는 양은 한계가 있습니다. 그래서 간식은 필요하지만, 필수는 아닙니다.

이유식도 먹기 버거워한다면 아직 간식을 주지 않아도 됩니다. 밥을 잘 먹지 않는 아이에게, 간식은 오히려 먹지 말아야 할 음식입니다. 특히 젤리나 캔디, 초콜릿 등을 간식이라 생각하고 먹이다 보면 점점 밥을 안 먹는 아이가 되지요.

활동량이 너무 많아 주식으로 충분하지 않다면 간식은 꼭 필요합니다. 하루에 2회 정도가 적당합니다. 간식의 종류와 양도 잘 살펴보아야 합니다. 월령별로 차이는 있지만 한 번에 100~150㎉가 넘는 간식은 다음 끼니에 방해가 됩니다. 간식과 군것질이 혼용되어도 안 됩니다. 젤리, 캔디(흡인의 위험도 있음), 초콜릿(카페인 위험도 있음), 캐러멜, 과자, 음료 등은 간식이 아니라 군것질입니다. 칭얼거릴 때 달래는 수단으로 사용해서도 안 됩니다.

유기농 원료를 사용한 어린이 전용 과자(대부분 값이 비쌈)는 괜찮은지 물어보는 부모님들이 많습니다. 심지어 간식으로 꼭 먹여야 하는 것처럼 생각하기도 합니다. 네, 물론 괜찮습니다. 유기농 원료를 사용하지 않고 당과 나트륨 함량도 많은 일반 과자 대신이라면 괜찮습니다. 하지만 아무리 값비싸고 어린이 전용이라 하더라도 구운 고구마나 사과보다 좋은 것은 아닙니다. 밥 대신 먹는 것은 말할 것도 없고요.

간식 하나에 5대 영양소가 다 들어 있을 수는 없지만 적어도 가공식품보다는 자연식품으로 주면 좋겠습니다. 돌이 지나면 생우유 400~500cc도 간식에 포함시켜 주세요.

이유식을 냉동 보관해도 되나요?

Q:

"이유식을 시작하였는데 워낙에 조금씩 먹다 보니 매번 만들기가 힘듭니다. 채소나 육수 같은 이유식 재료나 만들어 놓은 이유식을 냉동해 두었다가 먹어도 되나요? 된다면 얼마나 오랫동안 보관이 가능한가요?"

A:

아기를 돌보면서 매일 이유식을 만드는 일은 매우 힘든 미션입니다. 만들 때마다 재료를 손질하는 것도 어려운 일이고, 소량의 재료만 들어가므로 번번이 남는 것도 스트레스입니다. 배고픈 우리 아기가 기다려 주지 않을 때도 있지요.

가장 이상적인 것은 닭가슴살 1/4쪽으로 1회 분량의 이유식을 만드는 것이지만, 닭가슴살 1쪽으로 4회 분량을 한 번에 만들어서 보관하였다가 주는 것도 괜찮습니다. 이유식을 한 번에 끓여서 완전히 식힌 후 1회분씩 포장하였다가 냉장 보관으로는 2일, 냉동 보관으로는 일주일 안에 먹이면 됩니다.

이유식에 들어가는 재료를 미리 손질해서 냉동 보관하였다가 사용해도 편리합니다. 영양소의 파괴를 최소화하는 올바른 보관 방법 및 적정 보관 기간을 알려 드립니다.

쇠고기와 돼지고기: 기름기와 힘줄을 제거하고 한 번 먹을 분량으로 소분합니다. 냉동법이 고기의 품질 저하를 최소화하는 방법이긴 하지만, 냉동하는 동안 지방과 단백질 산화는 일어납니다. 얼음 결정이 생기고 탈수가 되어 표면이 마르고 색도 변할 수 있으므로 가능한 한 공기 접촉을 최소화해야 합니다. 핏물을 빼고 물기를 닦은 후 겉면에 올리브오일을 발라 랩으로 밀봉하거나 진공포장합니다. 추천하는 냉동 기간을 보면 1개월에서 12개월까지 다양한데, 아기가 먹을 것이므로 1개월 안에 사용하기를 권합니다.

어른용으로 덩어리 보관한 고기를 부득이 오랫동안 보관한 경우에는 고기 표면을 조금 잘라 낸 뒤 먹는 것이 좋습니다. 다짐육은 빨리 산패하므로 권장하지는 않지만 부득이 얼려 두었다면 일주일 안에 먹습니다.

닭고기: 생으로 냉동할 경우 잘게 썰어서 냉동하면 공기와 닿는 면적이 많아서 말라 버립니다. 1회 분량씩 큼직하게 썰어서 냉동합니다. 데쳐서 보관할 경우 껍질과 뼈, 기름기를 제거한 후 결대로 찢어서 보관합니다. 닭안심살이 기름기가 적어 냉동 보관하기에 적당합니다. 1개월 안에 사용해 주세요.

익히지 않은 채소: 이파리 채소는 냉장 보관으로 3~7일, 뿌리채소는 10~30일 정도 보관 가능합니다. 채소는 종류에 따른 차이가 큽니다. 가능한 한 신선한 것을 구매하고, 빨리 사용합니다.

데친 채소: 채소는 쉽게 무르기 때문에 보관이 어렵습니다. 이유식 재료로 많이 사용하는 브로콜리, 시금치, 숙주, 당근, 호박, 느타리버섯, 새송이버섯 같은 채소류는 살짝 데쳐서 물기를 제거한 후 1회분씩 포장하여 냉동 보관하면 좋습니다(표고버섯은 불려서 냉동합니다). 바로 조리할 수 있도록 이유식 시기에 맞는 크기로 다지거나 잘라서 큐브에 얼리면 편리하지요. 10일까지 보관 가능합니다.

생선: 생선은 부패와 변질이 빠릅니다. 가장 좋은 방법은 급속 냉동하여 진공포장하는 것인데 일반 가정의 냉장고에서는 불가능합니

다. 생선의 내장을 손질하고 핏기를 씻어 낸 후 진공포장하거나 지퍼백에 넣어 냉동실에 보관하는 것이 최선입니다.

등푸른생선은 지방이 많아 산패가 빠르므로 2주 이내에 먹고, 흰살생선은 한 달 정도 냉동 보관해도 됩니다. 새우, 게 등 갑각류는 내장을 제거하고 깨끗이 씻어서 껍질째 1회분씩 냉동 보관하면, 한 달 정도 보관 가능합니다. 생선을 찜통에 쪄서 살만 발라낸 후 1회분씩 랩에 포장하여 보관하였다가 사용하여도 편리합니다.

육수: 고기 육수는 일주일, 다시마 육수는 15일 보관 가능합니다. 지퍼 팩이나 모유 저장 팩에 담아서 보관하면 편리하지요. 단 성에가 끼고 기름과 수분이 분리되면 신선도가 떨어지고 있는 것이므로, 사용하지 않습니다.

냉동하면 안 되는 식재료도 있습니다.

오이: 수분이 많아서 얼렸다 녹이면 스펀지처럼 구멍이 뚫리고 흐물흐물해지는 등 모양이 변합니다.

두부: 냉동하면 수분이 분리되므로 해동 시 스펀지처럼 구멍이 뚫립니다. 녹여도 수분 없는 두부 모양이 됩니다.

달걀: 달걀노른자는 냉동하면 피막이 굳어져 본래 상태로 되돌아오지 않습니다. 흰자는 스펀지처럼 구멍이 숭숭 뚫립니다. 달걀지단은 냉동해도 됩니다.

올바른 해동 방법은 크게 3가지가 있습니다. 먼저, 냉장 해동입니다. 사용하기 하루 전날 냉장실로 옮겨 서서히 해동하면 세균 번식의 위험도 적고, 데울 때 시간도 절약됩니다. 둘째, 전자레인지 해동입니다. 빠르고 편리하다는 장점이 있지만, 적정 시간을 초과하면 식품의 수분이 빼앗겨 음식이 딱딱해질 수 있습니다. 셋째, 유수 해동으로 흐르는 물에 해동하는 방법입니다. 밀봉을 잘해서 해동해야 하며, 물의 소비가 동반된다는 단점이 있습니다.

한번 해동시킨 식재료는 다시 냉동 보관하지 않습니다. 세균 번식의 위험이 있기 때문이지요. 보관할 때는 만든 날짜, 폐기 예정일 등을 적어 보관하면 편리합니다(개인적으로 라벨 테이프 사용을 추천합니다. 식재료뿐 아니라 집 안의 여러 가지 물건 정리에도 도움이 되지요).

◇ 이유식 보관 용기 제대로 고르기 ◇

- 용기가 안전한가?: 가열 시 인체에 해로운 물질이나 환경호르몬이 나오지 않아야 합니다.
- 세척이 용이한가?: 열탕소독이 가능하거나 식기세척기 사용이 되는지 확인하여야 합니다.

- 냉동 보관이 되는가?: 냉장 보관만 할 때는 문제가 없지만, 냉동 보관 시에도 문제가 없어야 합니다. 해동 시 전자레인지 사용을 해도 안전해야 합니다.
- 휴대성이 좋은가?: 가볍고 밀폐력이 좋아야 합니다. 새면 난감하지요. 외출 시 다른 용기에 옮겨 담지 않고 바로 사용할 수 있어야 합니다.

시판 이유식을 사 먹여도 되나요?

Q:

"7개월 아기 엄마입니다. 지금은 이유식을 제가 만들어 주고 있는데 다음 달부터 일을 하게 되었어요. 지금도 큰 아이가 있어서 그런지 너무 힘든데, 도저히 둘째 이유식까지 만들어 먹이기는 어려울 듯합니다. 시판 이유식을 사 먹이면 안 될까요?"

A:

이유식 만드는 것이 너무 힘들어서 우울증이 왔다는 경우도 있습니다. 그럴 때는 과감히 시판 이유식을 사서 먹이기를 권합니다. 단 이유식은 고형식이라는 것이 중요하므로, 개월 수가 늘어 감에 따라 덩어리가 달라지는 형태의 이유식을 선택해야 합니다.

엄마가 신선한 재료를 구입하여 직접 만들어 주는 이유식이 가장 좋은 것은 맞습니다. 그러나 이유식 만드는 것이 너무 힘들어서 엄마의 우울한 기분이 아이에게 전달된다면 받아먹는 아이도 결코 행복하지 않겠지요. 엄마가 아프거나, 육아를 도와줄 사람이 없어서 이유식 만들기가 어렵다면 사서 먹이세요. 죄책감을 가지지 마세요. 엄마의 몸과 마음이 행복해야 아기도 행복합니다.

요즘에는 좋은 재료로 위생적으로 만들어 판매하는 믿을 수 있는 업체도 많아졌습니다. 엄마가 만들어 주다 보면 종류에 한계가 있을 수 있지만 시판 이유식은 다양한 재료를 줄 수 있어 오히려 아이들이 싫증 내지 않고 잘 먹기도 합니다. 브랜드별로 대부분 체험 팩이 있으니 먹여 보고 결정하시면 좋습니다. 특별히 어느 브랜드가 좋다기보다는 아이마다 맞는 것이 있더라고요.

다만 시판 이유식 선택 시 몇 가지 주의할 점이 있습니다.

1. 젖병으로 먹이지 않습니다.

이유식은 젖을 먹던 아기가 밥을 먹기 위해 거쳐야 하는 이행식입니다. 식탁에 앉아서 식사를 하기 위한 변화에 적응해야 하지요. 생후 6개월이 지나도 계속 젖병으로 이유식을 먹이면 소화기관이 제대로 발달하지 않습니다. 쉽게 마시는 것만 좋아하게 되고, 숟가락을 집고 입으로 가져가는 등의 운동신경 발달도 늦어지며, 심지어 씹는 행동을 안 하다 보면 두뇌 발달도 늦어집니다. 한편 시판 분말 이유식의 경우 맛이 단조로워 입맛도 둔해질 수 있습니다.

2. 선식은 권하지 않습니다.

초기 이유식은 한 번에 한 가지 식품을 첨가하며 반응을 확인해야 하는데 선식은 이러한 과정을 거칠 수가 없습니다. 아직 장이 제대로 발달하지 않았는데, 많은 종류의 식품을 한꺼번에 섞어 주면 알레르기 증상으로 설사하는 경우가 있습니다.

또 선식은 고형식이 아니므로 씹는 연습을 하지 못하게 되고, 가열하지 않고 먹이기 때문에 세균 오염의 문제도 있습니다. 간혹 선식은 쌀죽과는 달리 맛이 강하므로, 선식에 맛을 들인 아기는 다른 음식을 먹지 않으려고 하기도 합니다.

3. 시판 이유식에 다른 재료를 추가로 넣어서 만들어 먹일 경우 이유식 덩어리의 강도를 맞춰 줍니다.

밥을 먹는 시기의 아이에게 줄 이유식에 추가로 다른 재료를 넣어 조리를 할 경우 너무 무르게 될 수 있습니다. 추가로 넣는 재료를 미리 익혀 넣어 조리 시간을 짧게 하여 이유식 덩어리의 강도를 맞춥니다. 단 냉동 이유식을 구매할 경우 해동하였던 것을 조리 후 다시 냉동하면 안 됩니다. 영양소가 파괴될 뿐 아니라 변질의 위험이 있습니다.

4. 믿을 만한 브랜드를 선택합니다.

조리 과정이나 재료를 확실하게 표기한 곳이 좋습니다. 어디서 재배된 것인지, 어떤 재료를 사용했는지 상세하게 알려 주는 곳을 선택합니다.

여행 갈 때 이유식을 어떻게 준비해야 할까요?

Q:

"9개월 아기랑 여행을 가려고 합니다. 이유식을 어떻게 준비해야 할까요?"

A:

아기가 자라나면서 세상에 대한 호기심이 생기면 조금 더 새로운 곳, 넓은 곳을 보여 주고 싶지요. 육아에 지쳐 있는 일상 속에서 내 자신을 힐링할 시간도 필요하고요. 국내로 1박 2일 다녀오는 여행부터 장기간의 해외여행에 이르기까지 다양한 여행이 있지만, 아기가 어릴 때 가장 많이 신경 쓰이는 부분 중 하나는 이유식일 것입니다. 이유식을 해결할 수 있는 다양한 방법을 알려 드립니다.

1. 시판 이유식 먹이기

일반 마트에서 파는 시판 이유식을 잘 먹는다면 준비가 훨씬 수월합니다. 상온 보관이 가능한 반조리 이유식을 가져가거나, 외국 여행 중 현지에서 병 이유식을 사도 되기 때문입니다. 만약 시판 이유식을 안 먹어 본 아기라면 여행 가기 한 달 전부터 가져갈 만한 시판 이유식을 먹여 보고 반응을 살펴야 합니다.

외국에서 직접 구하는 시판 이유식 중 이용하기 쉬운 제품은 '라이스 시리얼'입니다. 쌀죽이라고 생각하시면 됩니다. 따뜻한 물을 부으면 쌀죽이 되는데 가루 상태부터 덩어리 형태까지 다양합니다. 채소나 과일, 고기 퓌레가 들어 있는 병 이유식과 섞어서 주면 다양하게 먹일 수 있지요.

국내 여행이라면 여행지로 직접 배달이 가능한 이유식도 있으니 미리 확인하면 편리합니다.

2. 엄마표 이유식 만들어 가기

이유식을 만들어 1회분씩 포장한 후 아이스 팩과 함께 보냉 백이나 아이스박스에 넣어 가지고 가거나, 외국 여행이라면 수하물로 부칩니다. 외국 여행 시 온도 유지가 걱정되어 추가 비용을 내고 냉동 수하물로 짐을 부칠 수도 있습니다만, 굳이 안 그러셔도 됩니다. 비행기 일반 화물칸의 내부 온도는 냉장고 수준으로 낮습니다. 혹시 기종과 환경에 따라 다를 수는 있으므로 아이스 팩은 반드시 넣어야 하지만, 냉동 수하물까지 이용하지는 않으셔도 됩니다.

얼려서 가져간 이유식은 숙소의 냉장고에 넣어 두었다가 한 개씩 꺼내어 전자레인지나 커피 메이커, 커피포트로 끓인 물을 이용해 따뜻하게 데워서 먹입니다. 아침에 데운 이유식을 보온 통에 담아 가지고 나오면 훌륭한 보온 도시락이 되지요. 리조트나 숙소에 데울 수 있는 기기가 있는지 꼭 확인하시기 바랍니다.

3. 현지에서 조리하기

여행 가서 이유식을 만드는 데 시간을 사용하는 것이 좀 아깝기도 합니다만, 3~4일 이상의 장기 여행이라면 현지의 싱싱한 먹거리를 이용해 이유식을 만드는 것도 여행의 또 다른 재미일 수 있습니다. 근처에 기본적인 이유식 재료를 구할 수 있는 가게가 있고, 숙소에 주방 시설이 있다면 가능합니다. 단 주방 시설을 확인할 때는 모든 조리 시설이 있는지 살펴보아야 하지요. 간혹 커피 메이커나 전자레인지 정도만 제공하면서 주방 시설이 있다고 표기할 수도 있습니다.

이유식을 만들 엄두를 낸다는 것은 어른들도 식사를 만들어 먹는다는 것인데, 이때 식단을 함께 고려하면 좋습니다. 어른들이 쇠고기 스테이크와 브로콜리를 먹는다면, 아이는 쇠고기브로콜리죽이나 쇠고기브로콜리무른밥을 먹는 것이지요.

조리까지는 아니더라도, 현지 호텔 조식 뷔페를 이용해 식빵, 흰죽, 삶은 계란, 바나나 등을 줄 수도 있습니다.

이미 고형식을 잘 먹는 아이라면 햇반, 뿌려 먹는 가루형 야채, 김 등 간편하게 먹을 수 있는 음식들을 가져가도 좋습니다. 비비는 데 사용하는 일회용 비닐장갑 몇 장까지 챙겨 간다면, 언제 어디서나 간편하게 먹일 수 있습니다.

외국 여행일 경우, 항공사에 따라 아이가 먹을 수 있는 기내식인 베이비밀을 신청할 수 있습니다. 메뉴는 다르지만 대부분 아기들이 여행하면서 요긴하게 사용할 수 있을 것입니다. 비행 전 미리 신청해야 하는데, 잊지 말고 이 서비스를 활용해 보시기 바랍니다.

이유식에 간을 해도 되나요?

Q:

"10개월 아기인데 슬슬 이유식을 안 먹으려고 합니다. 혹시 간을 안 해 주어 그런 것일까요? 이유식에 간은 언제부터 해도 되나요? 멸치 육수나 사골 국물을 이용하여 이유식을 만들면 안 되나요?"

A:

짠맛을 내기 위해 이용하는 소금(염화나트륨)은 염소와 나트륨이 결합된 물질입니다. 나트륨은 우리 몸의 세포와 기관들이 제 기능을 하는데 꼭 필요합니다. 그러나 아기들에게 필요한 소금의 양은 매우 적습니다. 모유나 분유, 기본적인 식재료에 들어 있는 양으로도 충분합니다.

소금을 섭취하면 몸에서 필요한 만큼 사용한 후 신장(콩팥)을 통해 남은 것을 몸 밖으로 내보내게 됩니다. 아기의 경우 신장의 기능이 아직 미성숙하여 섭취한 소금을 배출하기가 어렵습니다. 만약 필요 이상의 소금을 계속 섭취하면 신장에 무리가 갈 수 있지요.

잘 안 먹던 아기에게 간이 된 음식을 주면 잘 먹는 것은 사실입니다. 더 맛있게 느껴지기 때문입니다. 그런데 한번 짭짤한 맛을 보게 되면 다음번 식사 시 적어도 그 이상의 짭짤한 맛을 먹어야 맛있다고 느끼게 되어 점점 더 짠맛을 찾게 되지요. 짠맛에 길들여진 식습관은 고치기 어렵습니다.

전문가들 사이에서도 조금씩 의견이 엇갈리기는 하지만, 최소 돌 이전까지는 이유식에 간을 하지 않기를 권합니다. 육수는 멸치나 다시마를 이용하기보다 고기나 채소를 이용하여 만듭니다. 설탕이나 조미료 사용은 금하고, 간장이나 소금을 사용하고 싶으면 유기농 저염 간장과 천일염을 사용하면 좋습니다.

맛도 맛이지만 칼슘을 섭취시키고 싶은 마음에 멸치 육수나 사골 국물을 사용하려고 하는 경우도 많은데, 굳이 안 그래도 됩니다. 모유와 분유에 충분한 양의 칼슘이 함유되어 있기 때문입니다. 오히려 소금 속 나트륨은 몸속 칼슘의 배설을 촉진하므로, 짭짤하게 먹는 것은 뼈 건강에 좋지 않습니다. 사골 국물에는 지방도 너무 많이 들어 있어 아기가 소화시키기 어렵습니다. 멸치 육수나 다시마 육수는 돌 이후, 사골 국물은 세 돌 이후부터 먹입니다.

아기는 미각이 매우 예민합니다. 굳이 간을 세게 하지 않아도, 음식 자체의 맛을 충분히 느낄 수 있지요.

이유식을 너무 늦게 시작했는데 어쩌죠?

Q:

"이유식 시작 시기를 놓쳐 버리고 하루하루 지내다 보니 어느새 돌이 되어 갑니다. 빵은 잘 먹는데 다른 것은 뱉어 버리고 안 먹어요. 이제 어린이집도 가야 하는데 걱정이에요."

A:

한국보건산업진흥원에서 2007~2013년 국민건강영양조사 자료를 분석한 결과, 이유식을 7~9개월에 시작한 유아의 비율은 19.9%, 10~12개월은 5.2%, 돌을 지나 시작한 경우는 3.5%이었습니다. 유아 10명 중 3명 정도가 이유식을 늦게 시작한 것이지요. 육아 관련 카페의 상담 글을 살펴봐도 이유식을 제때에 시작하지 못해 걱정하는 경우를 종종 봅니다.

생후 6개월이 지나면 엄마에게 받은 영양분은 거의 다 써 가고, 성장 발달도 급격하게 이루어집니다. 이유식을 통해 골고루 영양 섭취를 해야 하지요. 이유식을 늦게 시작하면 영양결핍을 비롯하여 새로운 음식에 대한 거부 반응이 생깁니다. 젖이나 분유에 대한 집착도 강해져서 이유식 먹이기가 참으로 힘듭니다. 그렇게 하루하루 지내다 보면, 이유식을 거의 먹지 않고 돌까지 가게 되는 것이지요.

여러 번 강조했다시피 이유식은 반드시 거쳐야 하는 관문입니다. 이유식을 안 먹고 밥을 바로 먹었다고 하는 경우도 있습니다만, 그럴 경우 유아식에서 더 신경을 써 주어야 합니다. 편식하는 아이를 보면 이유식을 제대로 못한 경우가 많습니다.

하지만 걱정하지 마세요. 늦었더라도 이유식의 단계를 거치면 됩니다. 일반적으로 미음에서 진밥까지 진행하는 기간이 6개월이라면 늦은 기간에 따라 2~4개월로 줄여서 하면 됩니다. 번거롭다고 생각하여, 그냥 밥을 잘 먹는다고 하여 어른이 먹는 밥과 반찬으로 바로 먹이지 마세요. 이유식에서 다양한 음식을 접한 아이들이 유아식에서 편식하지 않고 잘 먹을 수 있습니다. 이유식에서 씹기 훈련이 된 아이들이 유아식에서 잘 씹어 먹을 수 있습니다. 만 2세 이후의 아이를 둔 부모들이 가장 많이 하는 고민은 편식입니다. 지금 몇 개월의 노력으로 그 고민을 막을 수 있습니다.

빵은 잘 먹는다고 했는데, 이는 씹기 훈련이 안 되었다는 것을 보여 줍니다. 씹는 훈련도 신경 써서 해 주기 바랍니다. 이유식을 안 먹었음에도 성장에 문제가 없었다면, 수유량이 많을 것입니다. 밤중 수유도 계속하고 있을 가능성이 높지요. 밤중 수유도 서서히 끊고, 수유량도 줄이면서 이유식을 시작해야 합니다. 더 늦으면 안 됩니다.

특별히 주의할 음식이 있나요?

Q:

"이유식을 진행하면서 특별히 주의할 음식들이 있나요?"

A:

식품 유형별로 주의할 사항을 알려 드릴게요.

1. 과일, 과일주스

물과 과즙을 1:1로 섞어서 희석시킨 후 끓인 것은 생후 4개월부터 먹일 수 있습니다. 희석시키지 않으면 농도가 너무 진해 장에서 삼투압 반응을 일으킵니다. 장에 수분이 많아져 설사를 유발시키지요.

과일을 익혀서 통으로 강판에 갈아 주거나 으깨 주는 것은 괜찮지만, 자주 먹이지는 않습니다. 단맛에 익숙해지면 이유식을 거부할 수 있습니다. 시판 과일주스는 6개월 전에는 먹이지 않고, 그 이후에도 먹는 양을 제한하는 것이 좋습니다.

2. 식빵, 떡

이유식 중기부터 식빵을 먹일 수 있는데, 반드시 앞뒤를 잘 구워서 잘라 주어야 합니다. 만약 굽지 않은 상태에서 그대로 주면 아이 침에 식빵이 녹아서 입안에 달라붙기 때문입니다. 잘 넘어가지 않아서 헛구역질을 할 수 있습니다.

찰떡이나 절편처럼 끈적한 떡은 아무리 작은 조각이라도 먹이지 않습니다. 질식 사고가 일어나기 쉽습니다.

3. 두부

두부는 질감이 부드러워서 이유식으로 적당할 것 같지만 알레르기를 잘 일으키는 대두로 만든 것임을 잊지 마세요. 생후 7개월 이후에 먹이고, 반드시 끓는 물에 데쳐서 먹입니다.

4. 시금치, 당근

시금치, 당근, 배추, 비트, 무 등에 들어 있는 질산염은 6개월 이전의 아기에게 심각한 빈혈을 유발합니다. 만약 사용할 수밖에 없는 상황이면 사 온 날 바로 씁니다. 보관하면 질산염이 점점 증가하므로 남은 것은 어른이 먹습니다. 외국에서는 통조림으로 나오는 경우가 있는데, 이때는 질산염 농도를 조절한 것이므로 이유식 초기에 사용해도 됩니다.

5. 꿀

꿀에는 식중독을 일으키는 균인 클로스트리듐 보툴리눔(Clostridium Botulinum)이 들어 있을 수 있습니다. 이 균이 장에 들어가면 자라서 독을 만들고, 이 독은 보툴리누스중독을 일으킵니다. 치명적이지요. 그나마 이 독은 열에 약해서 끓이면 식중독을 예방할 수는 있습니다만, 돌 이전의 아기들에게는 상황이 좀 다릅니다. 이 균의 포자가 아기의 장에서 자라 보툴리누스중독을 일으키는데, 이 포자는 열을 가해도 잘 죽지 않습니다. 꿀이 좋다고 하니까 끓여 먹이면 괜찮지 않냐고 하는데, 안 됩니다. 생으로는 더더욱 안 되고요. 돌 이후에 끓여서 먹여야 합니다.

6. 우유, 요구르트 등 유제품

요구르트는 생후 8개월 이후부터 먹입니다. 아무것도 첨가되지 않은 플레인 요구르트를 고릅니다. 집에서 만들어 먹이면 더욱 좋습니다.

생우유는 돌이 지나면 먹입니다. 왜냐하면 생우유는 분유보다 소화시키기 어렵고, 생우유의 단백질은 아이에게 부담이 되기 때문입니다. 철분도 부족하여 철결핍성빈혈을 일으킬 수도 있습니다. 양도 500cc 미만으로 제한합니다. 두 돌 전까지는 저지방 우유나 무지방 우유를 먹이지 않습니다. 돌이 지나서 우유를 먹일 때는 컵에 담아 먹입니다. 딸기우유, 바나나우유, 초코우유 등 향이나 색소가 첨가된 우유를 먹이지는 않겠지요? 당분에 익숙해져서 일반 생우유를 거부할 수 있습니다.

분유에서 생우유로 바꿀 때 한 번에 바꿀지, 조금씩 섞어 먹이면서 며칠에 걸쳐 바꿀지 고민되나요? 그냥 한 번에 바꾸어도 됩니다.

7. 두유

두유는 콩을 갈아서 만든 것입니다. 콩은 건강에 좋은 식품이니 두유도 무조건 괜찮다고 생각하는 경우가 많습니다. 요즘에는 아이들을 위한 두유도 많이 나와 있어서 선택의 폭이 넓어졌습니다. 그런데 문제는 시판 두유가 달고 맛있다는 것입니다. 아이들이 좋아합니다. 밥은 잘 안 먹으면서 두유만 몇 팩씩 먹는 경우도 종종 있지요. 유당불내증으로 우유를 못 먹는 경우가 아니라면 굳이 두유를 챙겨서 먹일 필요는 없습니다.

8. 기름류

생후 9개월 이후부터 참기름이나 올리브오일 등을 아주 조금씩 사용해도 됩니다. 이유식 때부터 기름진 맛에 익숙해지지 않도록 조심합니다. 이유식은 찜, 삶기, 끓이기 방법으로 만들고, 볶음 시에는 코팅된 팬을 이용해 물로 볶는 것이 좋습니다.

9. 생선

알레르기나 천식 등의 가족력이 없으면 7개월부터 먹어도 됩니다. 알레르기에 민감한 아이라면 첫돌 후에 먹이는 것이 좋습니다. 새로운 생선을 먹일 때는 한 번에 한 종류만 먹이고, 조금만 먹입니다. 그리고 적어도 3일의 간격을 두어야 알레르기 반응을 보여도 원인을 확인하기 쉽지요. 메틸수은 함량이 비교적 높은 다랑어, 새치류 및 상어류는 피하는 것이 좋습니다.

꼭 아기용 식탁을 사용해야 하나요?

Q:

"6개월 아기인데 안고 이유식을 먹이고 있어요. 주위에 조금 큰 아이들을 보면 아기용 식탁을 사용하는 경우가 많던데 사는 것이 좋을까요? 산다면 어떤 것을 사는 게 좋을까요?"

A:

이유식을 시작할 때는 엄마 무릎에 앉혀서 안고 먹여도 됩니다. 6개월이 지나 혼자서 잘 앉을 수 있으면 식탁에 아기의 자리를 마련하는 것이 좋습니다. 아기용 식탁을 사용하면 좋은 점은 다음과 같습니다.

첫째, 식사는 일정한 자리에 앉아서 먹는 것이라는 인식을 하게 됩니다. 유아기 아이들의 식습관 문제 중 돌아다니면서 먹는 경우가 많은데, 이때의 습관이 제일 중요합니다. 밥이 자기를 쫓아오는 것이 아니라 밥상머리로 자기가 가야 함을 알아야 합니다. 둘째, 이유식을 내려다볼 수 있어서 스스로 먹는 데 도움이 되고, 성취감을 더 잘 느낄 수 있습니다. 셋째, 음식을 흘려도 범위가 제한되므로 엄마의 스트레스가 적어집니다. 넷째, 아기용 식탁을 가족 식탁에 갖다 놓고 함께 먹으면 다른 사람과 함께 식사하며 행복감을 느낄 수 있지요.

한번 아기용 식탁을 사면 몇 년 동안 사용하게 되므로 구입할 때는 '안전성, 세척의 편리성, 사용 가능 연령' 등을 고려하기 바랍니다. '안전성'이란 높은 곳에 아이가 앉는 '하이 체어'이므로 아이가 움직일 때 의자가 뒤로 넘어가지 않는지를 확인하는 것입니다. 의자의 무게중심이 안정적인지 살펴봅니다. '세척의 편리성'은 아이가 음식물을 떨어뜨렸을 때 잘 닦아 낼 수 있는가 하는 것이지요. 분리가 쉽게 되어 세척이 쉬워야 합니다. '사용 가능 연령'은 하중을 감당할 수 있는 무게를 보는 것입니다. 몇 kg까지 문제없이 사용 가능한지를 보면 사용 가능한 연령을 알 수 있습니다.

3장

“밥을 잘 먹이고 싶어요”

언제부터 밥과 반찬을 주면 되나요?

Q:

"다양한 죽 형태의 이유식을 잘 먹고 있습니다. 이제 돌이 지났는데, 밥과 반찬을 따로 주어야 하나요?"

A:

아이가 어느 정도 단단한 무르기에 익숙해졌다면 이제는 죽이 아닌 밥과 반찬을 주어야 합니다. 이유식을 완료하고 어른이 먹는 식사로 가야지요. 다만 어른이 먹는 것보다 무르고 소화하기 쉬운 식감으로 주는 것입니다. 갑자기 주면 적응하기 어려울 수 있으므로 진밥과 무른 밥으로 한 그릇 요리를 먹다가 밥과 싱겁게 조리한 2~3개의 반찬으로 차려 주세요.

간혹 꼭 밥을 먹여야 하냐는 질문을 받습니다. 아닙니다. 밥 대신 다른 곡류를 먹여도 됩니다. 빵이나 면, 고구마와 감자도 된다는 것이지요. 그럼에도 불구하고 밥을 먹이는 이유는 첫째, 어린이집을 비롯하여 학교와 같은 단체생활을 할 때 주로 하는 식생활이기 때문입니다. 둘째, 밥을 먹어야 다른 반찬들을 먹기가 더 쉬워서 5가지 식품군을 골고루 먹을 수 있기 때문입니다.

예를 들어, 고구마로 식사를 한다고 하면 반찬으로 무엇을 먹을 수 있을까요? 잔치국수를 먹는다고 해도 거기에 올려 있는 계란 지단과 김치 정도만 먹게 되겠지요. 가능하면 한 끼 식사에 곡류, 어육류, 채소류를 모두 섭취할 수 있도록 해야 합니다.

한 끼에 영양소를 고루 담는 노하우가 있나요?

Q:

"밥과 반찬은 어떻게 먹이면 되나요? 우리 아이에게 5대 영양소가 골고루 포함된 균형 잡힌 식단을 만들어서 먹이고 싶어요."

A:

학부모 교육이나 상담을 하다 보면, 유난히 초롱초롱한 눈빛을 보이며 이와 같은 질문을 하는 분들이 있습니다. 방법만 안다면 당장 내일부터 식단을 짜서 먹일 것 같은 의지를 보이시면서요.

저는 영양사니까 집에서 매끼 식단을 짜서 먹일 거라는 당연한 기대감도 가지고 계시는 듯합니다. 실망을 드려 죄송합니다만, 영양사인 저도 매끼 식단을 짜서 먹지도, 먹이지도 못합니다(그렇지 않은 영양사도 있겠지만, 저를 포함하여 제 주변 영양사들은 대부분 그렇습니다). 다만 한 끼 또는 하루에 먹어야 하는 영양소의 양을 알다 보니 너무 부족하거나 넘치지 않도록 먹이려고 애쓰고, 나쁜 것은 적게 먹이려고 노력하는 정도입니다.

사실 식단을 짜는 것보다 더 어려운 것은 식단에 맞춰 요리를 하는 것입니다. 일주일을 넘기기가 쉽지 않을 것입니다. 갑자기 반찬이 생길 수도, 외식을 할 수도, 별의별 일들이 많이 생길 수 있기 때문이지요.

그러므로 식단을 짜는 것에 너무 스트레스 받지 말고, 아이 식사 준비할 때 다음의 몇 가지 원칙을 지키면 좋을 것 같습니다. 매 끼니 챙겨 먹여야 할 것을 알고, 여기에 당, 나트륨 저감화를 하려는 노력만 더한다면 더 이상 바랄 것이 없습니다.

아이의 식판을 이용한 균형 잡힌 영양 섭취 방법을 알려 드립니다.

1. 기본 형태는 밥, 국, 단백질반찬 1개, 야채 반찬 2개입니다.

밥

밥의 양은 1/3~2/3공기입니다. 밥을 처음 먹게 되는 만 1세 정도에 1/3공기로 시작하여 조금씩 늘려 가면 됩니다. 흰밥을 비롯하여 보리밥, 차조밥, 현미밥, 흑미밥 등 다양한 잡곡을 섞어 주면 좋습니다.

단백질반찬

단백질반찬 1개에 해당하는 재료는 쇠고기, 돼지고기, 닭고기, 생선류와 같은 해산물, 계란, 두부 등입니다. 쇠고기나 돼지고기는 네 손가락을 합친 정도의 크기 정도면 되고, 생선류는 손가락을 제외한 손바닥 정도의 크기면 됩니다. 계란은 1개, 두부는 1/4모 정도면 됩니다. 1~2세는 식판 한 칸 중 2/3 정도를 채우고, 3~5세는 가득 채운다 생각하면 됩니다.

국

국은 어떤 국이라도 상관없습니다. 다만 짜지 않게 좋아하는 건더기를 넣어서 끓여 주면 됩니다. 국물은 적게 줍니다. 사실 없어도 됩니다. 밥을 말아서 먹일 용도라면 아예 없는 것이 나을 수도 있습니다.

채소 반찬

채소 반찬은 무엇이라도 상관없는데 보통 한 종류는 나물류이고, 한 종류는 김치류를 주게 됩니다. 이 조합은 어린이집이나 유치원에서 주는 것과도 비슷하여 나중에 단체생활 음식에 적응하기도 쉽지요. 양은 식판 1칸 중 반 정도를 채운다 생각하면 됩니다.

여기서 중요한 것은 단백질과 채소류가 꼭 있어야 한다는 것입니다. 너무 당연한 말 같지만, 실제 집에서 흔히 먹이게 되는 식사 내용을 보면 당연하지도 않습니다. 다음은 4세 남자 아이가 먹은 하루 식사 내용입니다.

아침: 식빵 + 딸기잼 + 우유(200㎖)

점심: 보리밥, 계란말이, 햄 부침, 깍두기

저녁: 쌀밥에 된장국(말아서 먹음), 배추김치

우리 주위에서 흔히 볼 수 있는 아이의 식사 내용입니다. 무엇이 문제일까요?

아침: 식빵 + 딸기잼 + 우유(200㎖) → 단백질과 채소 없음

점심: 보리밥, 계란말이, 햄 부침, 깍두기 → 채소 부족

저녁: 쌀밥에 된장국(말아서 먹음), 배추김치 → 단백질 부족

아이는 세 끼를 다 먹은 것 같지만 채소 부족으로 인해 비타민, 무기질, 식이 섬유소가 부족하고 단백질 섭취도 부족하게 됩니다.

식단을 짜지 않더라도 아이 밥상을 차려 놓고 간단하게 단백질반찬 1칸과 채소 반찬 2칸을 생각하며 양을 가늠한다면, 영양적으로 매우 안정적이게 됩니다.

2. 덮밥이나 볶음밥일 경우 주된 재료를 확인하고 부족한 부분을 보충해 줍니다.

고기덮밥일 경우 야채가 부족하므로 야채 스틱 등을 추가로 먹게 해 줍니다. 야채볶음밥이나 버섯덮밥 등은 단백질이 부족하기 쉬우므로 계란말이나 두부구이 등 단백질반찬을 추가해 주면 좋지요.

간식을 어떻게 먹여야 하나요?

Q:

"아이 간식은 언제 먹여야 하나요? 그리고 뭐가 좋을까요?"

A:

간혹 간식을 꼭 먹여야 하냐는 질문을 받습니다. 네, 꼭 먹여야 합니다.

60kg의 성인이 하루에 섭취해야 하는 열량이 2,600㎉라고 가정할 때 1/4 정도의 몸무게(15kg)를 가진 우리 아이가 섭취해야 하는 열량은 1/4인 650㎉가 아닌 1,400㎉입니다. 그런데 아이의 위는 어른만큼 크지 않아서 한 번에 먹을 수 있는 양이 적지요. 하루에 3번 식사로는

영양을 충분하게 공급할 수 없습니다. 식사로 채울 수 없는 영양을 간식을 통해 공급해 주어야 합니다. 아이들에게 있어 간식의 목적은 어른들의 군것질과는 다른 영양 보충입니다. 아이가 잘 먹는다고 달콤한 것만 주면 안 되는 이유입니다.

또한 아이들에게 있어 간식 시간은 다른 형태의 휴식과 즐거움을 주는 시간이기도 하지요.

1. 아이 간식은 언제 먹여야 하나요?

다음의 그림은 어린이집이나 유치원에 다니는 아이들의 일정표입니다. 원에서는 오전 간식과 오후 간식을 주고 있습니다.

주말에 집에 있을 때도 가능하면 아래의 스케줄을 고려하여 오전 간식과 오후 간식 형태로 일정한 시간에 먹이면 좋습니다. 저녁을 6시쯤 먹고 9시 넘어서 잠자리에 든다면, 취침 30분 이전에 간단한 간식을 한 번 더 먹이는 것은 괜찮습니다.

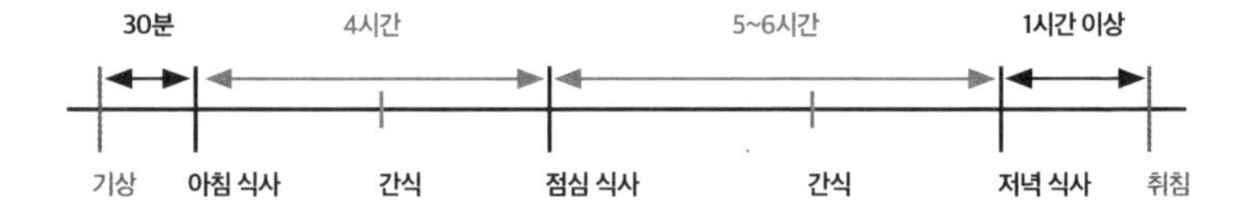

2. 간식으로 어떤 것을 주면 좋을까요?

오전 간식은 아침과 점심 식사 사이의 시간이 그리 길지 않으므로 점심 식사에 무리가 되지 않을 정도로만 제공합니다. 원에서 많이 주고 있는 간식은 간단한 과일이나 채소 스틱, 스프, 유제품 정도입니다. 아침을 안 먹고 오는 아이들이 많아지자, 원에서 아예 오전 간식을 죽으로 제공하는 곳도 있습니다.

오후 간식은 점심과 저녁과의 시간 차가 각각 2~3시간은 되므로 오전 간식에 비해서는 든든한 것으로 구성해도 됩니다. 빵과 면 종류, 죽, 떡, 주먹밥, 찐 감자, 찐 고구마, 만두, 달걀, 유제품 등을 주면 됩니다. 이때 아이의 식사로 부족할 수 있는 영양소를 고려하여 간식을 선택하면 더욱 좋겠지요.

예를 들어, 어린이집의 점심 메뉴를 보았더니 아이가 싫어하는 생선이 주요 반찬이었어요. 그럼 분명 아이는 생선을 거의 남겼을 거예요. 점심에 섭취해야 할 단백질을 못 섭취한 셈이 되지요. 그럼 그날 오후에는 빵보다는 삶은 달걀을 주어서 단백질을 채워 주라는 것입니다. 그런데 원에서 오후 간식까지 다 먹고 오는 경우라면, 저녁 식사 전에 또 한 번의 간식을 주는 것보다는 저녁 식사에 단백질을 좀 더 잘 먹을 수 있도록 도와주는 것이 좋습니다. 또 한 번의 든든한 간식 때문에 저녁 식사에 영향을 미치면 안 되니까요.

3. 간식은 얼마나 줄까요?

아이는 보통 하루 세 번 식사를 하고, 두 번 간식을 먹습니다. 식사로 80~90%를 채우고, 간식으로 10~20% 정도를 주면 됩니다. 간식으로 만 1~2세는 하루에 100~200㎉, 만 3~5세는 140~280㎉ 정도를 주면 되는 것이지요.

간식을 너무 많이 주면, 다음 식사에 영향을 미쳐서 자칫 밥을 안 먹는 아이가 될 수 있으므로 적당히 줍니다.

식약처에서 제공하는 〈영유아 단체급식 가이드라인〉에 따르면, 간식으로 많이 주는 음식의 열량은 다음과 같습니다.

- 과일류는 사과 1/3개, 귤 1개, 바나나 1/2개가 약 25㎉입니다.
- 우유 및 유제품류는 우유 1/2컵, 호상요구르트 1/2개, 치즈 1/2장이 약 60㎉입니다.

만약 아이에게 사과 1/3개와 우유 1/2컵을 먹인다면 85㎉를 먹인 셈입니다. 대략 계산이 되지요?

"우리 아이는 앉은 자리에서 귤 대여섯 개를 먹어 치워요.", "우리 아이는 치즈를 너무 좋아해서 한 번에 2장은 거뜬히 먹어요."라고 말씀하시는 경우를 종종 봅니다. 특별히 좋아하는 과일이나 유제품이 있을 수는 있으나, 아이에게 간식을 줄 때 대략적인 열량 계산을 해 보면 좋겠습니다. 다른 것은 안 먹고 귤만 대여섯 개를 먹는다면 125~150㎉에 지나지 않지만 귤과 더불어서 요구르트나 치즈도 함께 몇 개씩 먹는다면, 둘 중 하나인 경우입니다. 간식의 양이 지나치게 많아서 밥을 잘 안 먹는 아이이거나, 간식도 잘 먹고 밥도 잘 먹는 통통한 아이이거나……. 하지만 두 경우 모두 바람직하지 않습니다.

그리고 중요한 것 한 가지!

아이에게 간식을 줄 때 달콤한 것을 주는 경우가 많습니다. 그렇게 되면 당을 과다 섭취하게 되어 다른 많은 문제들과 더불어, 혈당이 높아져서 식욕이 생기지 않습니다. 당연히 다음 식사를 먹고 싶은 마음이 없어지지요. 단 음식을 자꾸 간식으로 주지 않도록 조심해 주세요.

간식을 구입해서 먹이는 거라면 영양 성분표를 확인하여 가능한 한 당류가 적은 식품을 선택하고, 엄마가 만들어 주는 것이라면 덜 달고 덜 짠 간식으로 준비해 주세요.

4. 특별히 조심해야 할 간식이 있나요?

- 포도, 메추리알, 새알심, 방울토마토처럼 표면이 미끄러운 음식은 씹기 전에 삼켜 버릴 수 있으므로 잘라서 제공합니다.
- 인절미, 경단 같은 찹쌀떡은 끈적여서 기도를 막을 수 있으므로 3세 이전에는 제공하지 않습니다.
- 아몬드, 땅콩 같은 견과류는 알레르기의 위험도 있고, 깨물었을 때 조각이 많이 나서 기도를 막을 수 있으므로 만 3세 이후에 잘게 부수거나 얇게 썰어서 제공합니다.
- 초콜릿은 생후 24개월부터 카카오 35% 이상 함량을 골라서 하루 2~3알(30g) 정도 섭취하는 것이 가능합니다.

아침을 잘 먹이고 싶어요

Q:

"어린이집에 다니는데(32개월) 아침을 안 먹으려고 해요. 좋아하는 돈가스, 동그랑땡 같은 것을 해 주어도 안 먹고 빵도 안 먹어요. 아침을 잘 먹이고 싶어요."

A:

아침은 꼭 먹여야 하고 잘 먹여야 합니다. '어차피 조금밖에 안 먹는 아침인데 안 먹어도 되지 않나?'라고 생각하는 경우가 많습니다만, 꼭 먹여야 합니다.

2016년 4월 보건복지부에서 농림축산식품부, 식품의약품안전처와

공동으로 국민의 바람직한 식생활을 위한 기본적인 9가지 수칙을 제시한 〈국민 공통 식생활 지침〉의 2번이 '아침밥을 꼭 먹자.'입니다. 《삐뽀삐뽀 119 소아과》를 쓴 소아청소년과 하정훈 선생님을 비롯한 대부분의 소아청소년과 의사, 영양학자 등 전문가의 의견도 '아침을 꼭 먹자.'입니다. 전문가들이 입을 모아서 아침을 먹자고 하는 데는 분명한 이유가 있겠지요.

아침을 굶으면 뇌의 활동에 지장을 주고, 위장 장애가 생길 수 있으며, 불규칙한 생활을 조장한다는 등 많은 이유가 있습니다만 여기서는 한 가지만 짚어 볼까 합니다.

아이는 어른보다 단위 체중당 많은 양의 열량과 영양소를 필요로 합니다. 성장과 발달이라는 것을 해야 하기 때문이지요. 그런데 아이의 위는 작아서 한꺼번에 많은 양을 먹을 수가 없습니다.

하루에 먹을 양을 10이라고 하고 아침에 2, 오전 간식 1, 점심에 3, 오후 간식 1, 저녁에 3을 먹는다고 해 봅시다. 아침을 안 먹는 아이가 오전 간식으로 3을 먹는다거나 점심으로 5를 먹을 수 있을까요? 안 됩니다. 아침을 안 먹더라도 다른 간식과 식사량은 거의 그대로입니다. 그럼 10을 먹어야 하는 아이가 8을 먹게 됩니다. 매일 2만큼씩 부족하게 되는 것이지요. 이 부족한 2만큼이 매일매일 쌓여서 아이의 성장 발달을 저해합니다. 영유아기에 간식 한 번조차 소홀히 할 수 없는 이유이기도 합니다. 아침은 꼭 먹여야 합니다.

어떻게 하면 아침을 잘 먹일 수 있을까요? 워낙 가정마다 사정이 달라서 솔루션이 다를 수는 있지만, 우선 아이가 아침을 먹기 어려운 환경이 아닌지 확인해 주세요.

1. 혹시 밤중 수유를 하고 있지는 않나요?

밤중 수유는 무조건 끊어야 합니다. 밤중 수유를 끊는 것만으로 아침 식사를 할 가능성이 높습니다.

2. 혹시 일어나자마자 밥을 먹으라고 하지는 않나요?

눈도 못 떴는데 식탁에 앉히는 경우가 있습니다. 적어도 일어나서 30분은 지나야 밥을 먹을 수 있습니다. 기상 시간을 조금만 앞당겨 주세요. 그러려면 취침 시간도 함께 앞당겨져야 합니다. 혹시 부모님과 함께 늦게 잠자리에 들지는 않는지요?

3. 아이만 먹으라고 하지는 않나요?

부모가 함께 먹으면서 아침 식사가 얼마나 중요한지 몸소 깨달은 느낌을 아이에게 생생하게 전해 주세요.

4. 아이에게 아침을 선택하게 하지는 않나요?

아침을 먹을 것인지, 혹은 무엇으로 먹을 것인지는 물어보지 않는 것이 좋습니다. 아침 식사는 선택이 아니라 필수입니다. 생활의 일부가 되어야 하지요. 메뉴도 안 물어보는 것이 좋습니다. 괜스레 이것도 싫고, 저것도 싫다고 투정 부릴 수 있습니다.

5. 너무 부담스러운 음식은 아닌가요?

평소에 돈가스와 동그랑땡을 좋아하는 아이라 할지라도 아침부터 먹는 것은 부담스러울 수 있습니다. 간단하게 주먹밥, 토스트, 죽(미리 만들어 놓았다가 데워 주어도 괜찮아요), 고구마 등도 좋고, 요구르트나 우유를 과일과 갈아서 주는 것부터 시작해 주세요. 부드러운 계란으로 단백질을 보충해 주면 더욱 좋고요.

주 양육자가 아침 식사의 중요성에 대해 어떻게 생각하느냐에 따라 아이의 아침 결식률은 달라집니다. 아침을 꼭 먹이려고 노력하는 가운데 가끔 못 먹이는 것과 '안 먹여도 되는 거 아닌가?'라고 생각하면서 가끔 먹이는 것과는 천지 차이입니다. 아침 식사가 얼마나 중요한지 구체적으로 설명해 주고, 아이의 성장 발달과 건강에 얼마나 도움이 되는지를 알려 주세요. 아침 식사는 매우 중요합니다. 잘 먹이려고 노력해야 합니다.

커피 맛 아이스크림, 먹여도 되나요?

Q:

"제가 커피 맛 아이스크림을 좋아하다 보니 아이가 옆에서 조금씩 달라고 하면 주게 됩니다. 먹여도 되나요?"

A:

커피 맛 아이스크림이 아닌 커피도 가끔 달라고 조르는 아이가 있습니다. 믹스커피나 카라멜마끼아또의 달달함 때문이지요. 그러면 잠시 고민을 하게 됩니다. 왜요? '카페인'이 아이에게 나쁠 것 같기 때문이지요. 커피를 가끔 달라고 조르는 아이는 이미 몇 차례 맛을 본 아이일 것입니다. 그럼에도 불구하고 줄 때마다 고민은 하게 되지요.

먼저 카페인에 대해 알아볼까요?

카페인은 커피콩, 찻잎, 코코아콩, 콜라나무 열매 등에 있는 알칼로이드의 일종인 향정신성 약물입니다. 각성제이지요. 성인에게 있어 적당량의 카페인 섭취는 피로를 풀어 주고 정신을 맑게 해 주며, 이뇨작용을 통한 노폐물 제거라는 긍정적인 면도 있습니다. 그러나 심박수 증가, 불면증, 신경과민, 위산과다, 칼슘 배출 촉진 등 부정적인 면도 동시에 가지고 있고, 지속적으로 과잉 섭취 시 중독이 될 수도 있지요.

카페인은 개인에 따라 민감도가 매우 다르지만, 성인의 경우 보통 섭취 후 15분에서 2시간 사이에 영향이 최대치로 나타나고, 4~6시간이 지나면 반 정도가 분해되어 소변과 함께 나옵니다. 아이들은 카페인을 체내에서 분해하는 데 시간이 더 오래 걸리고, 몸 안에서 3~4일 동안 머물 수도 있습니다.

아이들이 카페인을 섭취할 경우 교감신경이 자극되어 흥분상태가 되므로 깊은 잠을 못 자게 됩니다. 깊이 잠들었을 때 분비되는 성장호르몬의 분비가 억제되어 성장에 방해가 될 수 있고, 밤에 충분한 잠을 자지 못하면 낮에 불안하거나 초조해져서 짜증을 많이 내기도 하지요. 교감신경이 자극되면 신장 혈관이 확장되고 소변 배출이 많아져서 탈수증상이 나타나는 경우도 있습니다.

식약처에서 제시하는 안전한 카페인 섭취기준은 성인의 경우 1일 400㎎, 임산부는 300㎎이고, 아이들의 경우 체중 ㎏당 2.5㎎ 이하입니다. 예를 들어, 20kg의 아이라면 50mg인 것이지요. 50mg이면 믹스 커피 2/3잔 정도에 들어 있는 카페인 양입니다.

우리 아이는 커피를 안 먹으니까 안심해도 되는 것일까요? 커피 맛 아이스크림은 어떨까요? 붕어빵에 붕어가 없듯이 커피 맛 아이스크림에도 커피가 없으면 좋을 텐데 여기엔 커피가 들어 있네요. 그런데 이게 끝이 아닙니다. 우리 아이들이 잘 먹는 콜라, 코코아, 초콜릿에도 카페인이 들어 있습니다. 만약 20kg 아이가 콜라 한 잔과 커피 맛 아이스크림 한 개를 먹는다면 적정 카페인 양을 넘어서는 것입니다. 카페인은 생각보다 가까이에 있습니다.

식품 라벨을 잘 살펴서 카페인 함유 여부 및 양을 확인하도록 하고, 특히 오후 4시 이후 간식 메뉴에 탄산음료나 초콜릿은 제외해 주세요.

김치는 언제부터 먹여도 되나요?

Q:

"얼마 전 돌이 지났는데 배추김치 먹여도 되나요? 깍두기는 언제부터 먹을 수 있을까요?"

A:

아이가 돌이 지나면 밥과 반찬이 주식이 되고 어른이 먹는 음식은 대부분 먹을 수 있습니다. 생채소도 먹을 수 있지요. 그러므로 이때부터 김치를 먹일 수 있습니다. 다만 아직은 고춧가루를 넣지 않은 백김치로 시작합니다. 파프리카를 이용한 안 매운 깍두기를 먹일 수도 있습니다.

두 돌이 지나면 일반 배추김치도 시도해 봅니다. 처음에는 고춧가루를 깨끗이 씻어서 먹입니다. 그래도 매워하면 생수에 잠시 담가 두었다가 매운맛이 좀 빠져나가게 한 뒤 먹입니다.

세 돌이 지나면 고춧가루가 들어간 음식도 잘 먹게 됩니다. 그러면 고춧가루를 씻지 않은 김치도 조금씩 먹여 봅니다. 간혹 김치를 먹고 설사를 하는 아이도 있는데, 그러면 먹는 시기를 미루어야 합니다.

아이들은 달고 부드러운 음식을 좋아하는데, 김치는 달지도 않고 부드럽지도 않습니다. 제일 싫어하는 음식이 김치인 이유이지요. 김치 잘 먹는 아이로 키우고 싶다면 유아기부터 맛을 익혀 주는 것이 좋습니다.

◇ 파프리카를 이용한 안 매운 깍두기 만들기 ◇

재료: 무 반 개(700g 정도), 홍파프리카 1개, 마늘 1큰술, 밥 2큰술, 설탕 3큰술, 굵은 소금 1큰술, 물 200㎖, 고춧가루 반 큰술(안 넣어도 됨), 까나리액젓 5큰술

1. 무는 잘게 잘라 주세요(사방 0.5~1㎝ 정도).

2. 굵은 소금 1큰술과 설탕 1큰술을 넣어 버무린 후 30분 정도 절여 주세요.

3. 양념장 만들기: 믹서기에 홍파프리카 1개, 밥 2큰술, 물 200㎖를 넣어 곱게 갈아 주세요.

4. 절인 무는 씻을 필요 없이 물만 버립니다.

5. 절인 무에 양념장과 나머지 양념들, 고춧가루 반 큰술을 넣어서 잘 버무려 주세요(고춧가루는 안 넣어도 됩니다).

6. 하루 정도 실온에 두어 익힌 후 냉장 보관합니다.

패스트푸드,
정말 먹이면 안 되나요?

Q:

"5살 우리 아이가 제일 좋아하는 음식은 치킨이고, 두 번째는 피자입니다. 밥을 잘 안 먹으려고 하는데, 굶는 것보다는 이거라도 먹는 게 낫지 않을까요?"

A:

하도 아이가 안 먹다 보면 굶는 것보다는 '패스트푸드'라도 먹는 모습을 보는 게 마음이 편합니다. 그리고 햄버거와 피자를 가만 들여다보면 그리 나쁜 음식처럼 보이지도 않지요. 밥 대신 빵을 먹는 것이고, 고기나 치즈를 통해 단백질도 먹을 수 있고(요즘 햄버거에는 한우가 들어 있고, 피자에는 스테이크 고기나 새우가 통으로 들어 있는 것도 있으니까요), 애들이 지긋지긋하게 안 먹는 채소도 들어 있습니다. 게다가 해당 제품 광고를 보면 늘 행복하게 먹는 가족의 모습이 그려지고 있지요. 나쁜 엄마, 아빠가 패스트푸드를 사 주는 게 아니란 말이지요.

'패스트푸드'란 '주문하면 즉시 완성되어 나오는 식품'입니다. 예로 많이 드는 것은 햄버거와 피자, 치킨입니다. 우리가 먹는 많은 식품들을 점점 '패스트(fast)'하게 먹을 수 있게 되는 요즈음, 단순히 주문하고 금방 나온다는 기준만으로 패스트푸드를 정의하기는 좀 애매합니다. 그것보다는 패스트푸드의 대표인 햄버거, 피자, 치킨, 감자튀김 등이 왜 나쁜지 이유를 정리해 보면서 굶는 것보다 낫지 않음을 알려 드리고자 합니다. 이유는 크게 두 가지로 나뉩니다.

첫째, 달고 짜고 기름집니다. 그야말로 마의 3종 세트이지요. 아이들에게 이 3종 세트가 나쁘다는 것은 굳이 설명을 안 해도 모두 잘 아실 테니, 왜 나쁜지는 굳이 말씀드리지 않겠습니다. 다만 몇 가지 패스트푸드가 얼마나 달고 짜고 기름진가(나쁜 기름이 많은)에 대해서만 살펴보지요.

양념치킨 3조각(300g)은 850kcal이고, 약 25g의 당이 들어 있습니다. 치즈치킨 3조각에는 WHO 권장 1일 소금 섭취량인 5g의 소금이 들어 있습니다. 햄버거 1개의 열량은 대략 510kcal로 이 중 지방이 27g, 소금은 2.5g이 들어 있습니다. 불고기피자 2조각은 500kcal인데 이 중 지방이 15g, 소금은 1g이 들어 있습니다.

그리고 햄버거, 피자, 치킨을 먹을 때는 대부분 탄산음료와 함께 먹습니다. 추가되는 당은 덤입니다.

둘째, 꼭 필요한 영양소는 부족합니다. 채소가 부족하니 비타민과 무기질이 부족할 수밖에 없습니다. 햄버거 안에 양파와 양상추가 들어 있지 않냐고요? 네, 물론 들어 있기는 합니다. 그런데 얼마나 들어 있나요?

햄버거 한 개를 먹으면 우리가 섭취할 수 있는 열량은 약 500㎉ 정도가 됩니다. 여기서 먹을 수 있는 채소는 양상추 30g 정도, 피클 2조각 정도입니다. 피자 2조각을 보면 피망 1/3개, 블랙올리브 2개, 양송이버섯 1개, 토마토 1/3개 정도가 들어 있지요. 치킨은 함께 먹는 치킨무 정도로 채소를 섭취하게 될까요? 같은 500㎉를 밥과 반찬으로 먹게 되면 적어도 2접시의 채소를 먹게 되므로 채소 양에서 현저한 차이가 납니다.

열량은 높은데 필수영양소는 부족한 식품을 통틀어 '정크푸드(쓰레기 음식)'라고 합니다. 앞서 말한 패스트푸드들은 어떤가요? 기름져서 열량은 높고, 채소가 부족하여 비타민과 무기질이 부족하지 않나요? 그럼 혹시 정크푸드(쓰레기 음식)인가요? 다시 맨 앞줄에 쓴 문장을 바꾸어서 말해 볼까요?

하도 아이가 안 먹다 보면 굶는 것보다는 '정크푸드'라도 먹는 모습을 보는 게 마음이 편합니다.

정말 그런가요? 아니지요. 지금까지 '패스트푸드'가 '정크푸드'라는 생각을 못한 것이지요.

패스트푸드에 대한 몇 가지 연구 결과를 소개합니다.

- 미국 오하이오 주립대학교에서 초등학생 11,740명을 대상으로 조사한 결과 패스트푸드를 자주 먹는 아이는 그렇지 않은 아이에 비해 학교 성적이 떨어짐(2014년)
- 단국대병원에서 초등학생 16,831명을 대상으로 평상시 식습관과 ADHD 증상의 연관성을 분석한 결과, 패스트푸드, 청량음료, 라면 등을 자주 먹는 아이일수록 ADHD 위험이 큼(2016년)

아이들이(사실 어른들도) 달달하고, 짭짤하고, 고소한 패스트푸드를 좋아하는 것은 당연합니다. 문제는 이런 패스트푸드를 먹다 보면 상대적으로 덜 달고, 덜 짭짤하고, 덜 고소한 다른 음식은 맛이 없다고 느끼게 되는 것입니다. 그러다 보니 점점 더 패스트푸드를 먹는 빈도가 늘어나고, 스스로 멈출 수 없는 '중독'에 이르는 것이지요. 《아이의 완벽한 식생활》의 저자 박태균 기자는 "패스트푸드가 허약한 뚱보를 만든다."라고 표현했는데, 적절한 표현이라는 생각이 듭니다.

요즘 같은 시대에 패스트푸드를 안 먹을 수는 없을 것입니다만, 조금이라도 줄여 보려는 노력은 해야 하지 않을까요?

1. 가족 모두 정크푸드를 줄여 주세요.

정크푸드는 아이뿐 아니라 어른에게도 해롭습니다. 다 함께 줄이려는 노력을 해 주세요.

2. 스페셜 데이나 주기를 정해 주세요.

가족 행사와 같은 스페셜 데이나 지금 아이가 먹고 있는 주기를 고려하여 주 1회 또는 월 1회로 먹는 주기를 정해 주세요.

3. 음식과 함께 제공되는 소스, 드레싱은 가급적 먹이지 마세요.

감자튀김과 함께 오는 케첩, 피자와 함께 오는 디핑 소스, 치킨과 함께 오는 각종 소스류는 가뜩이나 달고 짠 패스트푸드를 더 달고 더 짜게 만듭니다. 아이의 미각은 점점 더 둔해집니다. 습관처럼 먹이고 있는 것이 있다면 하나씩 빼 주세요.

4. 탄산음료 대신 물이나 우유 등으로 바꿔 주세요.

콜라 1캔에 들어 있는 설탕의 양은 27g으로, 가공식품을 통한 유아 하루 당류 섭취기준량(35g)의 70%에 육박하는 양입니다. 이미 패스트푸드 안에 설탕이 많이 들어 있는데 탄산음료까지 마시면 당 폭탄이 됩니다. 콜라 같은 탄산음료 대신 물이나 우유로 바꿔 주세요.

5. 채소나 과일 등을 휴대용 그릇에 담아 가서 함께 먹여 주세요.

번거로운 일이지만, 그나마 부족한 영양소를 보충할 수 있습니다.

너무 많이 먹는데 괜찮을까요?

Q:

"세 돌이 갓 지난 우리 아이는 통통한 편입니다. 잘 먹어서 예쁘기는 한데 너무 많이 먹는 건 아닌지 모르겠네요. 달라는 대로 주면 밥 두 공기도 뚝딱입니다. 그만 먹으라고 할 수도 없고 어쩌지요?"

A:

유아기 아이들의 먹거리 문제 대부분은 잘 안 먹는 것입니다. 보통은 밥을 안 먹고, 채소를 안 먹고, 생선을 안 먹고, 돌아다니느라 안 먹고, 씹지 못해 안 먹는 등의 문제이지요. 지겹게도 안 먹는 아이의 엄마가 보기에는 너무 많이 먹는다는 불평이 복에 겨운 소리 같아 보이지만, 사실 너무 많이 먹는 아이를 보는 것도 걱정되기는 마찬가지입니다. 오히려 먹고 싶어 하는 것을 못 먹게 하는 그 마음이 더 안타까울 수 있지요.

국민건강보험공단이 발간한 〈2017 비만백서〉에 따르면, 2016년 수검자 중 54~60개월의 비만율은 6.57%, 66~71개월의 비만율은 7.68%이었습니다. 100명 중 6~7명이 비만이라는 것이지요. 실제로 어린이집에 가서 보아도 한 반에 한두 명 정도는 통통한 아이들이 있는 듯합니다.

비만의 가장 대표적인 원인은 과식입니다. 과식의 내용이 밥 위주인 식사일 수도 있고, 간식일 수도 있긴 하지만 대체적으로 많이 먹습니다. 그 양을 살펴보면 어른 먹는 양만큼, 아니 그 이상을 먹는 경우도 있습니다. 제 나이에 필요한 양보다 훨씬 많이 먹었음에도 왜 먹는 것을 멈추지 않을까요?

몇 년 전 EBS 다큐프라임 〈아이의 밥상〉 제작팀이 재미있는 실험을 한 적이 있습니다. 경기도의 한 유치원 6~7세 아이들에게 쇠고기볶음밥을 주었습니다. 첫날은 120g을 주었고, 그다음 날은 똑같은 쇠고기볶음밥을 180g 주었습니다. 전날보다 무려 1.5배가 많은 양이었음에도 불구하고, 아이들은 먹는 시간이 조금 더 걸렸을 뿐 “어제처럼 배불렀다.”라고 하면서 차이를 못 느꼈습니다. 아이들에게 1인분은 쌀의 절대적인 양보다 그냥 ‘한 그릇’이었던 것입니다. 이 결과에 대해서 코넬대학교 소비자행동학과 브라이언 완싱크(Brian Wansink)

교수는 우리 앞에 차려진 양이 먹기에 가장 적당한 양이라고 설명하였습니다.

돌 전 아기들은 마치 몸 안에 1인분 양을 재는 측량기가 있는 듯이 필요한 양을 먹으면 그만 먹습니다. 사실 아기들의 뱃구레가 작기 때문이지요. 그런데 성장하면서, 즉 뱃구레가 커지면서 이 측량기는 점점 무뎌집니다. 무뎌지는 시기는 대략 만 3세인데, 통통한 아이들이 보이기 시작하는 때도 이 무렵입니다. 이 측량기는 왜 무뎌지는 걸까요?

뱃구레가 작았을 때는 하는 수없이 본인의 양이 정해져 있어서 웬만해서는 과식을 하기가 어렵습니다. 오히려 이때는 뱃구레를 어느 정도 늘려서 수유 시간을 늘리는 것이 중요한 시기이지요. 그런데 뱃구레가 커지면서 여러 주변 환경에 영향을 받게 됩니다.

우리 아이들이 한창 자라나는 만 3세 무렵, 대부분의 부모는 먹는 것이 중요하다는 것을 알기 때문에 아이에게 잘 먹으라고 강요합니다. 아이가 미숙아로 태어났거나 다른 아이들보다 좀 작다고 생각되면 더더욱 그러하지요. 먹을 것을 남기지 말라는 교육으로 어떤 양이 주어지든 다 먹게 되고, 위는 조금씩 커져 갑니다. 아이가 본인의 측량기를 무디게 할 수 있는 '무조건 남기지 않고 다 먹기'나 '음식을 상이나 벌로 제공하기' 등은 하지 말아야 합니다.

지금처럼 통통해진 것이 고민이 되기 전에는 아마도 먹는 모습이 뿌듯하여 잘 먹을 때마다 칭찬을 아끼지 않았을 것입니다. 아이는 내부에서 들려오는 배부름의 신호보다 부모님의 칭찬이 주는 외부 신호에 더 자극을 받아서 계속 먹는 것을 선택했을 것입니다.

지금 예쁘게 통통한 아이는 초등학교에 들어가면서 '소아 비만'이 될 수 있습니다. 아이가 많이 힘들지 않게 먹는 양을 조금씩 줄일 수 있도록 도와주어야 합니다. 아이에게 원 푸드 다이어트나 간헐적 단식을 시킬 수는 없지 않습니까?

아이가 먹는 양을 조금씩 줄일 수 있는 몇 가지 방법을 알려 드립니다.

1. 식사할 때 영상을 보지 않게 해 주세요.

밥을 너무 안 먹는 아이에게 영상을 보여 주기도 합니다. 영상에 정신이 팔려 있을 때 한 숟가락이라도 더 먹일 수 있을까 하는 마음에서지요.

밥을 많이 먹는 아이에게 영상을 보여 주기도 합니다. 너무 밥 먹는 것에 집중해서 빨리 먹는 것을 조금 막아 볼까 하는 마음에서지요.

둘 다 안 됩니다. 지금은 잠시 효과가 있는 듯이 보여도 궁극적으로는 밥을 더욱 안 먹게, 그리고 밥을 더욱 많이 먹게 하는 괴이한 결과를 보이게 됩니다.

아까 잠시 소개했던 EBS 다큐프라임 〈아이의 밥상〉 제작팀이 또 다른 실험을 한 것이 있습니다. 초등학교 3학년 아이 세 명에게 피자를 먹도록 하였는데, 한번은 좋아하는 TV 만화를 보면서 먹게 하고, 한번은 TV를 끄고 먹게 했습니다. 세 명 모두 TV를 켜 놓은 상태에서 더 많이 먹었습니다. 그런데도 포만감은 TV를 끄고 먹었을 때 더 느꼈습니다.

영상 시청은 과식을 유발합니다. 이 실험뿐 아니라 이미 많은 연구에서 밝혀진 과학적인 사실입니다.

2. 식사 전 약간의 채소나 과일을 먹어 보세요.

몇 년 전 '거꾸로 다이어트'가 유행한 적이 있습니다. 우리에게 후식으로 알려져 있는 과일을 먼저 먹고 채소 반찬, 고기반찬을 먹은 뒤 밥을 먹는 것이지요. 이렇게 되면 자연스럽게 밥 양이 줄게 됩니다. 이를 조금 응용해 볼까요?

아이의 식사 시간 전에 약간의 채소나 과일을 조금 먹입니다. 당근, 오이, 파프리카 스틱에서부터 사과, 배, 딸기와 같은 과일도 좋습니다. 그런 다음 식사를 하면 밥 양을 줄일 수 있겠지요.

3. 그릇의 크기를 조금 줄여 보세요.

그릇 크기가 커지면 더 많은 음식을 담게 됩니다. 작은 접시에 담으면 같은 양의 음식도 더 많아 보입니다(채소를 안 먹는 아이에게는 큰 접시에 채소를 조금 담으면 양이 더 적어 보이겠지요).

그릇의 크기를 줄여 주는 것이 좋습니다. 하지만 브라이언 완싱크

교수의 연구 결과에 따르면, 20% 정도의 차이는 알아차리지 못하지만 30%의 차이는 알아차린다고 하였습니다. 그러므로 그릇의 크기를 조금만(20% 정도) 줄여 주고, 먹는 양도 10% 정도씩 줄여 주는 것이 좋습니다. 대략 한 숟가락 정도로 아주 조금씩 줄여 거부감을 줄여야 합니다(안 먹는 아이에게 먹는 양을 늘릴 때도 이렇게 한 숟가락 또는 반 숟가락씩 늘리는 것이 좋습니다).

◇ 우리 아이는 잘 먹는데 몸무게가 안 늘어나요 ◇

아이들은 직선형으로 성장하지 않습니다. 계단형에 더 가깝습니다. 무럭무럭 자라다가도 어느 순간 멈춰 버린 것 같은 느낌이 드는 이유입니다. 특히 돌이 지나 걸음마를 하는 시기에는 체중이 잘 안 늘어나는 경우가 많습니다.

잘 먹고 있는 중이라면 걱정하지 않아도 됩니다. 다만 정말로 잘 먹고 있는지는 확인할 필요가 있습니다. 아이가 충분한 양의 단백질과 채소류를 먹고 있나요? 우유나 과일로 배를 채우고 있지는 않은지요? 정말로 제대로 잘 먹이고 있다면 잠시 정체기가 지난 후 체중도, 신장도 다시 늘어나야 합니다.

이미 짠맛에 길들여진 아이, 어쩌지요?

Q:

“어린이집 끝나고 저녁을 할머니와 함께 먹어서 그런지 ‘짠맛’이 없으면 아이가 밥을 안 먹어요. 밥을 잘 먹는다고 좋아했는데, 주말에 집에 와서 싱겁게 한 음식을 주면 먹지 않네요. 이미 짠맛에 길들여진 것 같아요.”

A:

나트륨을 많이 섭취하면 혈압이 올라가고, 뇌졸중과 위장병 발병 위험이 높아짐과 더불어 뼈 건강에 필수적인 칼슘의 배설도 촉진됩니다. 이미 짠맛에 길들여진 입맛을 하루아침에 되돌리기는 어렵겠지만, 나트륨 섭취량을 조금씩 줄여 나가면서 싱거운 입맛으로 돌아올 수 있도록 도와주어야 합니다. 몇 가지 방법을 알려 드립니다.

1. 국 먹는 날을 줄이고, 국물은 적게 줍니다.

식사 내용 중 국물에서 섭취하는 나트륨이 가장 많습니다. 국 먹는 날을 가능한 한 줄이고, 작은 국그릇을 이용하여 국물을 적게 줍니다. 그리고 국물에 밥을 말아 먹지 않도록 해 주세요. 국의 염도는 서서히 줄여 나가야 하는데, 염도계를 이용하면 편리합니다.

일부 어린이급식관리지원센터나 보건소에서 염도계를 가정에 대여해 주는 사업을 하는 곳도 있으니, 아이가 다니는 어린이집이 등록된 센터나 근처 보건소에 문의해 보세요.

2. 자반고등어 구이보다는 생고등어 구이를 줍니다.

짭짤함의 정도가 비슷하다는 전제하에 자반고등어를 구워 먹거나 고등어조림을 했을 때보다 생고등어를 구워 간장에 찍어 먹을 때 나트륨 섭취는 반으로 감소합니다.

3. 소금 대신 다른 양념이나 천연 조미료, 향신료를 사용합니다.

양념에 따라 나트륨의 함량이 다릅니다. 나트륨 400㎎을 기준으로 보았을 때 소금은 1/5작은술에 해당하는 1g입니다. 이에 비해 다른 양념들은 상대적으로 많은 양(양조간장 6.7g, 고추장 12.1g 등)을 사용할 수 있고 풍미도 낼 수 있습니다. 따라서 가급적 다양한 양념을 사용하는 것이 좋습니다.

멸치 가루, 다시마 가루, 북어 가루, 들깨 가루 등 천연 조미료를 사용하거나, 식초나 후추, 겨자 등의 향신료와 파, 마늘, 미나리나 쑥 등 향미 채소를 적극적으로 이용하면 소금을 적게 넣어도 맛을 살릴 수 있지요.

그리고 음식의 짠맛은 유지하면서 나트륨 함량은 줄인 저나트륨 소금이나 된장, 간장을 사용하는 것도 좋은 방법입니다. '덜', '감소' 등의 용어는 동일한 제품에서 나트륨 함량이 25% 이상 감소되어야 사용할 수 있습니다.

또 음식이 뜨거울 때는 짠맛을 덜 느끼게 되는 것 아시지요? 음식을 식힌 후에 최종 간을 해야 정확합니다.

4. 가공식품 구매 시 영양 성분표를 확인하여 나트륨이 적은 것으로 선택합니다.

예를 들어, 일반 토마토케첩과 무염 토마토케첩의 나트륨 함량이 2배 이상 차이가 납니다. 따라서 가공식품을 구매할 때는 영양 성분표를 확인하여 나트륨 양이 적은 것을 선택합니다.

5. 소스는 따로 주세요.

돈가스나 탕수육 등 소스와 함께 먹는 식품을 집에서 조리해 먹거나 식당에서 사 먹을 때 모두 소스는 따로 주세요. 소스에도 나트륨이 많이 들어 있는데, 부어 먹는 것보다 찍어 먹을 때 훨씬 적게 먹을 수 있습니다.

6. 나트륨 배출에 도움이 되는 식품을 먹여 주세요.

칼륨과 마그네슘이 풍부한 식품은 나트륨 배출에 도움이 됩니다. 바나나, 고구마, 토마토, 브로콜리 같은 채소류, 미역 같은 해조류 등에 칼륨과 마그네슘이 풍부하게 들어 있지요.

물을 안 먹어요

Q:

“날이 더운데 아이가 물을 안 먹어요. 뛰어놀아서 땀이 나는데도 물은 안 먹고 주스만 먹는데 괜찮을까요? 물은 맛이 없대요.”

A:

맞습니다. 물은 맛이 없습니다. 그래서 아이들이 별로 좋아하지 않습니다. 그럼 주스를 먹어도 괜찮을까요?

안 됩니다. 당분이 많이 들어 있는 과일음료나 탄산음료에는 물이 들어 있기는 하지만, 삼투압이 올라가서 세포에서 수분을 빼앗아 오히려 갈증을 일으킵니다. 당분의 과량 섭취로 인한 문제는 덤입니다.

주스를 먹어야 한다면 가능한 한 작은 컵에 소량만 주어야 합니다.

실제로 '유아 음용 실태 조사'(2014년, 아이디앤큐에서 발표)에 따르면, 유아 10명 중 8명이 수분 섭취량이 부족하다고 합니다.

수분은 몸 전체의 신진대사를 원활하게 하므로, 수분이 부족하면 피부건조증과 호흡기질환은 물론이고 혈액순환에도 영향을 미쳐서 두통, 집중력 저하, 기억력 감퇴 등을 유발할 수 있습니다. 신경이 예민해지고 짜증이 심해지기도 하지요.

아이가 수분을 적절하게 섭취하고 있는지는 소변 색을 보면 알 수 있습니다. 옅은 노란색 소변을 보는 것이 정상인데 진한 노란색이나 황갈색을 띤다면 수분이 부족한 것입니다. 물의 양을 조절해 주었는데도 색 변화가 없다면 다른 원인이 있을 수 있으므로 병원에서 검사를 받아 보는 것이 좋습니다.

아이들은 물을 얼마나 마셔야 할까요? 유아는 성인에 비해 체중 대비 수분이 더 많이 필요합니다. 왜냐하면, 성장하면서 세포의 분열과 확장에 많은 양의 수분이 필요하기 때문입니다. 만 1~2세는 1,100㎖, 3~5세는 1,500㎖, 6~11세는 1,700~2,100㎖이고, 그 이후 성인은 2L 이상입니다(2015 한국인 영양소 섭취기준, 한국영양학회). 이는 죽이나 과일 같은 음식을 통한 수분 섭취를 포함한 양이긴 합니다만, 그렇다 하더라도 물 같은 액체로 먹어야 하는 양은 적어도 1L 정도입니다.

어른도 챙겨 먹기 어려운 물, 아이에게 어떻게 하면 잘 마시게 할 수 있을까요?

1. 아이가 좋아할 만한 모양의 물병에 물을 담아서 잘 보이는 곳에 두세요.

눈에 보여야 먹을 수 있습니다. 놀이를 하다가도 잠시 옆에 있는 물병을 주며 한 모금만 마시라고 이야기해 주세요. 이왕이면 만지고 싶은 물병이 좋겠지요?

2. 맹물 대신 보리차나 옥수수차를 주세요.

아무런 맛이 없는 맹물은 성인도 싫어합니다. 구수한 보리차나 옥수수차를 주세요. 아이용으로 나온 것들이 많이 있습니다. 주스만 찾는 아이라면 서서히 당분이 적은 것으로 옮겨 가야 합니다. 처음부터 주스 대신 물을 먹으라고 하면 안 먹을 것이 분명하므로, 설탕을 첨가하지 않은 생과일주스나 상대적으로 당분이 적은 이온 음료로 바꾸는 것도 좋습니다. 그러면서도 물은 조금씩이라도 계속 먹여 주어야 합니다.

3. 물은 맛있어서 먹는 것이 아니라 습관으로 먹어야 합니다.

아이는 스스로 목이 마르다고 알아서 물을 먹지 않습니다. 물 마시는 시간을 정해 주어 습관을 들여 주어야 합니다.

- 일어나서 '물 한 잔'(밤 동안에 쌓인 노폐물을 배출해 주는 데 좋아요)
- 잠들기 전 '물 한 잔'(피부 건강과 숙면에 효과적이에요)

• 한 시간에 한 번씩 '물 한 잔'

'물 한 잔'이 얼마큼이냐고요? '물 한 잔'을 먹이는 것이 쉽지 않다고요? '한 모금'부터 시작하면 됩니다. 굳이 양(㎖)을 얘기해 보라 하신다면, 15㎖(밥숟가락으로 하나) 정도부터 시작해 봅니다. 그러면서 50~100㎖로 천천히 늘리면 됩니다. 한 번에 많은 양의 물을 먹는 것은 오히려 권하지 않습니다. 조금씩 나누어 마시는 것이 좋습니다.

단 식사 중에는 물을 많이 마시는 것이 좋지 않습니다. 위액을 묽게 하여 소화를 방해합니다.

◇ 우리 아이 소변은 무색이에요 ◇

체내 수분량이 기준치 이상으로 많아 나트륨이 부족하여 구토나 현기증을 일으킬 수도 있습니다. 물 먹는 양을 확인해 주세요.

전자레인지, 사용해도 괜찮은가요?

Q:

"이유식을 비롯하여 많은 음식들을 전자레인지에 데워 먹이고 있어요. 그런데 인터넷을 보니 전자레인지에 데운 음식을 먹으면 콜레스테롤이 증가하거나 면역력이 약화된다는 등의 말들이 많던데, 아이에게 먹여도 되는 걸까요?"

A:

가정에서 가장 빈번하게 사용하는 가전제품 중 하나가 바로 전자레인지일 것입니다. 그럼에도 불구하고 몇 년 전 육아 관련 카페를 중심으로 이슈가 되었고, 최근까지도 전자레인지를 계속 사용해도 되는지에 대한 의문이 사라지지 않고 있습니다.

《맛의 원리》 등 다수의 식품 분야 정보 관련 책을 쓴 최낙언 씨의 저서 《식품에 대한 합리적인 생각법》을 보면 전자레인지의 장단점이 상세하게 나와 있습니다. 인터넷을 떠도는 각종 의문을 해소해 주기에 충분하므로 이를 간략하게 소개하고, 전자레인지 사용 시 주의 사항 몇 가지를 덧붙여 말씀드리도록 하겠습니다.

음식을 가열하는 원리는 여러 가지가 있지만, 대표적인 것이 '전도'와 '대류'입니다. 가스 열이나 연탄불로 용기를 가열하면 뜨거워진 용기의 열이 음식물로 '전도'되는 것과, 오븐 안의 공기를 뜨겁게 하여 '대류' 열로 음식물을 익히는 것이지요.

전자레인지는 좀 다릅니다. 전자레인지 안에 있는 '마그네트론'이라는 장치에서 나오는 '마이크로파(Microwave)'를 이용하여 음식물을 데웁니다. 그래서 전자레인지는 영어로 'Microwave Oven'인 것입니다. '마이크로파'는 자외선이나 가시광선, 적외선보다도 진동이 적은 안전한 파장입니다.

이 안전한 파장인 '마이크로파'는 묘한 특징이 있는데, 음식물 속의 물 분자와 공명(共鳴)을 합니다. 공명은 고유 진동수가 비슷한 것이 만나서 에너지를 주고받으며 엄청난 진동을 일으키는 것입니다. 물은 마이크로파의 진동에 맞추어 심하게 요동치고 회전하며 주변의 분자와 충돌하게 되어 음식물의 온도를 높이게 되지요.

전자레인지는 마이크로파가 식품의 2~3㎝ 안으로 침투하게 하여 안에 있는 수분을 가열시킵니다. 수분을 통해 온도를 올리다 보니 100℃ 이상 올라가기 어려워서, 고온에서 고기를 구울 때 생기는 벤조피렌이나 아크릴아미드 같은 위험물질도 만들어지지 않습니다. 예열도 필요 없고 음식에 직접 열을 전달하므로 열손실이 없는 친환경 조리 기구이고, 타이머 방식이라 음식을 태우거나 화재의 위험도 적습니다.

그러나 안전성은 최고일지 몰라도 최고의 요리 기구는 아닙니다. 겉면을 고온으로 가열하여 익힌 바삭함이나 로스팅 향은 기대할 수 없습니다. 속부터 익히기 때문에 얼마나 익었는지 육안으로 확인하기 어렵습니다. 전자레인지는 마이크로파와 공명하는 분자만 온도를 높이므로 부분적으로 가열되기도 합니다. 예를 들어, 건포도가 박힌 머핀의 경우 머핀은 미지근해도 건포도만 엄청 뜨거울 수 있고, 식품에 뾰족한 부분이 있으면 마이크로파가 집중되어 먼저 탈 수도 있지요.

짧은 조리 시간은 장점일 수 있지만, 너무 짧아서 맛이 없는 경우도 있습니다. 고구마의 경우 전분을 당으로 만들어 주는 아밀라아제라는 효소가 잘 활동할 수 있도록 50℃를 충분히 유지시켜 주어야 맛이 있는데, 전자레인지를 사용하면 너무 순식간에 이 온도가 지나 버려 효소를 파괴해 버립니다.

이러한 장단점을 바탕으로, 다음의 주의 사항 몇 가지를 지켜서 전자레인지를 효율적으로 잘 사용하길 바랍니다.

1. 용기를 잘 선택해야 합니다.

알루미늄호일이나 금속제 그릇, 컵라면에 많이 사용되는 스티로폼류(폴리스타이렌)는 안 됩니다. 마이크로파는 금속 재질의 용기를 투과하지 못하므로 음식이 데워지지 않고, 금속에 부딪혀 튕겨 나오면서 불꽃이 일어날 수도 있습니다. 컵라면 뚜껑의 은박도 위험합니다. 그릇 테두리의 작은 금속 장식도 주의해서 살펴보아야 합니다.

플라스틱 용기도 안 됩니다. 일회용 플라스틱 용기는 녹아내리면서 유해 물질을 발생시킵니다. 간혹 녹아내리지 않는 플라스틱 용기라 할지라도 전자레인지용이 아니면 유해 물질이 나올 수 있으므로 주의합니다.

뚜껑을 닫은 병 음료를 넣고 전자레인지에 돌리면 압력을 견디지 못하고 터질 수 있으므로 컵에 옮겨서 데워야 합니다. 그럼 뚜껑만 열고 돌리면 안 되냐고요? 일반 병 음료의 경우 균열이 생길 수도 있습니다.

전자레인지에 사용 가능한 용기는 도자기류, 종이컵입니다. 강화유리와 플라스틱 중에 PP(폴리프로필렌)와 PE(폴리에틸렌)이라고 표시되어 있는 것은 사용할 수 있는데, 외우기 어렵다면 전자레인지 용기라고 명시되어 있거나, 다음의 마크가 표시되어 있는지 확인하면 됩니다.

전자렌지

2. 조리하면 안 되는 식품도 있습니다.

껍질이 있는 식품은 안 됩니다. 예를 들어, 밤, 달걀 같은 것이지요. 마이크로파가 식품 내부의 물 분자를 진동시키는데 수증기가 생기면서 압력이 올라가면 터질 수 있습니다. 꼭 조리해야 한다면 구멍이나 칼집을 내 주거나, 껍질을 제거해야 합니다. 껍질로 둘러싸인 과일(사과, 배 등)도 껍질째 전자레인지에 돌리면 터질 수 있으므로 주의하세요.

또 전자레인지에 매운 고추를 넣어 가열하면 캡사이신 등 매운 성분이 증발하면서 전자레인지 문을 열 때 고통스러울 수 있습니다.

3. 조리 시 주의할 점이 있습니다.

랩으로 감쌀 경우 랩의 가소제(유연성을 높이는 첨가제)가 식품에 닿을 수 있으므로 음식물에 닿지 않도록 주의합니다. 밀봉되어 있는 식품은 터질 수 있으므로 포장이나 뚜껑을 살짝 열고 가열합니다.

4. 아무 음식도 안 넣고 돌리면 안 됩니다.

전자레인지에서 방출하는 마이크로파가 음식에 흡수되어야 하는데, 아무것도 없으니까 기계로 흡수되어 기계 자체에 고장을 일으킬 수 있습니다.

5. 전자레인지 작동 중에는 30cm 이상 떨어져 사용합니다.

국립전파연구소가 가정 내 주요 전자제품 36종에서 나오는 전자파 수치를 측정한 결과, 모두 인체 보호 기준치보다 낮았습니다. 그러나 전자파는 거리가 멀어질수록 급격하게 영향력이 낮아지므로 안전거리(30cm)를 준수하는 것이 좋습니다. 전자레인지 앞 투시창에는 전자파가 반사되도록 금속망을 설치해 놓아서 허용치 이상의 전자파가 나오지는 않지만, 일부러 앞에 서 있지 않는 것이 좋습니다. 사람의 눈은 민감하고 약하기도 하고, 음식물이 터질 위험도 있기 때문이지요.

전자레인지 괴담에 대해 2012년 〈이영돈 PD의 먹거리 X파일〉 프로그램 8회분에서 다양한 실험을 하였습니다. 전자레인지로 데운 물로 식물을 키우거나, 채소를 데치고, 우유를 데우는 등 음식물을 조리하여 영양소를 분석한 것이지요. 결과는 영양소 파괴나 유해한 영향이 보이지 않았습니다.

저도 한 가지 실험을 해 보았습니다. 카네이션을 사다가 수돗물과 전자레인지로 데운 물(물론 식혀서 넣었습니다)에 담가 놓는 실험을 해 보았습니다. 결과는 어땠을까요? 일주일 동안 지켜보았는데, 전자레인지로 데운 물의 카네이션이 수돗물의 카네이션과 비슷하거나 오히려 더 오래 싱싱함을 유지했습니다. 전자레인지를 계속 사용해도 될 것 같습니다.

껌을 씹으면 충치가 예방되나요?

Q:

"자일리톨이 충치를 예방한다고 하던데, 아이가 자일리톨이 들어 있는 껌을 씹으면 충치가 예방되나요?"

A:

자일리톨(Xylitol)은 딸기와 시금치 등에 들어 있는 당알코올입니다. 설탕과 비슷한 단맛을 내는 천연 감미료로, 칼로리는 설탕보다 30% 정도 낮습니다.

충치는 원인균인 '무탄스균'이 당을 이용해서 '산'을 만들고, 그 산에 의해서 치아가 녹는 것입니다. 그런데 충치균은 자일리톨을 이용해서 '산'을 만들 수 없습니다. 자일리톨을 가져오려고 애쓰다가 균수 자체도 줄어듭니다. 충치예방 효과의 이유입니다.

그러나 자일리톨 껌으로 충치예방 효과를 보려면, 성인 기준으로 하루에 12~28개(10~25g)를 씹어야 합니다. 2~3개 소량으로는 충치예방 효과가 없습니다. 식약처는 2008년부터 자일리톨 껌이 일반 식품인데도 예외적으로 '충치예방'이라는 표현을 사용하도록 하였었지만, 감사원의 지적으로 2017년 2월부터 자일리톨 껌에 '충치예방'이라는 표현을 사용하지 못하도록 하였습니다.

오히려 껌을 씹음으로써 얻을 수 있는 효과는 씹는 기능 강화, 타액과 소화액 분비 촉진, 불안감 해소, 뇌 기능 활성화 등이 있습니다. 잘 씹지 못하는 아이의 경우 껌 씹기를 통해 씹는 연습을 하는 것도 좋습니다.

◇ 껌 씹다가 삼켰는데 괜찮은가요? ◇

껌을 삼키면, 위와 장에서 일부 성분을 제외하고 분해된 후 대변으로 배출됩니다. 소량의 껌은 문제가 되지 않습니다. 그런데 껌의 양이 많고 자주 삼키게 되면 소화 기능이 약한 어린이들은 껌이 장내에 머물면서 복통을 일으키기도 합니다. 어렸을 적에 들었던 괴담처럼 장기에 달라붙거나 크게 덩어리가 생기는 것은 아니지만, 가능하면 삼키지 않는 것이 좋습니다. 그리고 껌은 대표적인 가공식품으로 각종 첨가물이 들어 있습니다. 득이 될 것은 없겠지요.

단 껌과 관련하여 주의 사항이 있습니다.

1. 둥근 껌의 경우 그대로 목구멍에 걸리면 질식의 위험이 있습니다.

2. 껌을 씹다가 잠들면 질식할 가능성도 있고, 폐로 들어갈 수 있어 매우 위험합니다.

3. 물놀이할 때 껌을 씹으면 안 됩니다. 물에 빠져 허우적대는 과정 중에 기도로 들어갈 수 있기 때문입니다.

· 3부 ·

특별한 아이를 더 건강하게 키우는 방법

식품알레르기부터 영양제까지
식품영양 솔루션

1장

우리 아이에게 식품알레르기가 있다면

우리 아이는 식품알레르기일까요?

Q:

"이유식을 먹고 나서 목이랑 등, 엉덩이 쪽이 빨갛게 올라왔는데, 식품알레르기일까요?"

A:

식품알레르기인지, 아니면 다른 원인으로 인한 피부 증상인지 구분하는 방법은 지금 나타난 증상이 특정 식품을 먹었을 때마다 반복적으로 나타난 것인지를 확인하는 것입니다.

식품알레르기란 면역학적 과민반응입니다. 쉽게 풀어서 말하면 이렇습니다.

정상적인 면역반응이 일어나는 상황에서는 병원균이 우리 몸에 들어오면 적으로 인지합니다. 병원균과 싸우기 위한 항체가 만들어져서 자연적으로 치유가 되거나, 항체가 제대로 못 만들어지면 싸우지 못하니 그 병원균 때문에 아프게 되지요. 반면 식품이 우리 몸에 들어오면 적으로 인지하지 않으므로, 아무 반응도 나타나지 않습니다.

그러나 면역학적 과민반응 상황에서는, 몸의 면역체계가 식품 속 단백질 성분을 적으로 인지하고 항체를 만들어 내어 다양한 증상을 일으키게 됩니다. 그 증상은 해당 식품을 먹었을 때마다 반복적으로 나타나게 되므로, 지금 나타난 증상이 특정 식품을 먹었을 때마다 나타난 것인지를 확인하는 것이 중요합니다.

그리고 식품알레르기의 증상으로는 두드러기나 아토피피부염과 같은 피부 증상도 있지만, 구토, 설사, 복통과 같은 위장관 증상도 있습니다. 천식이나 비염 같은 호흡기 증상도 있고요. 심한 경우 죽을 수도 있는 전신반응인 '아나필락시스'라는 것도 있습니다.

반응 시간도 다양한데, 음식을 먹고 몇 분 후에 나타나기도 하고, 수일 후에 나타나는 지연반응도 있습니다. 아이가 어렸을 때는 식사일기를 적는 것이 여러모로 도움이 됩니다. 식품알레르기는 소아에게서 잘 나타나고, 전염성은 없습니다.

식품알레르기인지는 어떻게 확인하나요?

Q:

"아이가 돼지고기를 먹으면 두드러기가 나는 것 같습니다. 그럼 돼지고기 알레르기가 맞나요?"

A:

식품알레르기 관리의 기본은 정확한 진단입니다. 정확한 진단을 위한 몇 가지 방법이 있습니다.

1. 식품을 먹고 난 후에 나타난 증상을 봅니다.

특정 식품을 먹은 후 나타난 명백한 증상은 식품알레르기로 진단하는 데 가장 간단하고 확실한 방법입니다. 그러나 계란이나 우유알레르기는 점점 없어지는 경우가 많으므로 1~2년 후에 재검사를 하는 것이 좋습니다.

2. 식품을 직접 먹어 보고 반응을 관찰합니다.

가장 믿을 수 있는 방법이긴 하지만, 반드시 전문가의 관찰하에 식품을 먹어 보아야 합니다.

3. 혈액검사를 합니다.

특정 식품과 반응하는 혈액 내 항체를 측정하는 방법입니다. 그런데 간혹 혈액검사에서 양성반응을 보였지만 실제로 해당 식품을 먹고 증상이 안 나타나기도 하고, 증상은 나타나지만 양성반응을 보이지 않는 경우도 있습니다. 증상이 없고 검사상으로만 양성이 나온 경우는 일단 식품알레르기로 진단하지 않으며, 식품 섭취가 가능합니다. 반대로 양성반응을 보이지 않아도 증상이 나타나면 일단 섭취를 제한합니다.

4. 피부반응검사를 합니다.

원인 식품 단백질을 피부에 자극하여 양성을 확인하는 방법입니다. 검사 결과와 실제 해당 식품 섭취 후 반응은 혈액검사처럼 다를 수 있습니다.

아이가 특정 식품을 먹고 두드러기가 나는 것 같다면 일단 알레르기 전문의를 찾아가서 검사를 꼭 해 보세요. 그리고 6개월~1년마다 한 번씩 정기적으로 검사를 받는 것이 좋습니다. 식품알레르기는 정확하게 진단하고, 제대로 관리해야 합니다.

음식은 어떻게 신경 써야 하나요?

Q:

"우리 아이는 식품알레르기가 있습니다. 음식 조절은 어떻게 해야 하나요?"

A:

식품알레르기 식사 관리의 기본 원칙은 제거식과 대체식입니다. 알레르기는 아주 적은 양으로도 증상이 발현될 수 있으므로 철저하게 제한을 하되, 제한하는 음식으로 인해 부족할 수 있는 영양소는 대체식품으로 보충하는 것이지요.

원인 식품 몇 가지와 그에 따른 대체 식품을 다음 표에 정리해 보았습니다.

원인 식품	대체 식품	주의 사항
우유	두유, 단백질 가수분해 우유	칼슘 섭취 부족 주의
계란	두부, 육류, 어류 등 단백질식품	계란이 함유되어 있는 빵, 과자, 전류 주의
밀	감자, 고구마, 쌀 등 글루텐이 들어 있지 않은 곡류	가공식품 주의
대두	육류, 어류, 계란 등 단백질식품	된장, 간장, 콩가루, 콩기름 등
복숭아, 토마토와 같은 과일	알레르기 반응이 없는 다른 과일	다른 과일류와 교차반응 주의
견과류	알레르기 반응이 없는 다른 견과류	다른 견과류와 교차반응 주의
생선류	두부, 달걀, 육류 등 단백질식품	다른 생선과 교차반응 주의

그리고 음식 조리 시 조리 기구는 가족의 것과 함께 사용하지 말고 가급적 어린이 전용 도구를 준비하여 사용합니다. 가족의 음식과 함께 준비할 경우 밀가루나 우유 등이 튀어서 묻었다가 아이의 음식에 섞일 수도 있습니다.

아이가 어린이집이나 유치원, 학교에 다닌다면 급식에 관심을 가지고 대응합니다. 대체식이 불가능한 곳은 도시락을 싸 주면 좋습니다.

가공식품을 구입할 때에는 알레르기 표시 사항을 확인하고 제한합니다. 식약처에서는 가공식품 제조 판매 시 한국인에게 알레르기를 유발하는 것으로 알려진 22종의 식품을 함유하거나 이 식품 및 성분을 함유한 식품 또는 식품첨가물을 원료로 사용하였을 경우에는 함유된 양과 관계없이 원재료명을 표시하도록 하고 있습니다. 22종은 다음과 같습니다.

난류(가금류에 한한다), 우유, 메밀, 땅콩, 대두, 밀, 고등어, 게, 새우, 돼지고기, 아황산류(이를 첨가하여 최종 제품에 SO_2로 10mg/kg 이상 함유한 경우에 한함), 복숭아, 토마토, 호두, 닭고기, 쇠고기, 오징어, 조개류, 굴, 전복, 홍합, 잣

식당에서 음식을 주문할 때에는 반응을 일으키는 식품이 들어가는지 확인하고 직원에게 요청해야 합니다.

어린이들은 다른 친구들과 음식을 먹을 때 같은 것을 먹고 싶어 하므로 가능한 한 비슷한 모양이 될 수 있도록 하여 제공해 주세요. 생일 파티를 하는데, 달걀이나 우유를 못 먹는 친구가 있다면 빵이나 케이크보다는 떡으로 대체하여 다 함께 먹을 수 있도록 도와주는 것이 좋습니다.

우유알레르기인데 우유만 안 먹이면 되나요?

Q:

"아이가 우유알레르기입니다. 우유만 안 먹이면 되나요?"

A:

식품알레르기 관리의 기본 중 하나는 제거식이므로 우유를 안 먹이는 것은 맞습니다. 또한 식품알레르기는 매우 적은 양으로도 증상을 유발할 수 있으므로, 우유뿐 아니라 가공식품에 포함되어 있는 식품까지도 철저히 제한해야 합니다. 우유를 넣고 만든 빵이나 과자는 물론이고, 우유가 들어가 있는 가공식품과 동일한 기계를 사용하여 만든 제품까지도 제한합니다.

어린이집이나 유치원, 학교의 식단에도 식품의 알레르기 표시가 되어 있으므로 꼼꼼하게 살펴보아야 합니다.

비의도적 섭취도 주의해야 합니다. 다 먹은 우유갑으로 공작 놀이를 한다든가, 우유를 먹은 친구가 뽀뽀를 해도 증상을 보일 수 있습니다.

그리고 한 가지 더 기억해야 할 것은 대체식입니다.

우유를 제외시킴으로써 부족해질 수 있는 영양을 생각해야 합니다. 성장기 아이들은 우유에서 칼슘과 단백질 등을 공급받습니다. 그런데 우유를 안 먹는다면, 이 영양소들은 어떻게 될까요? 칼슘 부족이 계속되어 결핍증을 일으킬 수 있습니다. 우유를 못 먹는 아이라면 칼슘 보충을 위해 두유나 멸치, 두부, 해조류 등의 섭취에 더 신경 써야 합니다. 단백질은 다양한 단백질식품으로 보충하면 되고요. 간혹 우유를 못 먹는 아이에게 대체식품으로 과일만 주는 경우가 있는데, 안 됩니다. 제대로 대체해서 먹여야 합니다.

음식 외에 신경 써야 할 것은 무엇인가요?

Q:

"우리 아이는 계란과 돼지고기 알레르기가 있습니다. 집에서 제가 조절해 주는 음식 외에 다른 것은 무엇을 신경 써야 하나요?"

A:

손을 깨끗이 씻는 것이 중요합니다. 무의식적으로 흡입될 수 있기 때문입니다.

응급 상황이 생겼을 때 아이에게 필요한 약물이 어린이집이나 유치원, 학교에 비치되도록 합니다. 그리고 응급 상황 시 아이가 주변 사람들에게 도움을 요청할 수 있어야 하므로 평소에 연습을 시킵니다.

무의식적으로 가족들과 음식을 나누어 먹지 않도록 주의하고, 식사 중이나 식사 후에 식품알레르기 원인 식품을 먹은 가족과 접촉하지 않게 해 주세요.

아이 앞에서 "음식을 못 먹는다니 불쌍하다."와 같은 말을 하거나, 불쌍하다는 눈빛을 보내는 것은 좋지 않습니다. 그냥 조금 다른 것일 뿐, 부족한 아이는 아닙니다.

간혹 친구들이 놀릴 때도 있습니다. 이때 스스로 대응할 수 있도록 지도해 주세요.

알레르기가 있는 음식은 영영 먹일 수 없나요?

Q:

"우리 아이는 밀가루알레르기가 있습니다. 앞으로 평생 밀가루는 먹을 수 없나요?"

A:

반드시 그렇지는 않습니다. 계란, 우유, 밀, 콩 알레르기 등은 소아가 되면 없어지는 경우가 많습니다. 다른 알레르기도 시간이 지나면서 잘 관리하면 없어지는 경우가 많습니다. 다만 견과류, 생선, 갑각류, 패류 알레르기 등은 지속되는 경우가 많습니다. 그러므로 정기적으로 재검사를 하는 것이 필요합니다.

식품알레르기는 예방할 수 있나요?

Q:

"아이가 유제품과 밀가루알레르기입니다. 혹시 제가 임신했을 때 무엇을 잘못한 것일까요? 아니면 유기농으로 먹였어야 했나요?"

A:

알레르기의 발생에 중요한 역할을 하는 것이 가족력인 것은 맞습니다만, 엄마가 무엇을 잘못해서 아이에게 알레르기가 유발된 것은 아닙니다. 임신기에 무엇을 잘못 먹어서 그런 것도 아닙니다. 엄마가 죄책감을 가질 필요는 없습니다. 예전에는 임신기에 알레르기 발생 확률이 높은 계란, 땅콩, 견과류 등을 제한하기도 했었는데, 지금은 그렇지도 않습니다. 골고루 먹어도 됩니다.

유기농식품이 좋은 것은 맞지만, 유기농식품을 먹인다고 하여 식품알레르기가 덜 생긴다는 연구 결과는 없습니다. 간혹 식품알레르기를 유발하는 식품을 유기농으로 먹이면 괜찮지 않냐고 물어보는 경우도 있는데, 절대로 아닙니다. 식품알레르기는 해당 식품의 단백질 때문이지, 농약과 화학비료 때문이 아니기 때문입니다. 밀가루알레르기가 있다면 유기농이든, 우리 밀이든 모두 알레르기 반응이 나타납니다.

다만 예방에 도움이 될 수 있는 것은 있습니다.

1. 4~6개월 이상 완전 모유수유하기

모유의 이로운 효과 중 하나가 알레르기 예방 효과입니다. 단 이미 식품알레르기를 진단받은 아기를 모유수유할 경우 모유를 통해 전달된 음식 성분이 아기의 증상을 악화시킬 수 있으므로 엄마는 해당 음식을 제한해야 합니다.

2. 적당한 시기에 이유식하기

4개월 이전에 이유식을 하는 것은 좋지 않지만, 굳이 6개월 이후에 하겠다고 미루지 않아도 됩니다. 4~6개월 사이에 이유식을 할 여건이 되면 시작해도 됩니다.

3. 환경 관리하기

환기나 습도 조절과 같은 환경 관리가 제대로 되지 않으면 천식과 같은 알레르기질환이 발생하기 쉽습니다.

2장

우리 아이 몸에 갑자기 이상이 생겼다면

제 젖이 물젖이라 아이가 설사하는 걸까요?

Q:

"이제 25일 정도 된 아기인데요. 설사를 많이 하네요. 주위 어르신들이 제 젖이 물젖이라 그런 거라고 건강하게 키우기 위해 분유를 먹이라는데, 바꾸는 것이 맞나요?"

A:

엄마의 젖은 전유와 후유로 나뉘어져 있습니다. 전유는 수분과 유당, 미네랄의 함량이 많고, 후유는 지방과 단백질의 함량이 많습니다. 전유는 아기가 목을 축이는 데 매우 중요하고, 후유는 아기의 성장과 두뇌 발달에 매우 중요하며 포만감도 주지요(사실 모유 속의 지방은 서서히 증가하므로 정확히 전유와 후유를 구분하는 시점이 있는 것은 아닙니다). 사람에 따라 물젖과 참젖을 만드는 것이 아니라, 한 번 수유 시마다 젖의 영양 성분이 달라지는 것이지요.

흔히 다음과 같은 경우 전유만 먹이게 됩니다.

- 젖이 너무 많아서 사출이 심한 경우 아기가 조금 먹다가 놀라서 먹지 않음
- 한쪽 젖을 먹일 때 충분히 오래 빨지 않음(먹다가 잠들기도 함)
- 아기가 칭얼거리면 아기를 달래기 위해 수시로 젖을 물림
- 몸무게가 적은 것 같아 조금이라도 더 먹이기 위해 자주 물림

전유와 후유 모두 아기에게 꼭 필요한데 전유만 먹게 되면 변을 지리거나 녹변을 볼 수 있습니다. 배앓이를 하기도 합니다.

모유수유 시 아기의 변이 묽으면 주위에서 물젖이라며 분유로 바꾸라고 합니다. 이때 엄마는 분유로 바꿀 것이 아니라 수유 방법을 수정해야 합니다.

한쪽 젖을 충분히 빨려서 젖을 비워 주는 것이 중요합니다. 15분 이상은 되어야 합니다. 중간에 아기가 자꾸 잠들려고 하면 깨워서 먹여야 합니다. 똑바로 세워서 안아 주어 트림을 시키거나, 물수건으로 얼굴을 닦아 줍니다. 손바닥이나 발바닥을 문질러 주기도 하지요. 한쪽 젖을 다 먹였으면 이제 다른 쪽 젖을 먹입니다(만약 배가 불러서 안 먹으려고 하면 유축해 두어야 젖양이 줄지 않습니다). 다음 수유 시에는 나중에 먹였던 쪽

부터 먹입니다.

젖양이 많은 경우, 전유를 조금 짜낸 후 먹이고(너무 많이 짜내면 젖양이 더 늘어나므로 일시적으로만 조금 짜냅니다), 한쪽 젖만 충분히 먹입니다. 다른 쪽 젖은 빨리거나 유축하지 않습니다. 젖을 짜내지 않아 아프다면 양배추 요법을 실시합니다. 그리고 다음번 수유 시에는 안 먹였던 젖을 먹입니다.

변이 묽다는 이유만으로 분유로 바꾸시면 곤란합니다. 평생 한 번 밖에 없는 모유수유의 기회를 주위 분들의 이야기만 듣고 놓치면 안 됩니다.

분유만 먹으면 자꾸 토해요

Q:

"50일 된 아기 엄마예요. 우리 아기는 분유만 먹으면 자꾸 토해요. 트림도 잘 안 하고요. 분유를 바꿔야 하는 걸까요?"

A:

아기들은 어른보다 역류가 잘 됩니다. 신생아의 위는 체리만 하고, 생후 한 달 뒤에는 달걀만 합니다. 위는 아래쪽과 위쪽에 괄약근이라는 잡아 주는 근육이 있습니다. 특히 위쪽의 괄약근은 음식물을 토하는 것을 막아 주는데 아기들은 위가 덜 발달되어서 괄약근의 힘도 약합니다. 그래서 아기들은 조금씩 먹고, 조금만 많이 먹어도 역류하기 쉽습니다. 아기들에 따라 정도 차이는 있지만 4개월까지는 아기가 수유 후 토하거나 게워 내는 경우가 많습니다.

토하는 것과 게워 내는 것은 약간 다릅니다. 토하는 것은 보통 뿜듯이 구토를 하는 것이고, 게워 내는 것은 분유가 자연스럽게 위로 올라오는 것입니다.

토하거나 게워 내는 이유는 몇 가지가 있습니다. 트림을 잘 못 했을 때, 과식했을 때, 분유를 너무 진하게 먹였을 때, 분유를 먹으면서 공기가 많이 들어갔을 때, 위장염이나 장염에 걸렸을 때, 스트레스를 받았을 때, 감기에 걸렸을 때, 배앓이를 할 때 등입니다.

멀쩡하던 아기가 갑자기 토한다면 일단 소아청소년과에 가서 문제를 확인합니다. 질병 같은 문제가 아니라면 분유 먹이는 방법과 트림 방법을 점검해 봐야 합니다.

1. 분유를 먹일 때는 45도 정도로 안는 것이 좋습니다. 눕혀서 먹이는 것보다 비스듬히 안아서 먹이세요. 혹시 배에 압력을 주고 있지는 않나요? 기저귀나 옷이 꽉 끼지 않는지도 확인해 보세요.

2. 젖병은 충분히 기울여 공기가 들어가지 않도록 주의합니다. 공기를 많이 먹으면 배앓이의 원인이 되기도 합니다.

3. 젖꼭지 구멍의 크기가 적당해야 합니다. 젖꼭지 구멍이 너무 작으면 수유 시 공기를 많이 마시게 되고, 구멍이 너무 크면 급하게 먹게 됩니다. 기울였을 때 똑똑 떨어지는 정도가 적당합니다.

4. 수유 완료 후 아기를 바로 세우지 말고, 그 자세에서 5분 정도 기다려 줍니다. 아기도 트림할 준비가 필요합니다. 조금 기다린 후에 세워서 트림합니다.

5. 트림 시킬 때는 등을 두드리지 말고 아래에서 위로 부드럽게 쓸어 올립니다. 트림은 우유와 공기를 분리하여 공기를 위로 빼내는 것입니다.

6. 트림 후에는 바로 눕히지 말고 10분 정도 앉혀 놓습니다. 혹시 10~15분 정도 노력을 했는데도 트림을 안 한다면 그냥 앉혀 놓으면 됩니다.

간혹 분유를 바꾸면서 토하는 것이 나아지는 경우도 있습니다. 질병도 없고, 분유 먹이는 방법도 제대로 했는데도 나아지지 않는다면, 분유 바꾸기를 시도해 볼 수도 있습니다. 하지만 기본을 충실히 지키는 것이 더 중요합니다.

◇ 분유에 약이나 아기용 증류 한약을 타서 먹여도 되나요? ◇

아기가 어려서 약을 먹이기 힘들 때 분유에 타서 먹이는 경우가 있습니다만, 약은 따로 먹이는 것이 좋습니다. 분유에 타서 먹으면 약 효과가 떨어지기도 하고, 흡수가 잘 안되기도 합니다. 약을 탄 분유는 맛이 달라지므로 아기가 분유 자체를 거부할 수도 있습니다. 그러나 아기용 증류 한약은 무향, 무취에 가까워서 분유에 섞여 먹여도 됩니다.

황금 변이 아니어도 괜찮은가요?

Q:

“모유를 먹일 때는 나름 황금 변이었는데, 이유식을 하고 나서 냄새도 심하고 색깔도 바뀌었어요. 괜찮은 건가요?”

A:

모유나 분유를 먹던 아이가 새로운 식품을 먹으면서 변의 냄새나 색, 모양이 바뀌는 것은 당연합니다. 새로운 식품에 적응해 가는 과정이지요. 초기에는 설사 같은 묽은 변을 보기도 합니다만, 보통 며칠 지나면 정상이 됩니다.

건강한 변이라고 하면 전체적으로 황색을 띠면서 어느 정도 형태가 잡혀 있고 진흙 같은 느낌이기는 하지만, 황금색이어야 꼭 건강한 것은 아닙니다. 황금 변이나 녹변 모두 정상입니다. 대변에는 소화액의 일종인 담즙이 섞여 있는데, 녹색을 띤 담즙이 섞여 나오면서 녹변이 되는 것입니다. 먹은 음식이 변에 섞여 나오는 경우도 많습니다. 시금치 등 녹색 채소를 먹은 후 녹변을 보거나, 토마토, 수박, 당근 등을 먹은 후 붉은 변을 보는 것이 그것입니다.

대변에 피나 점액이 섞여 나오거나 설사나 변비가 지나치게 오래 가면 반드시 병원에 가야 합니다. 병원에 갈 때는 아기의 변을 가지고 가는 것이 가장 확실하기는 하지만, 위생 문제도 있고, 시간이 지나면서 변의 묽기가 변하여 오히려 정확한 판단이 안 될 수 있습니다. 사진이나 동영상을 찍어서 가져가면 진료에 많은 도움이 됩니다.

◇ 죽을 먹이고 있는데 아이 변에 음식물 입자가 보여도 괜찮은가요? ◇

중기 이유식으로 접어들면 좀 더 다양한 식재료를 사용하게 됩니다. 아이 변에 음식물 입자가 보인다면 소화가 덜 되었다는 것이므로 좀 더 푹 삶거나 잘게 다져서 죽을 만드는 것이 좋습니다.

감기에 걸렸어요

Q:

"돌 아이인데 감기에 걸렸어요. 코가 막혀 그런지 끼니때마다 안 먹는다고 하네요."

A:

생후 6개월이 지나면 아이가 아파 병원 갈 일이 많아지지요. 바이러스에 의한 감염이 주원인인 감기는 가장 흔한 질병입니다. 열, 기침, 콧물, 코막힘은 물론이고 구토나 설사까지 하는 경우도 있습니다.

감기에 걸리면 기본적으로 열이 나는 경우가 많습니다. 열이 나면 몸속의 수분이 빠져나갑니다. 감기 바이러스와 싸우기 위해 아이의 체력 소모는 커집니다. 감기 바이러스와 싸울 면역 단백질도 만들어야 합니다. 기침을 심하게 하면 숨 쉬기도 힘들어하고, 구내염이나 편도선염으로 발전하기도 합니다. 아기가 감기에 걸리면 소화도 잘 안 되고 입맛도 잃어서 음식을 잘 안 먹으려고 합니다. 그렇다고 안 먹일 수도 없지요. 어떻게 해야 할까요?

1. 수분 보충이 우선입니다.

수분을 충분히 보충해 주어야 가래나 콧물이 묽어지고, 그래야 몸 밖으로 잘 나옵니다. 끓여서 식힌 보리차나 묽은 미음을 자주 먹입니다. 방 안의 습도를 조절하여 건조하지 않게 해 주는 것도 도움이 됩니다.

2. 고열량, 고단백 식사를 해야 합니다.

열이 나면 식욕이 현저히 떨어져서 잘 먹지 못할 것이지만, 조금이라도 먹을 수 있으면 소화가 잘되는 고단백 식품을 이용하여 이유식 등을 만들어 주어야 합니다. 재료로는 닭가슴살, 쇠고기, 달걀노른자, 두부 등이 좋은데, 식욕이 없으므로 달콤한 맛이 나는 고구마, 밤이나 과일을 함께 사용하면 좋습니다. 목이 아파 잘 삼키지 못할 수 있으므로 부드럽게 조리해야 합니다. 찜이나 푸딩, 죽 형태가 적당합니다.

3. 비타민을 충분히 먹어야 합니다.

면역력을 키워야 하므로 월령에 맞추어 채소나 과일을 부드럽게 조리하여 주어야 합니다.

4. 이유식은 한 단계 뒤로 후퇴하게 됩니다.

증상이 나아지면 단계를 다시 올려 주면 되므로 조급하게 생각하지 마시기 바랍니다. 단 감기에 걸렸다고 무조건 이유식을 중단해서는 안 되고, 이것저것 먹이면 좋을 것 같아 억지로 먹여도 안 됩니다. 감기가 나은 후에 이유식을 지속하기에 힘들 수 있기 때문입니다.

5. 아이가 쉴 수 있도록 분위기를 만들어 주세요.

감기는 쉬어야 낫는데 아이는 쉬지 않습니다. 약을 먹고 조금 나은 듯하면 다시 뛰어놉니다. 아이가 쉴 수 있도록 집 안 분위기를 조용하게 만들어 주는 것도 필요합니다. 정적인 놀이를 하면서 쉴 수 있도록 도와주세요.

◇ 감기에 걸렸을 때 찬 것을 먹여도 되나요? ◇

열이 날 때 찬 것을 먹이면 좀 낫지 않을까 싶은 생각이 들 수는 있지만, 소아청소년과 의사 중 찬 것을 먹이라고 권하는 의사는 별로 없습니다. 찬 것을 먹으면 소화가 잘되지 않고 몸의 기능이 저하될 수 있기 때문입니다. 열이 떨어지면서 변이 묽어지기도 하는데 이때 찬 것을 먹이면 설사의 위험도 있습니다. 단 수족구와 같이 입안이 헐어서 잘 먹지 못하면서 열이 날 때는 수분과 영양 섭취의 이유로 아이스크림을 먹이라고 하는 경우도 있습니다.

설사를 해요

Q:

"35개월인데 자꾸 설사를 하네요. 어린이집도 못 보내고 집에만 있어요."

A:

설사의 원인은 다양합니다. 감기 같은 질병 때문일 수도 있고, 식품알레르기나 식중독과 같은 세균 감염일 수도 있습니다. 갑자기 음식을 너무 많이 먹거나 이유식을 너무 빨리 시작해도 설사를 할 수 있지요. 설사를 하면서도 아이가 잘 놀고 이유식도 잘 먹는다면 괜찮지만, 설사가 너무 심하거나 점액, 혈변 등이 나오면 병원 진료를 받아야 합니다.

일단 설사를 하는 아기는 수분이 너무 많이 빠져나가므로 탈수가 되지 않도록 조심해야 합니다. 아기는 몸이 작아서 탈수가 일어나기도 쉽습니다. 끓여서 식힌 보리차를 자주 먹입니다.

설사를 하면 이유식을 주지 않거나 쌀죽 혹은 농도를 너무 묽게 하여 주는 경우가 많은데 그러지 않아도 됩니다. 영양부족을 초래할 수 있습니다. 급성기만 지나면 이유식을 한 단계 정도만 후퇴하여 주면 됩니다.

단 소화가 잘될 수 있도록 부드럽고 차지 않게 만들고, 단 음식과 기름진 음식(튀긴 음식 등)은 피합니다. 수분을 보충해 주려고 과일주스를 주는 경우도 있는데 당도가 높아서 오히려 설사를 악화시킬 수 있습니다. 과일주스를 주려면 물에 타서 농도를 낮춘 후 주어야 합니다.

과일의 경우 급성기가 아니면 익힌 사과나 바나나는 조금 주어도 됩니다(사과를 그냥 먹이면 설사가 악화될 수 있습니다). 기름기가 많은 음식은 피하는 것이 좋지만 고깃국이나 고기가 들어간 죽을 먹여야 회복이 빠릅니다.

입안이 헐었어요

Q:

"아이가 입안이 헐어서 잘 못 먹어요."

A:

아이들이 잘 걸리는 입속 질병으로는 수족구를 비롯하여 아구창, 헤르페스구내염 등이 있습니다. 감기 후유증이기도 하고 바이러스나 세균 감염이기도 합니다. 어른들도 조그마한 구내염 하나만 생겨도 밥 먹기가 불편한데 아기는 어떨까요? 많이 보채고 침도 흘릴 것입니다.

입안이 심하게 헐어서 모유나 분유도 잘 먹지 못하면 탈수가 될 수도 있으므로 일단 물이라도 신경 써서 먹여 주어야 합니다. 물 이외에 조금이라도 먹을 수 있다면 자극이 없고, 부드러운 음식을 만들어 줍니다.

뜨겁거나 새콤한 음식, 매운 음식, 너무 거친 음식은 피합니다. 그나마 아이가 먹을 수 있는 것은 찬 음식일 것입니다. 통증을 덜어 주기 때문이지요. 9개월이면 떠먹는 요구르트를 먹을 수 있고, 돌이 지난 아이인데 설사를 하지 않으면 아이스크림도 가능합니다.

증상이 조금씩 나아지면 흰살생선, 감자, 난황, 두부 등을 이용해 그냥 꿀꺽 삼킬 수 있는 부드럽고 매끄러운 음식을 만들어서 줍니다. 과일은 신맛이 없는 바나나 같은 것이 적당합니다.

변비가 심해요

Q:

"생후 7개월 되는 아기인데요. 이유식 시작하고 나서 변비가 생겼는데 중기 이유식에 들어가면서 점점 심해지네요. 힘을 주는데도 응가가 안 나오니까 아기가 너무 힘들어해요."

A:

아기의 변은 모유, 분유, 우유를 먹이는 것에 따라 다르고 이유식 과정에서도 많은 변화가 생깁니다. 아기의 변은 건강과 밀접한 관계가 있으므로 잘 관찰하는 것이 매우 중요합니다.

이유식을 먹더라도 모유와 함께 먹는 아이는 소화 흡수가 잘됩니다. 아기의 장 안에 쌓이는 대변의 양이 적어 간혹 1~2주에 한 번 배변을 하기도 합니다. 아이가 불편해하지 않는다면 변을 보는 횟수가 적은 것은 걱정 안 해도 됩니다. 분유나 우유를 먹는 아기는 모유를 먹는 아기에 비해 변이 딱딱합니다. 분유나 우유는 장에 머무르는 시간이 길어 수분이 재흡수되기 때문입니다.

변비는 아이들에게서 흔히 볼 수 있는 증상입니다. 여러 가지 이유로 변비에 걸립니다. 낯선 이유식을 잘 받아들이지 못해 먹는 양이 부족할 때, 이유식에 비해 수유량이 많이 줄어 수분 섭취가 충분하지 않을 때, 음식에 섬유질이 부족할 때 등이 원인이 됩니다. 어떻게 해야 할까요?

1. 섬유질이 풍부한 이유식과 간식 먹이기

고구마, 당근이나 양배추와 같은 채소류, 콩류, 미역이나 김 같은 해조류, 버섯류, 바나나와 같은 과일을 이용하여 이유식과 간식을 먹입니다. 아침에 사과를 강판에 갈아서 먹여도 좋습니다.

간혹 식이섬유를 갑자기 많이 먹여서 배가 불편하고 소화가 잘 안되는 증상을 보일 수 있습니다. 너무 과도하게 먹이면 안 됩니다.

많이 먹으면 오히려 변비가 유발되는 것도 있습니다. 덜 익은 바나나와 감은 탄닌이 들어 있어서 변을 단단하게 합니다. 우유, 요구르트, 치즈, 아이스크림 등은 섬유질이 들어 있지 않으므로, 이런 유제품을 많이 먹으면 섬유질이 풍부한 다른 식품을 먹을 기회가 줄어들게 되지요.

2. 물 먹이기

아기들은 6개월 정도부터 보리차와 같은 물을 먹어야 합니다. 6개월까지는 모유나 분유에서 충분한 수분을 공급받습니다. 보통 이유식 시작 시기와 함께 물 먹기를 시작합니다. 분유 수유아는 조금 일찍 이유식을 시작하므로 조금 일찍 물을 먹여도 됩니다(4~5개월부터). 아기의 소변 색이 노랗고 양이 적다면 수분이 부족하다는 것입니다. 물 먹기에 더 신경을 써 주세요.

섬유질이 풍부한 음식을 먹으면서 물 먹이기에 소홀하면 오히려 변비를 더 악화시킬 수 있습니다. 물은 언제든 충분히 먹여 주어야 합니다.

3. 장 마사지와 항문 자극하기

배꼽 주변을 시계 방향으로 원을 그리면서 마사지해 줍니다. 배꼽 위와 아래 2~3cm 되는 곳을 살포시 눌러 주는 것도 좋습니다. 변비가 생기면 대변이 너무 커지고 단단해지지요. 얇은 비닐장갑을 끼고 아기의 항문 주변을 마사지해 주거나, 따뜻한 물로 엉덩이를 씻어 주면 도움이 됩니다.

빈혈이에요

Q:

"생후 14개월인데 아이가 빈혈이라고 하네요. 어지럽다고 한 적이 없어서 빈혈인 줄 몰랐어요. 이제 어떻게 먹여야 하나요?"

A:

'빈혈'이란 '혈액 중 적혈구 또는 적혈구 내에 있는 혈색소(헤모글로빈)가 감소한 상태'입니다. 혈액 내 적혈구는 우리 몸의 여러 기관에 필요한 산소를 운반합니다. 적혈구가 부족하면 산소가 제대로 운반되지 않겠지요?

빈혈은 발생 원인에 따라 철분결핍성빈혈, 용혈성빈혈(적혈구 세포가 파괴되어 생기는 빈혈), 재생불량성빈혈(혈액을 만드는 골수의 기능 저하로 생기는 빈혈), 거대적아구성빈혈(비타민 B_{12}나 엽산의 결핍 등으로 생기는 빈혈), 속발성빈혈(다른 병에 수반된 빈혈) 등으로 나누어지는데, 철분결핍성빈혈이 대부분입니다.

아이는 3세까지 급성장을 하는데, 6개월까지만 버틸 수 있는 철분을 가지고 태어납니다(미숙아는 2~3개월). 그래서 6개월 이후부터는 고기를 넣은 이유식 등을 먹여야 하는데, 이유식에서 철분이 제대로 공급되지 못하면 철분이 부족하게 됩니다. 철분결핍성빈혈이 6개월~3세 아이에게 가장 흔한 주된 이유이지요. 11~17세도 철분결핍성빈혈이 흔한 시기인데 이때는 철분의 섭취 부족과 더불어 잦은 코피, 위궤양 등에 따른 출혈, 여아인 경우 월경 등으로 생기는 경우도 많습니다. 출혈 등에 따른 것이라면 원인부터 해결하는 것이 중요합니다.

철분 결핍이 시작되면 심장박동을 증가시키거나 중요한 장기에 피를 우선적으로 보내는 등 몸에서는 어떻게든 해결해 보려고 노력을 합니다. 그럼에도 철분 공급이 안 되면 다양한 증상을 보입니다. 기운이 없어지고, 활동량이 줄어들며, 식욕도 줄어들어 잘 먹지 않습니다. 얼굴이 창백해지고, 신경질을 부리며, 짜증도 많이 냅니다. 심하면 숨이 가빠지고 맥박도 빨라지지요. 흙이나 종이 등을 집어 먹는 이식증을 보일 수도 있습니다. 빈혈이 계속되면 IQ가 떨어질 수 있는데, 아이 때 생긴 빈혈로 낮아진 IQ는 나중에 아무리 철분을 보충해 주어도 좋아지지 않습니다.

아이가 빈혈일 경우 어지럼증보다는 다른 다양한 증상을 보여 알아채기 어렵습니다. 기억을 더듬어 보면 9개월 즈음, 12개월 즈음 아이가 예민해 보이는 때가 있었을 것입니다. 또래보다 작지 않더라도 빈혈은 생길 수 있습니다. 평균 키와 몸무게를 가졌다고 하여 안심하면 안 됩니다. 간혹 빈혈이 심해도 증상을 못 느끼기도 하므로, 정기적인 검사를 해 주는 것이 좋습니다.

철분결핍성빈혈의 진단은 혈액 내 혈색소 수치로 합니다. 혈색소 수치의 정상 범위는 생후 6개월에서 6년까지는 11g/dl , 7세에서 14세까지는 12g/dl, 그 이상은 남자 13g/dl, 여자 12g/dl 입니다.

빈혈이 있으면, 어떻게 먹어야 할까요?

1. 모유수유를 하더라도 6개월 이후에는 반드시 고기를 넣은 이유식을 먹어야 합니다.

식품 내에 들어 있는 철분은 헴철(Heme Iron)과 비헴철(Non-heme Iron)로 나뉩니다. 헴철은 주로 육류, 가금류, 생선류에 들어 있고 흡수율이 약 30%나 됩니다. 다른 식품의 영향도 별로 받지 않습니다. 비헴철은 육류를 제외한 대부분의 식품에 들어 있는데, 흡수율이 약 5% 정도이고 함께 먹은 다른 식품의 영향도 많이 받습니다.

헴철이 들어 있는 육류, 가금류, 생선류가 포함된 이유식을 먹이고, 비타민 C가 많은 음식을 함께 섭취하면 철분 흡수율을 높이므로 채소와 과일도 골고루 먹어야 합니다. 또 고기를 먹일 때는 국물뿐만 아니라 건더기도 함께 먹어야 하지요.

2. 우유를 많이 먹이면 안 됩니다.

우유는 철분이 부족한 대표적인 음식인데, 우유를 많이 먹게 되면 철분이 많은 다른 음식을 그만큼 적게 먹게 됩니다. 또한 우유는 철분의 흡수를 방해하므로 철분제 먹을 때 우유를 함께 먹이지 않습니다.

그럼 철분 강화 우유는 괜찮을까요? 우유에 철분을 넣어서 많이 들어 있게 하는 것과 아이의 몸에 철분이 많이 흡수되는 것은 다른 문제입니다. 우유의 철분 흡수율은 5~10%밖에 되지 않습니다.

특히 돌 전에는 생우유를 먹이면 안 됩니다. 우유 단백질 때문에 만성 장출혈이 생기는 삼출성 장질환이 발생할 수도 있습니다. 돌이 지난 아이에게도 500㎖ 이상은 주지 않기를 바랍니다.

3. 가능하면 모유를 먹입니다.

모유에는 비록 철분이 적게 들어 있지만 흡수율이 높아서(49%), 우유(5~10%)를 먹는 아이보다 철분결핍성빈혈 발생 빈도가 적습니다. 모유를 먹이지 못하는 상황이라면 철분 강화 분유를 먹이고, 돌 전에 생우유는 먹이지 않습니다.

4. 철분제를 먹일 때 주의하세요.

철분제는 식사와 식사 사이에 먹이는 것이 흡수에 도움이 됩니다. 흡수를 방해하는 다른 영양소들이 없어서 공복에 먹는 것이 좋은데 아침 기상 직후에 먹으면 간혹 속이 쓰리거나 울렁거릴 수 있으므로 식후 2시간 이후 정도가 좋습니다.

비타민 C 함량이 높은 식품은 철분의 흡수를 도와줍니다. 오렌지, 오렌지주스, 귤처럼 비타민 C 함량이 높은 식품은 철분의 흡수를 도우므로 함께 먹이면 좋습니다. 단 오렌지주스를 먹일 경우 당 함량이 너무 많지 않은 것을 골라 주세요.

우유, 홍차, 녹차, 커피 등은 철분의 흡수를 방해하므로 함께 먹이지 않습니다.

철분제를 먹이면 일주일 정도만 되어도 증상이 좋아집니다만, 병원에서 처방한 6~8주 동안은 계속 먹이는 것이 좋습니다. 필요한 만큼의 철분을 저장하는 데 보통 6~8주가 걸리기 때문입니다. 철분제를 먹다 보면 위장 장애나 변비, 치아 변색 등이 생기는 경우가 있지만 이는 일반적인 증세이므로 다른 철분제를 처방받더라도 중단하지 않는 것이 좋습니다. 물약으로 된 철분제를 먹을 때 치아가 변색되면, 알약으로 바꾸거나 빨대를 이용하여 주면 됩니다.

철분제를 너무 오래 먹이는 것도 권하지 않습니다. 특별한 이유가 없으면 6개월 이상은 먹이지 않습니다. 철분이 풍부한 식사를 하는 것이 가장 좋습니다. 또한 철분제를 일정 용량 이상 먹이지 않습니다. 더 먹인다고 빨리 빈혈이 좋아지지 않습니다. 오히려 부작용만 커질 수 있지요.

아토피예요

Q:

"아이가 아토피라고 하여 보습 로션은 열심히 바르고 있는데, 먹는 것은 어떤 것을 주의해야 하나요? 좋은 음식과 나쁜 음식을 알려 주세요."

A:

아이 5명 중에 1명은 돌 전에 아토피로 고생합니다. 주위에서 흔히 볼 수 있지요.

알레르기와 아토피는 비슷하지만 조금 다릅니다. 알레르기는 꽃가루나 특정 식품이라는 원인이 있고, 그 원인을 제거하면 증상이 없어집니다만 아토피는 원인이 명확하지 않은데 알레르기와 비슷한 증상을 보입니다. 아토피에 허약한 체질을 가진 사람이 여러 환경적인 유해 물질로 면역력이 약화되다가 알레르기를 일으키는 알레르겐이 몸 안에 들어와서 증상이 유발됩니다. 아토피성 비염, 아토피성 피부염 등이 나타나는 것이지요.

알레르겐은 종류가 매우 다양합니다. 식품을 비롯하여 진드기, 꽃가루, 곰팡이 등과 같은 흡인성도 있고 화장품, 고무와 같은 접촉성, 그리고 다양한 약물도 해당됩니다. 아토피 증상을 보이지 않으려면 알레르겐을 피하는 것도 중요하지만, 면역력을 강화시키는 것이 무엇보다 중요합니다. 그리고 연고 치료와 피부 관리도 필수입니다.

'아토피에 좋은 음식과 나쁜 음식은 무엇일까요?'라는 질문은 '아이에게 좋은 음식과 나쁜 음식은 무엇일까요?'라는 질문과 같습니다. 아이들 성장 발달에 도움을 주는 영양이 풍부하고 신선한 음식은 좋은 음식이고, 농약이나 식품첨가물, 당, 나트륨이 많이 들어 있는 음식은 나쁜 음식입니다. 아토피의 유무와 상관없이 이 기준을 가지고 아이, 그리고 우리가 먹으면 됩니다. 다만 아토피가 있는 아이의 경우, 먹을 것과 관련하여 꼭 알아야 하는 몇 가지가 있습니다.

1. 우리 아이 아토피에 안전하지 못한 음식을 찾아야 합니다.

삼성서울병원 아토피환경보건센터의 조사 결과에 따르면, 아토피 피부염의 증상을 유발하는 가장 흔한 식품은 계란이었고, 그다음으로 우유, 두유(콩)의 순서였습니다. 이 결과가 의미하는 것은 아토피 유발 빈도가 높다는 것이지, 아토피를 가진 모든 아이들에게 나쁜 음식이라는 뜻은 아닙니다.

우리 아이 아토피에 나쁜 음식, 좀 더 정확히 말해 안전하지 못한 음식을 찾아야 합니다. 아이 몸에 들어와서 염증이나 알레르기 반응을 유발하는 음식이지요. 이를 찾아내는 것이 무엇보다 중요합니다.

가장 좋은 방법은 식사 일지를 쓰는 것입니다. 아이가 섭취하는 모든 식품에 대해 검사할 수 없기 때문입니다. 육아 일지 한쪽 편을 할애해도 되고, 아예 노트 하나를 마련해도 좋으며, 다양한 식사 일지 앱을 이용해도 됩니다. 아이가 섭취한 모든 음식을 기록해 놓으면 됩니다. 이는 식품알레르기를 발견하는 데도 굉장히 유용합니다. 아이를 키울 때 엄마는 탐정이 되어야 합니다. 탐정이 사용할 수 있는 단서를 만들어 주세요.

2. 안전하지 못한 음식을 식단에서 제한하고 대체식품을 반드시 먹입니다.

안전하지 못한 음식은 철저하게 제한하는 것이 좋습니다. '조금씩 먹다 보면 나아지겠지…….'라고 생각하면 안 됩니다. 오히려 더 오랜 기간 고생하게 됩니다. 그리고 영양적인 균형이 맞을 수 있도록 제한하는 음식에 대한 대체식품을 반드시 먹여야 합니다. 예를 들어, 계란이 안 맞는다면 계란 대신 다른 단백질식품인 고기나 생선류를 더 열심히 먹여야 하고, 우유가 안 맞는다면 두유나 특수 분유를 통해서 단백질과 칼슘을 보충해 주어야 합니다. 아이의 식단에 부족한 식품군이 있으면 안 됩니다.

3. 가능하면 모유수유를 권합니다.

모유에는 면역에 좋은 성분이 많이 들어 있어서 모유를 먹여서 키우면 아토피피부염이 적게 발생합니다. 하지만 이때 엄마가 섭취하는 모든 음식들은 모유를 통해 아기에게 전달되므로, 엄마의 식사도 잘 관찰해야 합니다. 혹시 엄마가 계란을 먹었을 때 아이의 증상이 두드러진다면 엄마는 계란을 철저하게 제한해야 합니다. 모유수유를 함에도 증상이 호전되지 않을 경우, 의사의 지시에 따라 특수 분유(완전 가수분해 우유)를 먹여야 하는 경우도 있습니다.

4. 선식이나 시중에서 판매하는 여러 가지를 섞어 놓은 형태의 이유식은 피합니다.

이유식을 먹일 때 한동안 선식이 유행한 적이 있었습니다. 여기에는 아토피와 연관이 되는 식품(콩, 견과류 등)이 다양하게 함유되어 있을 뿐 아니라, 많은 곡물들이 섞여 있어 원인 식품을 찾기가 어렵습니다. 같은 이유로 시중에서 판매하는 이유식 중 여러 식품을 섞어 놓은 형태의 이유식은 피하는 것이 좋습니다.

이유식은 만 4~6개월에 쌀미음으로 시작하여 한 가지씩 새로운 음식을 추가하여 피부에 문제가 없는지 세심하게 관찰하며 진행하면 됩니다.

참고로, 예전에는 아토피가 있는 경우 이유식을 만 6개월 이후로 미루라는 권고가 있었지만 이제는 보통 아이들처럼 만 4~6개월 사이에 시작해도 된다고 지침이 바뀌었습니다. 따라서 아토피가 있다고 해서 이유식 시작 시기를 무조건 늦추지는 않아도 됩니다.

5. 고기를 무조건 제한할 필요는 없습니다.

단백질이 아토피에 안 좋다고 알려지다 보니 단백질식품의 대표인 고기를 무조건 제한하는 경우가 많은데 그럴 필요는 없습니다. 오히려 성장 발달에 악영향을 줄 수 있습니다. 필수아미노산이 들어 있는 동물성단백질은 아이 성장에 필수입니다. 지방이 적은 살코기 쪽으로 먹이면 됩니다.

◇ 꼭 유기농식품을 먹여야 하나요? ◇

내가 먹는 식품을 선택할 때는 유기농은 쳐다보지도 않았는데(왜? 너무 비싸니까요), 아이 이유식을 만들기 시작하면 유기농식품 구입에 고민을 하게 됩니다. 아이 건강에 도움을 줄 것 같기 때문입니다. 더구나 아토피가 있다면 거의 필수처럼 생각하기도 합니다.

결론부터 말씀드리면, 유기농산물을 먹는 것이 필수는 아닙니다. 먹이지 못한다고 마음 아파하지 않아도 된다는 뜻입니다.

유기농산물과 일반 농산물, 영양학적으로 차이가 있는 걸까요? 한국유기농연구소의 김성준 소장조차 유기농산물과 일반 농산물의 영양학적 차이는 없다고 말합니다.

그럼 유기농산물은 농약이 적어서 안전한 것일까요?

일반 농산물은 '농약'을 수천 배 희석하여 사용하여 농산물에 남아 있는 '잔류농약'이 있을 수 있습니다만 씻기, 껍질 벗기기, 삶기, 데치기 등의 조리 과정에서 대부분 제거되고 분해됩니다. 식약처에서는 농약잔류허용기준을 설정하여 관리하고 있으며, 시장이나 마트에서 유통되고 있는 농산물에 대한 안전 검사도 수행하며 관리하고 있습니다. 즉 일반 농산물도 조금만 신경 써서 씻고, 조리해서 먹으면 안전하다는 뜻입니다.

그럼에도 불구하고 유기농을 먹는 이유는 유기농산물이 스스로 병해충을 이겨 낼 수 있는 '면역력'을 가지고 있기 때문이고, 유기농법을 해야 하는 이유는 다음 세대에 양질의 토양을 남겨 주기 위해서입니다.

한편으로는 유기농에 회의적인 의견도 있습니다. 유기농도 '농약'과 '비료'를 사용하는 것이고(단 화학비료 대신 유기물을 사용하고, 정부가 인정한 유기농 자재를 뿌림), 유기농 비료인 퇴비 안에 가축 분뇨의 항생제가 남아 있을 수 있기 때문이지요.

이런 혼란 속에서도 유기농산물은 가격이 비쌉니다. 일반 작물의 1.8배 정도입니다. 많은 부분이 수작업으로 진행되고 생산량도 적다 보니 이 정도 비싼 것은 당연한 것임에도 불구하고, 사 먹는 소비자의 입장에서는 부담되는 것이 사실입니다.

유기농산물이 다음 세대에 양질의 토양을 남겨 주기 위하여 지속적으로 재배되어야 할 것은 맞고, 여유가 된다면 사 먹는 것도 좋겠지만, 우리 아이가 아토피이기 때문에 무조건 유기농식품을 먹어야 하는 것은 아닌 듯합니다. 먹이지 못하는 사정이 있더라도 마음 아파하지 말았으면 좋겠습니다. 싱싱한 제철 채소를 사서 깨끗이 씻어서 먹이면 충분합니다.

3장

우리 아이에게 영양제를 먹이고 싶다면

영양제, 먹여야 하나요?

밥 챙겨 먹이는 것도 힘든데 그렇다고 밥만 챙겨 먹이기에는 조금 부족한 것 같다는 생각이 들곤 하지요. '비타민제만 먹이면 되나? 변을 잘 못 보는 우리 아이, 유산균은 어떤 것을 먹여야 하지? 요즘 뜨고 있다는 아연도 먹여야 하는 거 아닌가? 돌이 지났으니 한약도 지으러 가야겠고, 홍삼은 어떤 것을 먹여야 하지?' 이것저것 궁금한 것이 많습니다.

시중에 나와 있는 책을 보아도《나는 왜 영양제를 처방하는 의사가 되었나》,《영양제 119》처럼 식품으로 채우지 못하는 영양소를 영양제로 보충해야 한다는 주장과《비타민제 먼저 끊으셔야겠습니다》처럼 영양제 섭취는 아직 효능과 안전성이 입증되기 전이므로 '굳이 안 먹어도 된다, 혹은 아예 먹지 말아야 한다.'는 주장이 팽팽히 맞서고 있습니다. 양쪽 모두 경력 많고 유명하기까지 한 '의사' 분들이 나름의 근거를 갖고 내세우는 의견이라 선택하기가 더욱 어렵습니다.

앞서 말씀드렸듯이 음식이 아이를 아프게 합니다. 영양소의 부족이나 과잉이 아이를 아프게 하는 것이지요. 영양소 부족으로 아이에게 문제가 생겼을 때 적절한 영양소의 공급은 그 어떤 약보다도 굉장한 효과를 발휘합니다. 이제 여기서부터가 문제입니다. 적절한 영양소의 공급을 식사를 통해서 하느냐, 영양제를 통해서 하느냐이지요.

제가 지금까지 양쪽의 주장을 보고 내린 결론은 밥(쌀로 만든 밥을 뜻하는 것이 아니라 일반적인 식사를 의미합니다)이 우선입니다. 영양제보다는 앞서 말씀드렸던 식품군 모두를 골고루, 알맞게 먹는 것이 맞습니다.

영양제를 과다 섭취하여 문제가 생기는 사례도 늘고 있습니다. 예를 들어, 칼슘제를 많이 먹은 10세 여아가 콩팥에 돌이 생겨 병원을 찾는다든가, 비타민제, 단백질 보충제 등 여러 종류의 영양제를 먹어 간 기능이 나빠진 아이도 있습니다. 단맛이 나는 츄어블 영양제를 많이 먹어서 충치가 생긴 사례는 흔하지요. 그래서 결국 지금까지 어떻게 해야 밥을 잘 먹일 수 있는지에 대해서 말씀드린 것입니다.

그럼에도 불구하고 성장기인 우리 아이가 편식을 하거나 여러 가지 이유로 잘 안 먹는 경우 영양소 부족으로 문제가 생기는 경우가 있습니다. 대표적인 예가 비타민 D, 칼슘, 철분, 아연 등의 부족입니다. 부족한 영양소를 식품으로 먹이기 어려울 때 영양제 섭취는 건강에 도움을 줍니다. 다만 영양제를 과신하여 밥 먹는 것을 소홀히 한다거나 다다익선이라 생각하여 영양제를 과하게 주면 안 됩니다.

영양제를 먹일 때 가장 큰 문제는 옆집 아이를 따라서 먹이는 것입니다. 옆집 아이에게 부족한 영양소가 똑같이 우리 아이에게 부족할까요? 옆집 아이는 괜찮더라도 우리 아이에게 부족한 영양소는 없을까요?

어떤 종류의 영양제를 먹을지는 아이의 상태를 잘 파악하고 있는 주치의 선생님이나 약사, 영양사와 의논하면 좋겠습니다. 영양제의 종류를 선택하고, 그다음에 제품을 선택할 때 옆집 아이가 먹는 것을 참고하는 것은 괜찮습니다(참고만 하시고, 선택할 때에는 내용을 좀 더 확인해 보길 바랍니다).

식약처에 의약품, 의약외품, 건강기능식품으로 허가받은 영양제는 5,000종 이상입니다. 믿을 수 있는 기업에서 점점 양질의 영양제가 나오고 있고, 나쁜 성분이 함유되어 있거나 먹기 힘든 것들은 시장에서 자연 퇴출되고 있습니다. 다만 원료에 비해 너무 비싼 값에 팔리고 있거나, 연예인이나 의사(특정 회사의 광고 목적)를 앞세워 과대 포장되는 경우가 있으므로 잘 살펴볼 필요는 있습니다.

아이 영양제로 많이 먹이고 있는 종합비타민제, 비타민 D, 칼슘, 아연, 프로바이오틱스를 중심으로 언제 먹어야 하고, 어떻게 선택해야 하고, 먹을 때 주의 사항은 무엇인지에 대해 소개하겠습니다. 한약이나 녹용, 홍삼 등은 부족한 영양소의 공급을 넘어 한의학적인 전문성이 접목되어야 하는 부분이라서 제외하였습니다.

◇ 광고성 SNS 글을 조심하세요 ◇

영양제를 구매하고자 할 때 많이 참고하는 것이 블로그 같은 SNS에서 소개되는 내용입니다. '우리 아이가 이렇게 안 좋았었는데 이것을 먹였더니 많이 좋아졌다.'라며 상세한 제품 설명도 친절하게 해 놓았습니다. 이런 글은 회사에서 제품이나 소정의 원고료를 받고 쓴 글이 많습니다. 글 마지막 부분을 꼭 확인하세요.

예) "본 콘텐츠는 업체에서 제작 제공한 콘텐츠이며, 유료 광고입니다."

몇 년 전에는 식약처에서 실제로 이렇게 대가를 받고 허위·과대 광고를 유포한 개인 블로그 운영자들을 고발 조치한 사건도 있었습니다.

비타민제, 먹여야 하나요?

과일과 채소에는 각종 비타민, 항산화물질, 식이섬유 등 다양한 영양소가 들어 있고, 이러한 성분들은 암이나 심혈관질환 발생을 줄이고 사망률도 낮춥니다. 그러다 보니 이러한 물질들을 식품에서 추출하거나 화학적 구조를 같게 합성하여 판매하게 되었습니다.

같은 구조라 할지라도 영양제의 형태로 먹는 것보다는 식품으로 먹는 것이 더 좋습니다. 식품으로 먹었을 때에는 함께 들어 있는 여러 영양 성분들과 결합하여 시너지 효과를 내고, 과잉섭취로 인한 부작용도 없기 때문입니다. 다만 모든 끼니를 5대 영양소가 골고루 들어 있게 구성하기가 어렵고, 예전만큼 식품에 비타민과 무기질이 풍부하게 들어 있지 않은 것이 현실입니다. 잘 먹고, 잘 노는 아이는 괜찮지만, 편식이 심하거나 밥을 잘 안 먹고, 잘 놀지 못하는 경우 종합 비타민제 또는 비타민&미네랄 영양제가 도움이 됩니다.

그렇다면 제품을 구입하고자 할 때 어떤 점을 살펴봐야 할까요?

1. 영양소의 함량을 확인합니다.

아이에게 필요한 영양소가 무엇인지 따져 보면 좋겠지만, 약을 조제하듯이 영양소 함량을 체크하기가 쉽지 않습니다. 얼마큼 들어 있는 게 좋은 것인지도 잘 모르고요. 이때 판단하기 좋은 근거가 되는 것이 영양 성분표입니다.

영양 성분표를 보면, 제품에 들어 있는 영양소의 종류와 함량, 그리고 1일 영양 성분 기준치에 대한 비율이 나와 있습니다. 영양소의 종류에는 지용성비타민인 A, D, E, K와 수용성비타민인 B(B_1, B_2, B_6, B_{12}, 나이아신, 판토텐산, 엽산, 비오틴), C 등이 표시되어 있습니다. 제품에 따라 들어 있는 종류와 함량이 다른데, 하루에 얼마큼 먹어야 하는지 외울 수 없으므로 함량 옆에 써 있는 1일 영양 성분 기준치 비율을 보면 편리합니다. 예를 들어, A 제품에 비타민 A가 60% 있다는 것은 하루에 먹어야 하는 양의 60%가 이 제품에 들어 있다는 뜻입니다.

아래 표는 각기 다른 비타민 함량을 가진 세 제품의 영양 성분표입니다. 비타민 B들을 보면 (가) 제품은 대부분 100% 이상이 들어 있는데 (다) 제품은 30% 정도만 들어 있는 것을 볼 수 있지요. 이렇게 제품마다 들어 있는 양이 다릅니다. 비타민 A는 과잉섭취의 부작용이 있으므로 주의해야 하고, 여러 제품을 먹을 경우 비타민 A가 겹치지 않도록 주의해야 합니다.

아연 같은 미네랄이 포함되어 있는 것도 있고, 없는 것도 있지요? 만약 아연을 따로 먹이고 있다면 굳이 비타민 B군의 함량이 낮으면서 아연이 들어가 있는 (다) 제품을 구매할 필요는 없는 것이지요. 이중으로 먹이게 되면 과잉섭취의 위험도 있고요.

	(가) 제품		(나) 제품		(다) 제품	
비타민 A	420㎍RE	60%				
비타민 B_1	2㎎	167%	0.75㎎	63%	0.36㎎	30%
비타민 B_2	2㎎	143%	0.85㎎	61%		
나이아신	10㎎NE	67%	10㎎NE	67%	4.5㎎NE	30%
판토텐산	7㎎	140%	5㎎	100%		
비타민 B_6	2㎎	133%	1㎎	67%	0.45㎎	30%
비타민 B_{12}	5㎍	208%	3㎍	125%	0.72㎍	30%
비타민 C	60㎍	60%	60㎍	60%	70㎍	70%
비타민 D	3㎍	30%			1.5㎍	30%
비타민 E	6㎎ α-TE	55%	10㎎ α-TE	91%		
비타민 K	21㎍	30%				
엽산	150㎍	38%			120㎍	30%
비오틴	18㎍	60%				
철	9㎎	75%				
아연	7.2㎎	85%			2.55㎎	30%
몰리브덴			12.5㎎	5%		

지금 먹이고 있는 영양제가 있다면 한번 꼼꼼히 확인해 보세요. 처음에는 이 표를 보는 것이 어렵겠지만 한두 번 보다 보면 제품을 구입할 때 판단 기준이 됩니다. 요즘엔 어른들도 영양제를 많이 먹고 있으므로 비교해 보는 것도 좋습니다.

2. 식약처 인증마크를 확인해 주세요.

종합비타민제 같은 경우는 대부분 식약처 인증마크(건강기능식품)가 표시되어 있습니다만, 일부 사탕류는 건강기능식품이 아닌데 특정 성분을 강조하며 마치 건강기능식품처럼 보이게 하는 것도 있습니다.

3. 유통기한을 확인하세요.

프로바이오틱스의 경우 가능하면 최근에 제조한 것을 고르라고 권하는데, 비타민제의 경우 그 정도는 아니고 유통기한만 확인하면 됩니다. 간혹 먹다 보면 유통기한 표시가 지워져서 모르게 되는 경우가 있습니다. 지워지지 않도록 투명 테이프로 붙여 놓거나 라벨 테이프로 표시해 주면 좋습니다.

간혹 선물 받은 영양제의 경우 보관했다가 먹는 경우가 있는데, 보관하는 동안 유통기한이 지나는 경우가 있으므로 반드시 확인하고 섭취하여야 합니다.

4. 아이에게 미리 먹여 보세요.

요즘 약국이나 마트에서 영양제 구입 시 샘플을 주는 경우가 많습니다. 아무리 좋다고 하여 구매하였더라도 아이가 먹지 않으면 소용없으므로 잘 먹는지 확인하고 구매하면 좋습니다.

◇ 비타민제 섭취 시 주의 사항 ◇

1. 언제 먹을까요?

종합비타민제는 식사와 함께 먹이거나 식후에 먹이면 됩니다. 비타민 C도 공복에 섭취하면 속이 쓰릴 수 있으므로 식사 직후에 먹는 것이 좋습니다. 비타민은 활력을 주는 영양제입니다. 저녁보다는 아침이나 점심 식사 후에 먹여야 생활하는 데 도움을 줍니다.

2. 섭취 방법과 용량을 확인해서 지킵니다.

영양제는 씹어 먹는 것, 물과 함께 먹는 것, 액상 타입 등 종류별로 섭취 방법이 다르고, 하루 섭취량도 한 알에서 세 알 등 각각 다릅니다. 아이들 영양제는 대부분 감미료 등을 넣어서 맛있게 만들다 보니 아이들이 과량으로 섭취하는 경우가 있습니다. 필요 이상의 영양제를 먹는다고 더 좋은 것이 아니고, 비타민 A 등 일부 영양소의 경우 과량 섭취 시 부작용의 위험이 있으므로 용량을 확인해서 지켜 주세요.

3. 어른 영양제를 나눠 먹이지 않아요.

아이에게 필요한 영양소와 어른에게 필요한 영양소는 조금씩 다릅니다. 제대로 부족한 부분을 채워 주지도 못하고, 과잉섭취의 부작용만 생길 수 있습니다. 예를 들어, '대두이소플라본'이 다량 함유된 성인 여성용 영양제를 아이가 오래 먹다 보면 성조숙증을 유발할 수 있습니다.

4. 개봉한 지 1년이 지나면 버리세요.

유통기한이 남았다고 해도 일단 개봉을 하면서부터는 산소와 접촉을 하게 되어 산화 및 변성을 일으키게 됩니다. 몸에 좋으려고 먹은 영양제가 오히려 독이 될 수 있습니다.

◇ 천연비타민 vs 합성비타민 ◇

천연비타민은 인공향, 합성착색료 등 첨가물이 안 들어가고, 화학적인 공정을 거치지 않고 만든 비타민입니다. 우리가 보통 알고 있는 과일, 채소 등 천연 원료에서 추출해 낸 비타민은 엄밀히 말해 '천연원료 비타민'입니다.

시중에 나와 있는 제품을 보면 '천연 원료 비타민', '천연+합성비타민', '합성비타민'으로 나뉩니다.

천연 원료가 많이 들어가 있는 제품이 좋겠지만 가격이 매우 비싸고, 추출 방식이다 보니 먹어야 할 양이 많습니다. 무조건 천연일 필요는 없습니다.

천연을 선택하면 좋은 것으로는 비타민 E가 있습니다. 비타민 E는 천연이나 합성이나 화학구조식은 동일합니다만, 분자의 입체구조를 의미하는 이성질체가 달라서 흡수율이 다릅니다. 제품 표기를 보았을 때 비타민 E가 'd/l-alpha 토코페롤'이라고 쓰여 있으면 합성이고, 'd-alpha 토코페롤'로 쓰여 있으면 천연입니다. 천연비타민 E가 합성비타민 E보다 흡수율이 약 2배 높습니다.

비타민 B, C 등은 천연이 합성보다 좋다고 하는 타당한 근거가 없습니다. 굳이 함량도 낮으면서 비싼 천연비타민 C를 먹을 필요가 없다는 것이지요. 엽산도 천연 제품이 합성 제품에 비해 값은 10배 정도 비싼데, 생체이용률은 오히려 합성 제품이 더 유리합니다. 가격 대비 효용성을 고려해야 합니다.

몇 년 전 '100% 천연 원료 비타민', '합성비타민 섭취 시 암 발생' 등 허위·과장광고한 업체가 적발되어 영업정지 등 행정 조치된 적도 있었습니다.

◇ 합성 첨가제, 무조건 들어 있으면 안 되나요? ◇

영양제뿐 아니라 일반의약품을 만들 때 알약 형태로 만들려면 부스러지지 않게 모양을 유지하게 하는 부형제가 필요합니다. 이산화규소와 스테아린산 마르네슘과 같은 첨가물이 그것인데요. 몸에 좋다고는 할 수 없지만, 이러한 첨가물들을 먹어서 암이 유발되고 면역을 떨어뜨린다면 WHO나 FDA에서 승인도 안 해 주었을 것이고, 의약학 교과서에서도 사용하지 말라고 권고하였을 것입니다. 내용이 과장되어 있습니다.

영양제나 일반의약품을 먹을 때 섭취하게 되는 부형제는 괜찮습니다. 이러한 부형제가 아예 들어가지 않은 제품도 조금씩 나오고 있지만, 가격이 많이 비쌉니다.

◇ 비타민 사탕을 먹어도 되나요? ◇

약국에서 서비스로 주거나 아이들이 캐릭터 때문에 사 달라고 졸라서 비타민 사탕을 먹어 본 적이 있을 것입니다. 대부분의 아이들은 비타민 사탕을 좋아합니다. 거의 필수 코스가 된 경우도 많을 것입니다.

2019년에 소비자원에서 비타민 사탕 20개(일반 사탕 9개와 건강기능식품 사탕 11개)를 분석한 결과, 일반 사탕뿐 아니라 비타민 사탕도 당류 함량이 높은 것으로 나타났습니다. 아이들의 경우 하루에 25g 미만으로 당을 섭취해야 하는데 일반 사탕은 7.1~10.5g, 건강기능식품 사탕은 3.8~7g의 당이 들어 있었습니다. 이런 사탕 3~4개만 먹어도 25g이 쉽게 채워집니다. 비타민 먹이려다가 당 과다가 되는 셈이지요. 더구나 이러한 캔디를 먹으면 혈당이 올라가서 식욕도 떨어집니다. 밥을 더욱 안 먹는 아이가 되는 것이지요.

비타민 사탕뿐 아니라 일반 비타민제도 아이들이 잘 먹게 하려고 당을 첨가하는 경우가 있습니다. 당 함량을 확인하여 가능한 한 당이 적은 것을 고릅니다. 비타민 섭취의 이득보다 당 섭취의 해로움이 더 큽니다.

비타민 D, 먹여야 하나요?

비타민 D가 식약처에서 인증받은 기능은 칼슘과 인이 흡수되고 이용되는 데 필요하여 뼈의 형성과 유지에 필요하고 골다공증 발생 위험 감소에 도움을 준다는 것입니다. 이외에도 면역체계 강화, 심장질환 감소, 항암 등의 효과도 보고되고 있습니다.

미국소아과학회는 생후 수일 이내부터 청소년기까지 일일 400IU의 비타민 D 보충제를 권장합니다. 하버드대 보건대학원 식품 피라미드(2008)에 따르면, 매일 종합비타민제와 추가로 비타민 D 보충제를 섭취하라는 권고를 하고 있습니다. 가정의학과 전문의 여에스더 박사는 모든 영양제 중에 하나를 선택하라면 비타민 D를 선택한다고 할 만큼 중요시하고 있습니다.

최근 비타민 D의 위상이 흔들리는 연구 결과가 나왔습니다. 비타민 D 보충제가 골절 예방에 효과가 없다는 메타분석 결과가 나왔기 때문입니다. 그럼에도 불구하고 햇빛과 음식 섭취만으로는 현실적으로 보충하기 어렵고, 실제 사례에서도 골밀도량에 도움을 준다는 점을 감안하여 아직 적절한 칼슘 및 비타민 D 보충은 뼈 건강에 있어 학술적으로 권장되는 부분입니다.

비타민 D는 연어, 고등어, 간유, 달걀노른자, 우유 등을 통해 보충할 수 있고, 햇빛을 쐬면 자연적으로 합성됩니다. 비타민 D를 공급하는 가장 좋은 방법은 자외선차단제를 바르지 않은 상태에서 10~20분이라도 햇빛을 쬐는 것입니다.

그나마 분유에는 비타민 D가 포함되어 있지만, 모유를 먹이는 아이이고 실내에서 많이 활동하는 경우라면 비타민 D를 보충해 주면 좋습니다.

현재 영유아의 경우 비타민 D의 권장량은 200IU입니다. 과잉섭취의 문제가 나타나는 상한섭취량은 5,000~7,000IU입니다.

◇ 제품을 구입하고자 할 때 어떤 점을 살펴봐야 할까요? ◇

모든 영양제 구입 시 공통적으로 살펴봐야 하는 유통기한 등을 제외하고, 비타민 D를 고를 때 굳이 한 가지 신경 쓸 것이 있다면 천연인가, 합성인가보다는 비타민 D_3(콜레칼시페롤)인가, 비타민 D_2(에르고스테롤)인가입니다. 비타민 D_3가 D_2보다 우리 몸에서 좀 더 효율적으로 사용됩니다(대부분 영양제에 들어 있는 것은 비타민 D_3의 형태입니다).

◇ 영양제 표시 중에 IU라는 것은 무엇인가요? ◇

IU는 International Unit의 약자입니다. 일반적으로 ㎎과 같은 무게로 표시하지만, 일부 영양소의 경우 생물학적 효과에 대한 동등한 표시로 IU 단위를 사용하기도 합니다. 국제적으로 통용되는 단위입니다. 비타민 D의 경우 1IU는 0.025㎍이고, 비타민 A의 경우 1IU는 0.3㎍입니다. 비타민 E(a-tocopherol)의 경우 1IU는 0.67㎎입니다.

칼슘,
먹여야 하나요?

우리나라 사람들에게 가장 섭취가 부족한 영양소는 칼슘입니다. 국민건강영양조사에 따르면, 10명 중 7명은 칼슘 섭취가 부족한 것으로 나타났습니다.

1~5세 유아의 하루 칼슘 권장섭취량은 500~600㎎입니다. 우유 한 잔에는 약 200㎎의 칼슘이 들어 있습니다. 하루에 우유를 2잔 정도 마시는 유아라면 이것만으로도 400㎎의 칼슘을 섭취할 수 있습니다. 꼭 우유가 아니더라도 치즈나 다른 유제품을 통해 칼슘을 섭취할 수 있습니다. 100~200㎎ 정도는 식사에서 섭취하면 되는데, 만약 이 식사 부분의 섭취가 부실하거나 유제품을 안 먹는 아이일 경우 칼슘제 섭취를 고려하면 됩니다.

보통 아이의 키를 키우기 위해 칼슘을 먹인다고 생각하지만, 올바른 정보가 아닙니다. 칼슘이 부족하면 키가 잘 자라지 않는 것은 맞지만, 칼슘을 많이 먹인다고 키가 더 잘 자라는 것은 아닙니다. 키는 유전자의 영향이 크고, 칼슘 말고도 단백질 등 다른 영양소가 충분해야 잘 자랍니다. 키를 크게 하려고 칼슘을 보충제로 많이 먹이다 보면 변비, 요로결석, 또는 소변에 피가 섞여 나오는 부작용이 생길 위험이 있습니다.

칼슘 제품을 구입하고자 할 때 어떤 점을 살펴봐야 할까요?

1. 칼슘 단독으로 있는 것보다 비타민 D가 함께 있는 것이 좋아요.

칼슘의 흡수율은 다른 영양소에 비해 낮은 편이므로, 칼슘의 흡수를 도와주는 비타민 D가 함께 들어 있는 제품이 좋습니다. 일부 제품은 마그네슘까지 함께 들어 있는데, 그것도 좋습니다. 칼슘과 마그네슘은 함께 짝을 이루는 미네랄인데, 서로 반대되는 작용을 합니다. 흔히 나오는 칼슘의 부작용은 칼슘의 과잉섭취인 경우도 있지만 마그네슘을 적게 먹어서 나타나기도 합니다. 칼슘 : 마그네슘의 적절한 비율이 2 : 1이어서 칼슘제에 마그네슘을 2 : 1 비율로 함께 넣기도 합니다.

2. 원료를 확인해 주세요.

가장 많이 사용하는 합성 칼슘으로 탄산 칼슘과 구연산 칼슘이 있습니다. 두 가지 중에는 구연산 칼슘이 더 좋습니다. 탄산 칼슘은 흡수될 때 위의 산도에 영향을 받으므로 반드시 음식과 함께 섭취하여야 하나, 구연산 칼슘은 공복이든 식후든 상관없이 잘 흡수됩니다. 칼슘의 부작용인 가스, 복부팽만, 변비 등도 탄산 칼슘에서 더 많다고 합니다.

천연 칼슘으로는 산호 칼슘(코랄 칼슘)이 있습니다. 산호에서 추출한 칼슘으로 다양한 미네랄이 포함되어 있는 '천연 복합 미네랄'입니다. 단 정제하는 과정에서 비교적 약한 열을 가하는 '비소성'이라고 명시되어 있는 것을 선택해야 복합 미네랄이라는 최대 장점을 살릴 수 있으므로, 이를 확인하여 주시기 바랍니다.

칼슘은 신경을 안정시키므로 저녁 식사 후에 먹는 것이 좋습니다. 단 저녁 식사 후에 자꾸 잊어버린다면 오후에 먹어도 괜찮습니다. 위산이 있으면 흡수가 잘되므로 식사 직후 먹으면 더욱 좋습니다.

아연, 먹여야 하나요?

아연은 아이들의 성장 발달, 면역력에 중요한 역할을 하는 미네랄입니다. 아연은 다양한 음식에 들어 있으므로, 우리나라 사람들에게는 웬만하면 부족하기 어렵습니다. 편식이 심하거나 밥을 잘 안 먹어서 성장 부진이 있는 경우가 아니라면 결핍을 걱정하지 않아도 됩니다. 그럼에도 불구하고 심한 결핍이 있을 경우 성장 발달 지연, 면역력 저하로 인한 잦은 감기, 식욕부진, 피로 등의 증상이 있습니다.

아연이 식약처에서 인증받은 기능은 정상적인 면역기능과 세포분열에 필요하다는 것입니다. 그래서 아연 영양제를 먹으면 아이 성장에 좋고, 면역력이 좋아진다고 하는 것입니다.

아연이 부족한 아이는 아연 영양제를 먹이면 좋습니다. 아연이 들어 있는 음식을 먹는 것으로는 충분하지 않을 수 있습니다. 그러나 아연 섭취가 부족하지 않은 아이에게 추가적인 아연 섭취는 성장에 도움이 되지는 않습니다. 오히려 아연을 과잉섭취할 경우 철분의 흡수를 방해할 수도 있습니다.

1세 미만의 영아일 경우 아연 결핍이 흔하지 않은데, 미숙아 또는 저체중으로 태어나서 계속 성장 부진인 경우에는 아연 결핍의 가능성이 있습니다. 6개월 이후에는 모유 속의 아연 함량도 줄고, 이유식을 통해 아연을 섭취해야 하는데 고기를 충분히 섭취하지 못하면 철분뿐 아니라 아연도 부족할 수 있습니다. 2세부터는 식사가 중요한데, 이때 편식이 심하거나 밥을 잘 안 먹고 성장 부진인 경우 아연 결핍이 의심됩니다.

아연이 부족하면 아연이 풍부한 음식을 먹는 것이 가장 좋습니다. 굴, 육류, 계란, 치즈, 우유, 씨앗 등 다양한 음식에 들어 있고 동물성 식품에 있는 아연이 몸에 흡수가 더 잘됩니다.

결핍이 의심되면 일일 섭취권장량 내에서 복용하는 것이 안전합니다. 12개월 이전에는 비타민제에 함께 들어 있는 상태로 먹는 것이 좋고, 그 이후에는 따로 아연만 먹어도 괜찮습니다.

프로바이오틱스? 먹여야 하나요?

프로바이오틱스 = 유산균?

일단 용어부터 확인하고 갈까요? '프로바이오틱스(Probiotics)'는 우리말로 '유익균'입니다. 우리 몸에 이로운 균을 총칭합니다. 균의 종류는 엄청나게 다양합니다. 유산균은 유산(젖산, Lactic Acid)을 만들어 내는 균을 말합니다(유산균 내에서도 종류는 어마어마합니다).

유산균이 아니어도 우리 몸에 이로운 균도 있고, 유산균이지만 이롭지 않은 균도 있습니다. 흔하게 들어 보지는 않았겠지만 유산균보다 생존력이 뛰어나다는 낙산균 같은 것도 프로바이오틱스입니다.

우리 몸의 프로바이오틱스(유익균) 중 가장 중요하고 많은 양을 차지하는 것이 유산균이다 보니 흔히 두 용어를 혼용합니다만, 완전히 똑

같은 개념은 아닙니다. 프로바이오틱스란 '우리 몸에 이로운 균으로 유산균이 대부분을 차지한다.' 정도로 이해하면 좋을 것 같습니다.

식약처에서 기능성 원료로 인정하는 프로바이오틱스의 기능성은 '유산균 증식 및 유해균 억제·배변 활동 원활에 도움을 줄 수 있음'입니다. 프로바이오틱스 중 몇몇 종류는 '면역조절 기능', '피부 건강', '여성 질 건강' 등에도 기능성을 인정받고 있기는 하지만, 모든 프로바이오틱스에 그러한 기능이 있는 것은 아니므로 무조건 프로바이오틱스를 먹으면 이 모든 기능이 좋아질 거라고 광고하면 안 되고, 기대해서도 안 됩니다.

국내뿐 아니라 전 세계적으로 프로바이오틱스의 시장은 빠르게 성장하고 있습니다만, 효능과 안전성에 대한 논란은 끊이지 않고 있습니다. 식약처의 '건강기능식품 이상 사례 신고 현황'에 따르면, 2009~2017년 동안 프로바이오틱스 제품이 652건이었고 매년 증가 추세를 보이고 있습니다. 프로바이오틱스는 균의 종류가 매우 다양하고, 먹는 사람에 따라 그 효능이 다르게 나타날 수 있다는 특징도 있습니다.

프로바이오틱스도 균의 한 종류이므로 암 환자나 면역억제제 복용자처럼 면역력이 떨어져 있는 사람이나 크론병, 장누수증후군 환자의 경우 패혈증에 걸릴 위험이 있으므로, 먹으면 안 됩니다. 복통이나 설사가 줄어든다고 하지만, 아무 효과가 없는 경우도 많고, 오히려 설사가 생기는 경우도 있습니다. 사실 효과를 보기 위해서는 개인

별로 '맞춤형' 균을 먹는 것이 좋습니다만, 아직 상용화되지는 않았습니다.

그러므로 프로바이오틱스는 배변 활동이 원활하지 않은 경우에 먹이면 좋겠습니다. 밥도 잘 먹고 배변도 잘하는 아이에게 굳이 먹이려고 애쓰지 않아도 된다는 것입니다. 배변 활동이 원활하지 않아서 프로바이오틱스를 먹였다면, 먹인 뒤 증상을 확인해야 합니다. 오히려 가스가 차고 설사나 변비가 생길 수 있습니다. 균의 종류나 양이 맞지 않아서 생기는 부작용입니다.

그렇다면 아이가 배변 활동이 원활하지 않아 프로바이오틱스를 구입하고자 할 때 어떤 점을 살펴봐야 할까요?

1. 제조일자 또는 유통기한을 확인합니다.

다른 영양제와는 달리 프로바이오틱스는 생균입니다. 제조 후 유통, 보관하면서 균은 계속 죽습니다. 가능하면 최근에 제조된 것이 좋습니다. 간혹 제조일자는 표기가 안 되어 있고 유통기한만 표기된 경우도 있는데, 가능하면 유통기한이 길게 남은 것이 좋겠지요(보통 프로바이오틱스의 유통기한은 18개월 정도이므로 참고하여 제조일자를 계산하면 됩니다. 제조일자를 알려 주는 제품이면 더 좋겠지요).

2. 균수, 균종을 확인합니다.

균수의 경우 투입균수가 아닌 보장균수를 확인해야 합니다. 식약처에서 건강기능식품으로 인증하는 균수는 1회 복용량당 1~100억 마리이고, 시중에도 대부분 이 정도로 제품이 나와 있습니다. 영유아 제품들을 살펴보니 대부분 20억 마리 이내이고, 간혹 100억 마리 정도가 있습니다. 최근에는 1,000억 마리 이상도 나오기는 하나 초고함량 제품은 특정 질병이 있는 경우에 전문의와 상의 후 복용하기를 추천합니다.

위를 지나 장까지 살아서 가려면 충분한 마릿수가 중요한 것은 사실이지만, 처음부터 100억 마리를 먹기보다는 20억 마리 이내에서 먹다가 효능이 나타나지 않으면 100억 마리 정도로 올리는 것이 좋습니다(보장균수에 따라 가격 차이가 많이 납니다). 그리고 과다 섭취할 경우 설사 등 부작용이 나타나기도 합니다.

균종에서 꼭 필요한 균종은 락토바실러스와 비피도박테리움인데 골고루 섞여 있는 것이 좋습니다(대부분 섞여 있습니다). 다만 각각 몇 종류씩 들어 있느냐는 제품마다 다른데, 4종에서 19종까지 다양합니다. 최근에는 같은 균종이라도 생존력이나 유해균 억제력 등의 효능을 임상시험을 통해 입증하여 고유 번호를 부여한 것도 있습니다.

3. 첨가물을 확인합니다.

아이가 잘 먹게 하면서 값을 싸게 만들려면 합성 감미료와 합성 착향료를 포함한 화학첨가물이 들어가야 합니다. 가능하면 안 먹거나 적게 먹는 것이 좋겠지요.

알약으로 만드는 데 사용되는 부형제는 괜찮습니다. 거의 모든 의약품에 사용되는 것입니다.

알레르기가 있는 아이의 경우 첨가물에 알레르기 성분이 있을 수 있으므로 원재료는 반드시 확인해야 합니다.

프로바이오틱스 제품을 먹을 때는 다음과 같은 사항들을 주의하면 좋습니다.

1. 언제 먹을까요?

유산균을 먹을 때 가장 궁금해하는 것은 '언제 먹을까?'입니다. 식전? 식후? 음식과 함께? 제품에 따라 복용 방법이 달라질 수 있지만, 일반적으로 식전에 물 한 잔을 마시고 먹거나 식사 시작과 함께 먹는 것이 좋습니다.

2. 어떻게 보관할까요?

냉장이든, 상온이든 제품에 써져 있는 보관법에 따라야 합니다. 제조된 형태에 따라 보관 방법이 다르기 때문입니다. 제품의 보장균수는 그 보관법으로 보관했을 때 남아 있는 균수입니다. 냉장 보관을 하라고 되어 있는 것을 상온에 보관하면 당연히 균이 죽겠지요.

최근에는 냉장 제품이 많이 나오는 추세이지만 상온 보관 제품이 나쁜 것만은 아닙니다. 상온 보관을 해도 괜찮도록 처리를 하였거나 투입균수를 높여서 어느 정도 죽더라도 보장균수는 일정하게 유지될 수 있도록 한 것이기 때문에 효과는 비슷합니다.

3. 얼마나 먹을까요?

아이용 유산균의 경우 잘 먹을 수 있도록 단맛이나 아이들이 좋아하는 향을 넣는 경우가 많습니다. 그러다 보면 아이들이 사탕이나 간식 먹듯이 자꾸 먹게 되는 경우가 있습니다. 과다하게 먹을 경우 설사 등 부작용을 보일 수 있으므로, 용량을 지켜서 먹입니다.

4장

우리 아이에게 좀 더 안전하게 먹이고 싶다면

탄수화물은 필수이지만 당은 선택이에요

과연 우리 아이를 잘 먹이고 있는 걸까? 조금 더 잘 먹일 수 있는 방법은 없을까? 지금 이 순간에도 세계 각국에서 많은 연구들이 진행되고 있고, 많은 책들이 쏟아져 나오고 있으며, 많은 TV 프로그램과 유튜브 등을 통해 우리는 정보들을 접할 수 있습니다. 우리가 해야 할 것은 다양한 정보들을 제대로 이해한 후 취사선택하는 것입니다. 이에 도움이 될 기본적인 영양소 이야기와 영양 정보 몇 가지를 이 장에서 소개합니다. 먼저 탄수화물입니다.

탄수화물을 설명할 때 제가 비유로 종종 이용하는 것은 '진주목걸이'입니다. 진주목걸이는 진주알 하나하나가 모여 이루어지듯이, 탄수화물은 당이 모여 이루어지는 것이기 때문입니다. 당이 하나 있는 것은 단당류, 2개 있으면 이당류, 3개에서 10개가 붙어 있는 것은 올리고당류(시중에 파는 올리고당이 바로 이것입니다), 10개 이상 붙어 있는 것은 다당류라고 합니다. 조금 더 자세히 알아볼까요?

단당류에는 포도당, 과당, 갈락토오스가 있습니다. 포도당은 당의 가장 기본적인 물질이고, 과당은 과일 속에 들어 있는 당입니다. 갈락토오스는 젖에 유당(이당류) 형태로 들어 있습니다. 이당류에는 설탕(포도당+과당), 맥아당(포도당+포도당), 유당(포도당+갈락토오스)이 있습니다. 설탕은 포도당과 과당이 붙어 있는 것이고, 맥아당은 포도당 2개가 붙어 있는 것입니다. 유당은 젖에 들어 있지요. 올리고당에는 프락토올리고당, 이소말토올리고당, 갈락토올리고당 등이 있지요. 프락토올리고당은 유산균의 먹이로 많이 알려져 있습니다.

쌀이나 밀, 고구마, 감자와 같은 곡류의 전분은 다당류에 해당됩니다. 포도당이 진주목걸이처럼 연결되어 있습니다(진주목걸이와 다른 점이 있다면 중간에 가지가 처지면서 더 복잡한 구조를 갖는다는 것입니다). 밥을 꼭꼭 씹어 먹으면 단맛이 나는 것은 밥 속의 전분이 분해되다가 일부분 단당류나 이당류가 되면서 단맛을 내기 때문입니다.

전 세계의 주식을 보면, 쌀, 빵 등 형태는 조금씩 다르지만 모두 탄수화물이 주로 들어 있는 곡류입니다. 탄수화물이 식품으로 중요한 이유는 쉽게 구할 수 있고, 값싸고, 저장성이 좋기 때문입니다.

탄수화물은 우리 몸에서 어떤 역할을 할까요? 가장 중요한 것은 에너지를 공급하는 것이지요. 우리가 밥이나 빵, 설탕 등을 먹으면 탄수화물이 분해되어 포도당 형태로 흡수되고 간과 근육세포에 저장되었다가 필요할 때 에너지원으로 이용되므로, 탄수화물은 우리 몸을 움직이는 데 꼭 필요합니다.

특히 적혈구와 뇌세포, 신경세포는 주로 포도당을 에너지원으로 이용합니다. 여분의 당은 간과 근육에 글리코겐(다당류) 형태로 저장되고, 그래도 남는 것은 지방으로 바뀌어서 지방조직에 저장됩니다(지금 배를 한번 만져 보세요. 거기에 있어요). 밥을 먹고 나서 시간이 지나면 간과 근육세포에 저장되어 있던 글리코겐이 분해되어 포도당을 내보내 에너지원으로 다시 사용하고요.

탄수화물은 우리 몸에 꼭 필요한 필수영양소이지만, 최근에는 '영양계의 악당'으로 간주되고 있는 것도 사실입니다. 여기서 우리는 확실히 분류해 주어야 합니다.

'당에 중독되었다.'라든가 '당을 너무 과다하게 섭취했다.'라고 할 때는 당의 종류 중에서 단순당에 속하는 단당류와 이당류를 가리키는 것입니다. 아이들이 좋아하는 과자, 사탕, 탄산음료, 아이스크림 안에는 이러한 단순당(주로 과당, 설탕)이 과다하게 들어 있습니다(그 양을 확인하려면 영양 성분 표시에서 당류라고 써 있는 곳을 확인하면 됩니다).

탄수화물은 적절하게 섭취했을 때 우리 몸에 꼭 필요한 성분이고 우리에게 행복감을 주지만, 단순당이 많이 들어 있는 식품을 먹으면 우리 몸의 혈당을 급속히 올리고, 비만과 만성질환을 초래합니다. 또한 중독과 관련된 신경호르몬을 나오게 하여 아이들은 점점 더 단맛에 중독됩니다. 탄수화물은 필수이지만, 당은 선택하여 조금만 먹어야 합니다.

단백질은 꼭꼭 챙겨 먹여야 해요

단백질(Protein)의 어원은 그리스어 'protos'인데 '우선적이다'라는 뜻입니다. 우리 몸을 구성하고 생명을 유지하며 건강하게 사는 데 너무도 중요하고 우선적인 영양소인 것이지요.

단백질을 설명할 때 제가 비유로 이용하는 것은 조립식 블록 완구인 '레고'입니다. 다양한 모양의 블록을 이용하여 차도 만들고 비행기도 만들고 멋진 집도 만듭니다. 못 만드는 게 없지요.

단백질은 20종의 아미노산으로 이루어져 있습니다. 이 아미노산을 레고 조각이라고 생각하면 됩니다. 레고 조각이 모여서 차, 비행기를 만들듯이 아미노산이 다양한 조합으로 모여서 우리 몸의 근육, 피부, 머리카락, 손톱 등을 만듭니다. 근육을 만드는 것뿐만 아니라 근육을 건강하게 유지, 보수도 합니다. 생리 활동을 조절하는 호르몬(예: 성호르몬, 혈당 조절 호르몬 등)과 각종 생화학 반응에 필요한 효소(예: 소화효소 등)를 만듭니다. 외부에서 병원균이 침입하면 대항하는 항체도 만듭니다. 단백질을 제대로 먹지 않으면 면역력이 떨어지는 이유입니다.

단백질을 먹으면 아미노산으로 분해되어 흡수된 후 아미노산 풀(Pool)에 보관됩니다. 우리 몸은 단백질이 필요할 때마다 이 아미노산 풀에서 아미노산을 빼내어 단백질을 만듭니다. 아미노산 풀을 레고 박스라고 생각하면 이해가 쉽습니다.

그런데 이 레고 박스와 같은 아미노산 풀은 한정되어 있습니다. 많이 넣는다고 많이 보관할 수 있는 곳이 아닙니다. 그래서 단백질은 한꺼번에 많이 먹는 것이 좋지 않습니다. 보관되는 용량에서 넘치는 아미노산은 우리 몸에서 나가야 합니다. 이때 관여하는 장기는 신장(콩팥)입니다. 과도하게 단백질을 섭취하게 되면 신장에 부담을 줍니다. 단백질은 매끼 조금씩 먹는 것이 좋고, 그것이 어렵다면 적어도 매일 먹어 주는 것이 좋습니다. 아이들은 가능하면 매끼 먹여 주세요.

비타민과 무기질은 조금만 부족해도 안 돼요

'너는 나의 사랑 너는 나의 요정
온 세상 눈부신 향기를 뿌리고
너는 나의 노래 너는 나의 햇살
넌 나의 비타민 날 깨어나게 해~'

- 박학기의 노래 〈비타민〉 중에서

비타민(Vitamin)의 'Vita'는 라틴어로 '생명'을 의미합니다. 비타민은 생명을 유지하는 데 필수적일 뿐 아니라 생활에 활력을 넘치게 하지요. 비타민은 일부가 체내에서 합성되기도 하지만, 대부분 음식으로 섭취해야 합니다. 우리 몸에 필요한 비타민의 양은 아주 적지만, 어느 한 가지만 부족해도 결핍증이 바로 나타납니다.

비타민은 크게 지용성비타민과 수용성비타민으로 나뉩니다. 지용성비타민은 비타민 A, D, E, K이고 수용성비타민은 비타민 B군과 C입니다. 지용성비타민은 몸에 저장되므로 과량 섭취하면 독성을 나타낼 수 있습니다. 수용성비타민은 필요 이상 섭취하면 배설되므로(비타민 C 영양제를 먹고 나면 소변색이 노란 것을 볼 수 있습니다), 신경 써서 매일 섭취해야 합니다.

아이가 성장하고 건강하게 생활하기 위해서는 모든 비타민이 골고루 다 필요합니다. 모든 비타민은 자연식품에 들어 있지만, 모든 종류의 비타민이 다 들어 있는 식품은 없습니다. 음식을 골고루 먹어야 하는 이유입니다.

비타민은 보충제 형태보다는 자연식품으로 섭취하는 것이 더 좋습니다. 비타민 이외에도 식품이 가지고 있는 다른 미량영양소들도 덤으로 얻을 수 있고, 독성이 나타날 염려도 없기 때문입니다. 그러나 편식이 심하거나 여러 가지 이유로 잘 먹지 않는 경우 보충제를 먹이는 것이 도움이 됩니다.

무기질 또는 미네랄이란 우리 몸이나 식품에 들어 있는 원소 중 산소, 탄소, 수소, 질소를 제외한 원소를 말합니다. 칼슘, 인, 마그네슘, 칼륨, 나트륨, 철분, 구리, 요오드, 황, 망간, 아연, 몰리브덴 등이지요. 인체에서 무기질이 차지하는 비율은 3.5%이지만 이 3.5%가 없으면 정상적인 신체 기능을 유지하는 데 문제가 생깁니다. 성장 부진, 뼈의 기형, 빈혈, 식욕부진, 탈모, 근육 떨림 등 기본적인 생리활성 저하부터 병적 현상에 이르기까지 다양한 문제가 생길 수 있지요.

칼슘은 흔히 알고 있듯이, 뼈와 치아의 구성 성분으로 키 성장에 중요한 작용을 합니다. 그런데 사실 칼슘은 이러한 작용 이외에도 혈액응고, 신경전달, 심혈관계 및 신경계의 건강을 유지하는 등 많은 역할을 합니다. 2017 국민건강영양조사에 근거한 국민건강통계를 살펴보면, 1~2세와 3~5세의 경우 칼슘 섭취량이 권장섭취량의 70~80%대로 낮은 비율을 보이고 있습니다.

칼슘의 권장섭취량은 6~11개월은 300mg, 1~2세는 500mg, 3~5세는 600mg입니다. 우유 1컵(다른 유제품도 괜찮아요)에는 칼슘이 200mg 정도가 들어 있으므로 우유를 2컵 정도 먹는 아이는 칼슘 부족의 염려가 없지만, 우유를 안 먹는 아이는 칼슘 섭취에 신경을 써 주어야 합니다. 특히 우유알레르기를 가지고 있는 아이의 경우 과일주스 등으로 대체해 주는 경우가 많은데, 그러면 칼슘이 부족할 위험이 큽니다. 우유 대신 섭취할 수 있는 식품으로는 두유(칼슘 함량을 확인하세요. 대부분 어린이 두유에는 칼슘이 우유만큼 들어 있습니다), 두부, 멸치, 마른 새우 등이 있습니다. 멸치로 국물을 우려내 먹더라도 충분한 칼슘은 섭취하기 어려우므로, 멸치나 마른 새우 등은 갈아서 국물과 함께 먹어야 합니다. 이외에도 브로콜리, 케일 같은 녹색 채소에도 칼슘이 들어 있습니다.

단 유제품을 선택할 때 주의할 점은 당을 첨가한 것이 많다는 것입니다. 당은 칼슘의 배설을 촉진할 수 있으므로 단맛이 나는 유제품을 먹게 되면 칼슘 섭취에 도움이 되지 않습니다.

비타민과 무기질을 골고루 섭취하려면 채소류와 과일류를 충분히 먹는 것이 기본입니다. 이외에 도움이 되는 몇 가지 방법을 제안합니다.

1. 통곡류를 먹어요.

비타민과 무기질은 곡류의 배아에 많이 들어 있는데 도정 과정에서 많이 손실됩니다. 돌 정도가 되면 현미를 먹여도 되므로, 가능하면 통곡류를 섞여서 먹입니다.

2. 과일은 껍질째 먹어요.

비타민과 무기질은 과일의 껍질에 많습니다. 잔류농약 때문에 껍질을 제대로 먹지 않는 경우가 많은데 제대로 씻기만 하면 괜찮습니다.

3. 탄산음료는 먹지 않아요.

탄산음료에 있는 인산은 칼슘의 흡수를 방해하고 칼슘 배설을 촉진합니다.

이왕이면 알록달록 채소와 과일을 먹여요

비타민과 무기질에 이어 '파이토케미컬'의 효능이 대두되고 있습니다. '파이토케미컬'은 '식물'을 뜻하는 파이토(Phyto)와 '화학물질'을 뜻하는 케미컬(Chemical)의 합성어입니다.

여기서 잠시 용어를 정리하고자 합니다. 흔히 파이토케미컬이라는 말을 많이 사용하는데, 식물을 구성하는 모든 화학물질을 뜻합니다. 그렇다면 식물에 있는 독성분도 파이토케미컬에 해당되는데, '파이토케미컬의 효능', '파이토케미컬을 먹으면 좋다.'라고 말할 수 있을까요?

부산대 미생물학과 명예교수인 이태호 박사님은 '식물 유래 기능성물질'이 바른 명칭이라고 제안하였는데, 저도 이에 동의합니다.

지금까지 이 '식물 유래 기능성물질'은 약 25,000여 개가 발견되었는데 잘 알려진 것으로는 토마토에 들어 있는 '라이코펜', 생강에 들어 있는 '진저론', 양파에 들어 있는 '퀘르세틴', 마늘에 들어 있는 '황화알릴', 녹차에 들어 있는 '카테킨' 등이 있습니다.

식물에 들어 있는 이 '식물 유래 기능성물질'에 따라 색, 맛, 향이 달라집니다. 예를 들어, 라이코펜은 토마토에 색을 더하고, 진저론은 생강 특유의 강렬한 매운맛을 냅니다.

다양한 종류만큼이나 효능도 다양합니다. 항암 작용, 염증 진정 작용, 혈압조절을 하고 다이어트에도 효과가 있습니다. 항산화 작용으로 노화를 억제하고 면역력을 높입니다.

컬러별 식품이 가지고 있는 영양과 효능을 간단하게 정리해 보았습니다.

색	대표적인 물질	효능	식품의 예
붉은색	라이코펜, 안토시아닌	항산화, 항암, 혈관 강화, 면역력 강화	토마토, 딸기, 수박, 석류, 고추, 빨강 파프리카와 피망 등
노란색 (주황색)	카로티노이드, 루테인	노화 방지, 눈 건강 변비 예방, 항암	바나나, 고구마, 당근, 단호박, 오렌지, 귤, 노랑 파프리카 등
녹색	클로로필	혈중 콜레스테롤 저하, 노폐물 배출, 항산화	시금치, 부추, 브로콜리, 쑥갓, 녹차, 매생이, 깻잎 등
검은색 (보라색)	안토시아닌	항산화, 고혈압 예방, 노화 방지, 시력 보호, 갱년기 증상 완화	블루베리, 검은콩, 검은깨, 가지, 김, 미역, 적양배추, 적양파 등
흰색	이소티오시아네이트, 알리신	소화액 분비 촉진 살균, 소염	무, 양배추, 마늘, 양파, 대파

우리 아이들에게 이러한 '식물 유래 기능성물질'을 많이 먹이려면 채소와 과일을 자주 먹여야 합니다. 그리고 최대한 다양한 색의 채소와 과일을 섞여 먹입니다. 다양한 색의 채소와 과일을 섞여 먹여야 하는 이유는 또 있습니다. 다양하게 섞여 먹이면 그 안에 들어 있는 다양한 기능성물질들이 시너지 효과를 내고, 체내 흡수율도 높아집니다. 이제 채소나 과일을 구입할 때는 비슷한 색깔보다 서로 다른 색깔을 선택하면 좋겠지요? 기능성물질은 껍질에 많으므로 깨끗하게 씻어서 껍질째 먹이세요.

식이섬유소를 버리지 마세요

탄수화물 중 식이 섬유소라는 것이 있습니다. 식물에 들어 있는 다당류라는 점에서는 곡류의 전분과 같은데 전분은 인간이 먹어서 소화시킬 수 있지만, 식이 섬유소는 소화시킬 수 없습니다(초식동물은 이런 식이 섬유소를 소화시킬 수 있어서 풀을 먹고도 살 수가 있는 것입니다). 인간이 식이 섬유소를 먹게 되면 장에 그대로 남습니다.

예전에는 식이 섬유소가 에너지를 내지도 못하면서 별다른 생리활성 기능도 없는 것 같아 보여 필요 없다고 생각했었지요. 그런데 알고 보니 '대장의 수호천사'였습니다. 우리가 먹은 식이 섬유소는 대장으로 가서 수분을 흡수하여 대변을 크고 부드럽게 만듭니다. 변의 크기가 클수록 장 근육이 자극되어 배변이 쉬워집니다.

식이 섬유소가 풍부한 식품을 먹으면 에너지는 적게 내면서 포만감을 느끼게 되므로 비만 예방에도 도움이 되고, 포도당의 흡수를 늦추어 당뇨병 환자의 치료에도 도움을 줍니다. 콜레스테롤의 흡수를 줄이고 심혈관계 질환의 위험을 줄인다는 보고도 있습니다.

식이 섬유소는 채소에 많이 들어 있습니다. 그런데 아이들이 편식을 할 때 가장 많이 안 먹는 것이 채소입니다. 대장의 수호천사인 식이섬유소가 풍부한 채소를 안 먹는 아이의 대표적인 문제는 변비입니다. 배가 아파 쩔쩔매는 아이를 볼 때면 너무 안타깝습니다.

식이 섬유소는 채소 외에도 현미, 통밀, 보리와 같은 통곡물(전곡), 사과, 배와 같은 과일류, 완두콩, 강낭콩과 같은 콩류에도 많이 들어 있습니다. 특히 곡류, 과일의 껍질에 많이 있습니다. 가능하면 도정을 덜한 것을 먹이고, 과일은 깨끗이 씻어 껍질째 먹이는 것이 좋습니다. 과일주스나 채소주스를 줄 때에는 섬유소가 제거된 맑은 즙 형태가 아닌 통째로 간 형태로 주는 것이 더 좋겠지요.

나트륨은 꼭 필요하지만 주의해야 해요

인류는 본능적으로 단맛에 끌리듯, 늘 귀했던 소금의 짠맛에도 끌립니다.

소금과 나트륨을 혼동하는 경우가 있는데, 나트륨은 소금의 한 성분입니다. 소금은 나트륨과 염소로 이루어져 있습니다. 다만 우리가 나트륨을 섭취하는 경로가 소금의 형태가 가장 많아서 소금과 나트륨을 가끔 혼용하여 사용하는 듯합니다. 그러나 나트륨은 소금 이외의 다른 소스류(간장, 된장, 케첩 등)와 천연식품에도 함유되어 있습니다. 나트륨은 우리 몸에 꼭 필요한 다량 무기질 중 하나입니다. 매일 일정한 양 이상을 섭취해야 하는 아주 중요한 무기질입니다.

먼저 소금과 나트륨의 양을 환산하는 방법을 알아야 합니다. 소금의 40%가 나트륨이므로, 소금 1g(1,000mg) 안에는 400mg의 나트륨이 들어 있습니다. 세계보건기구의 1일 나트륨 섭취 권고량은 2,000mg 미만이라고 하니 이것을 소금으로 환산하면 5g인 것이지요.

소금 1g(1,000mg) → 나트륨 400mg

소금 5g(5,000mg) → 나트륨 2,000mg

나트륨은 우리 몸에 꼭 필요하지만, 문제가 되는 이유는 너무 많이 먹기 때문입니다. 2017년 국민건강영양조사에 따르면, 19세 이상 나트륨 1일 평균 섭취량은 3,740mg(소금 9.4g)이었고, 1~9세는 1,894mg(소금 4.7g)이었습니다. 정부가 식생활 개선 차원에서 나트륨 줄이기 정책을 적극 펼쳐서 많이 감소한 것이기는 하나, 국제기준과 비교해 보면 여전히 높은 편입니다.

나트륨을 많이 섭취하면 혈압이 올라가고 뇌졸중과 위장병 발병 위험이 높아집니다. 여기까지는 누구나 알고 있는 사실입니다. 그런데 한 가지 중요한 것이 더 있습니다.

짜게 먹으면, 즉 나트륨을 많이 섭취하게 되면 소변을 통해 나트륨이 몸 밖으로 나가면서 우리 몸의 칼슘의 배출도 촉진시킵니다. 칼슘이 몸 밖으로 자꾸 나가다 보면 뼈가 약해지는 것은 너무도 당연하겠지요? 가볍게 넘어져도 뼈가 부러지는 당황스러운 일이 생깁니다.

아이들의 성장 발달에 칼슘이 중요하다는 것은 누구나 알기 때문에 아이들에게 칼슘을 먹이려고 부단히 노력합니다. 우유를 챙겨 먹이고, 멸치 먹으라는 잔소리를 하고, 비싼 칼슘 영양제를 사기도 합니다. 그런데 이렇게 칼슘을 챙겨 먹이더라도 아이가 간간한 음식을 좋아하고 나트륨이 많은 가공식품을 좋아하면, 애써 먹은 칼슘이 계속 몸 밖으로 나가는 일이 벌어지겠지요.

먹는 것에 기준이 있다고요?

인터넷이나 신문을 보다 보면, '두 제품 모두 1일 칼슘 권장섭취량의 50% 이상이 함유됐다.'라든가 '칼슘 1일 권장섭취량은 700㎎이지만 실제 평균 섭취량은 509.1㎎에 그쳤다.'와 같은 기사를 본 적이 있을 것입니다. 이런 것을 보면 각 영양소별로 무언가 기준이 있는 것 같지 않으세요?

우리나라뿐 아니라 세계 각국에서는 질병을 예방하고 건강을 유지하는 데 도움을 주고자 각 영양소의 기준을 제시하고 있습니다. '영양권장량'의 시작은 미국입니다. 1941년, 2차 세계대전에 참여할 군인들에게 필수영양소가 부족하지 않은 식사 공급을 하기 위해 정해졌습니다. 우리나라의 경우 1962년에 처음 설정되었고, 2000년까지 개정되었습니다.

그런데 식생활이 풍요로워지면서 단순히 필수영양소의 부족 염려뿐 아니라 과잉섭취 등의 불균형으로 인한 식생활이 문제가 되었습니다. 이에 1994년 미국에서 영양소 함량에 대한 새로운 개념을 도입할 필요성이 제기되었고, 우리나라에서는 2005년에 '영양소 섭취기준'으로 개편하게 되었습니다(2010년, 2015년에 개정되었고, 2020년에 개정될 예정입니다).

'영양권장량'은 '각 영양소별로 얼마 이상 먹는 것이 좋겠다.'라는 하나의 수치인데, '영양 섭취기준'은 '평균필요량, 권장섭취량, 충분섭취량, 상한섭취량'으로 나뉘어 있습니다.

'평균필요량'은 건강한 사람들의 절반에 해당하는 사람의 일일 필요량을 충족시키는 영양소 섭취 수준입니다. 예를 들어, 단백질의 경우 건강한 유아 3~5세(남아)의 절반은 15g을 먹으면 충족된다는 뜻이지요. 그러면 남은 절반의 아이들은 충족되지 못하겠지요?

'권장섭취량'은 대다수의 사람의 필요량을 충족시키는 수준입니다. 단백질의 경우 건강한 유아 3~5세(남아) 대부분은 20g을 먹으면 필요량이 충족된다는 뜻입니다.

'충분섭취량'은 과학적인 근거가 충분하지 않은 경우 건강한 사람들에게 부족할 확률이 낮은 영양소 섭취량입니다. 예를 들어, 비타민 D의 경우 햇빛을 쬐는 정도에 따라 몸에서 합성되는 양이 달라지므로 필요량을 얘기하기가 곤란합니다. 그래서 평균필요량과 권장섭취량을 제시하지는 않고 이 정도 먹으면 충분하다는 의미의 '충분섭취량'을 제시합니다. 유아 3~5세(남아)의 경우 5μg입니다.

'상한섭취량'은 많이 먹어서 문제가 생기는 것이 확인되었을 때 문제가 나타나지 않는 최대 섭취 수준입니다. 예를 들어, 칼슘의 경우 유아 3~5세(남아)의 상한섭취량은 2,500mg이므로 이것보다 많이 먹이지 않도록 조심해야 합니다.

식사를 계획할 때 이 수치를 일일이 살펴보라는 뜻은 아닙니다. 다만 영양소별로 섭취기준이 있음을 아는 것은 중요합니다. '이 정도 이상은 먹어야 하는구나.', '무조건 많이 먹는 것이 좋은 것만은 아니구나.' 등을 수치로 이해할 수 있게 됩니다.

영양 성분표를 확인하세요

가공식품을 사면 식품 라벨에 반드시 영양 성분표(영양 정보)가 있습니다. 영양 성분표는 열량, 탄수화물, 당류, 단백질, 지방, 트랜스지방, 포화지방, 콜레스테롤, 나트륨 등이 얼마큼 들어 있는지 알려 줍니다. 우리 가족이 먹는 식품에 어떤 성분이 들어 있는지 확인하면, 보다 건강한 식품 구매를 할 수 있지요. 처음에는 번거로운 것 같아도 조금씩 확인하다 보면 익숙해지고, 당연해집니다. 확인하는 것을 강추합니다.

그런데 좀 복잡합니다. 헷갈리거나 심지어 잘못 이해할 수 있습니다. 제조사에서 보이고 싶은 대로 읽는 오류를 범할 수도 있습니다. 모든 식품을 살 때, 모든 영양 성분을 모두 확인하고 이해할 수는 없습니다만 기본적인 영양 성분표 읽는 법과 주의 사항을 알려 드리니, 참고하시기 바랍니다.

1회 제공량 1/2봉지(30g)
총 2회 제공량(60g)

	1회 제공량당 함량	% 영양소 기준치
열량	165kcal	-
탄수화물	17g	5%
당류	3g	2%
단백질	2g	4%
지방	10g	20%
포화지방	5g	33%
트랜스지방	0	-
콜레스테롤	14mg	5%
나트륨	260mg	13%

1. 1회 제공량

영양 성분표를 읽을 때 가장 먼저 확인해야 하는 부분입니다. '1회 제공량'이란 '4세 이상 소비계층이 통상적으로 1회 섭취하기에 적당한 양'입니다. 이 표에 있는 내용의 기준이 되는 분량입니다. 예를 들어, 이 제품은 1회 제공량이 1/2봉지이므로 총 2회 먹을 수 있는 양이 들어 있습니다(총 2회 제공량). 열량만 보면 1회 제공량당 함량이 165㎉이므로 한 봉지를 다 먹게 되는 경우 총 330㎉를 섭취하게 됩니다.

그렇다고 하여 1회 제공량이 권장하는 섭취량은 아닙니다. 어떤 과자의 경우 1/2봉지가 '1회 제공량'이라고 하여 한 번 먹을 때 1/2봉지만큼 먹는 것을 권장하는 것은 아니라는 것입니다. 적게 먹을수록 좋겠지요? 혹시 먹더라도 1/2봉지를 넘지 않겠다는 생각으로 먹는 것이 맞습니다.

통상적으로 1회 제공량을 정하기 어려운 경우 100g 또는 100㎖ 등 포장당 함유된 값으로 표시하는 경우도 있습니다. 그러므로 영양 성분표를 읽을 때 반드시 1회 제공량을 가장 먼저 확인해야 합니다.

2. % 영양소 기준치

앞 장에서 말씀드린 '한국인 영양소 섭취기준'은 성별, 연령별로 다른 권장량을 가지므로 영양 표시의 기준으로 사용하기 어렵습니다. 그래서 식약처가 4세 이상 어린이 및 성인의 평균적인 1일 영양 성분 섭취기준량을 정해 놓았습니다.

'% 영양소 기준치'란 '영양 성분 섭취기준'을 100%라고 할 때 이 제품 1회 제공량을 먹으면 그 기준의 몇 %를 얻을 수 있다는 것입니다. 예를 들어, 단백질의 섭취기준은 50g이므로 여기에 들어 있는 단백질 2g을 먹게 되면 50g의 4%를 먹게 된다는 뜻입니다.

열량과 트랜스지방은 1일 영양 성분 기준치가 정해지지 않아 '% 영양소 기준치'가 공란입니다. 또한 지방이나 나트륨처럼 과잉섭취하기 쉬운 영양소를 판단할 때 도움이 됩니다.

3. 탄수화물, 당류

여기서 당류는 단당류와 이당류, 즉 단순당을 말합니다. 탄수화물의 양도 중요하지만, 당류는 적을수록 좋습니다. 먹었을 때 그리 달다는 생각이 안 드는 음료에 생각보다 많은 당이 들어 있어서 깜짝 놀랐던 기억이 있습니다.

세계보건기구(WHO)는 '첨가당(인위적으로 넣은 단순당)'의 하루 섭취량이 총열량의 5% 수준을 넘기지 말라고 권고하였습니다. 한국영양학회는 적절한 당 섭취를 위해 '당류(인위적으로 넣은 당과 식품 재료에 있는 당을 합한 단순당, 총 당)의 하루 섭취량은 총열량의 10~20% 이내로 한다.'는 가이드라인을 제시하였습니다. 영양 성분 표시에 있는 당류는 첨가당과 식품에 원래 들어 있는 천연당을 합한 총 당입니다.

아이가 하루에 1,400㎉를 섭취한다면, 그중 당류는 140~280㎉ 이내여야 한다는 것입니다. 이것을 환산하면 당류로 35~70g(첨가당과 식품 재료에 있는 당을 합한 것, 예를 들어 과일에 있는 당도 포함된 것)입니다. 그러므로 가공식품을 통해 섭취하는 첨가당으로는 70㎉를 넘지 않는 것이 좋은데, 당류 17.5g에 해당됩니다(음료나 과자를 보면 1회 제공량당 당류가 대부분 20g 넘는 것이 많습니다).

4. 트랜스지방

트랜스지방에 대한 위해성이 알려지고, 2007년부터는 영양 성분 표시에 트랜스지방 함량 표시가 의무화됨에 따라 식품업계에서 트랜스지방을 최소화하려는 노력이 계속되고 있습니다. 비록 1회 제공량 당 트랜스지방이 0.2g 미만이면 0g으로 표시해도 된다는 아쉬움이 있지만요.

5. 나트륨

나트륨의 영양 섭취기준은 2,000㎎입니다. 소금으로 환산하면 5g 이지요. 실제 우리나라 국민들이 먹는 수준이 5,000㎎ 정도인 것을 감안하면 굉장히 싱거운 수준입니다. 나트륨은 가능한 한 적게 섭취해야 합니다. 가공식품 섭취 시 동종의 다른 제품들과 비교해 보면서 나트륨이 적은 것으로 골라 주세요.

'무염' 식품이라고 해도 안심할 것은 아닙니다. '무염'이란 '무소금'이란 뜻인데, 건강에 해로운 'Na'은 소금이 아니더라도 각종 소스류 등에 많이 들어 있습니다.

6. 미량영양소

필수는 아니지만 업체 입장에서 필요할 경우 비타민 A, B_1, B_2, B_6, C, D, E, 엽산, 칼슘, 인, 철, 아연 등은 표시해도 됩니다.

아이가 칼슘을 부족하게 섭취한다고 생각되면 가공식품 구입 시 칼슘의 함량이 높은 것을 선택하면 좋습니다. 예를 들어, 우유알레르기가 있는 아이에게 두유를 대체하여 먹이는 경우 칼슘 함량이 높은 두유를 선택하면 좋습니다.

◇ 영양 강조 표시를 확인할 때 주의하세요 ◇

상품을 광고하기 위해 확대하거나 과장되게 표시할 수 있습니다. 문구를 잘 확인하고 선택하기 바랍니다.

- '무설탕'은 설탕을 넣지는 않았지만, 다른 감미료는 들어 있을 수 있어요.
- '무가당'은 당류를 인위적으로 넣지는 않았지만, 과일 자체에서 나오는 당분은 들어 있을 수 있어요.
- '비유지방'은 유지방만 안 들어 있는 것이지, 다른 지방은 들어 있을 수 있어요.

어린이 기호식품 품질인증마크를 확인하세요

제품을 고를 때 우리는 'KS'마크를 보며 어느 정도 수준에 부합함을 알게 됩니다. 어린이 기호식품을 고를 때도 이와 유사한 인증마크가 있습니다.

먼저 '어린이 기호식품'이란 「어린이 식생활안전관리 특별법」에 근거하여 과자, 초콜릿, 탄산음료 등 주로 어린이들이 선호하거나 자주 먹는 음식물을 말합니다. 이러한 어린이 기호식품이 안전하고 영양을 고루 갖춘 상태로 제조·가공·유통 판매되는 것을 권장하기 위하여 식품의약품안전처에서는 안전·영양·식품첨가물 사용기준에 적합한 것에 대해 품질인증을 해 주고 있습니다.

'어린이 기호식품 품질인증'을 받으려면 '식품안전관리 인증업체

(HACCP)에서 생산한', '당류, 포화지방, 열량이 적은', '단백질, 식이섬유, 비타민, 무기질 등의 영양 성분을 강화한', '식용 타르색소, 합성보존료를 사용하지 않은' 식품이어야 합니다.

안전한 먹거리를 위한 좋은 시도이고, 점차 품질인증된 식품들이 늘어나고 있습니다. 다만 모든 어린이 기호식품이 인증을 받은 것은 아닙니다. 아직 제품 수와 회사가 한정적입니다.

품질인증을 받은 제품에는 식품의약품안전처에서 발급한 어린이 기호식품 품질인증마크가 포장지에 표시되어 있습니다. 이왕이면 어린이 기호식품을 고를 때 품질인증을 받은 식품을 고르는 것은 어떨까요?

품질인증을 받은 어린이 기호식품은 위의 로고가 포장지에 표시되어 있습니다.

· 부록 ·

잘 먹이는 엄마를 위한 정보 창고

· 우리 아이, 채소 잘 먹게 하는 법

1. 채소와 친해지는 4단계 활동을 해 보세요.

단계	방법	팁
1	아이와 함께 채소 사러 가기	아이가 직접 고르게 하면 더 좋아요.
	집에서 채소 다듬는 모습 보여 주기	채소를 다듬고 씻는 과정을 함께해 주세요.
	채소 자동차 만들기	애호박, 가지, 오이, 버섯 등과 다양한 스티커 등을 이용하여 만들어 보세요.
	집에서 채소 키우기	상추, 콩나물, 새싹 채소 등을 키워 보세요.
	오이를 갈아서 목욕물에 넣어 주기	처음에는 1~3스푼이 적당하고 서서히 양을 늘려 갑니다.
	채소를 그릇으로 이용하기	파프리카를 그릇처럼 이용하여 계란찜을 만들어 보세요.
2	채소로 색을 입힌 칼국수나 수제비 만들기	시금치, 당근 등을 갈아서 즙을 내어 밀가루를 반죽하세요 (칼국수나 수제비를 먹지 않아도 괜찮아요).
	시금치 경단 만들기	시금치를 갈아서 찹쌀가루에 섞어 다양한 모양으로 만들어 보세요.
3	채소가 눈에 잘 보이지 않게 요리하기 (김밥, 볶음밥, 덮밥, 피자, 햄버거스테이크 등)	처음에는 5% 정도로 시작하고 점점 양을 늘려 가요. (잘 먹는다고 한 번에 양을 늘리면 안 돼요).
4	채소 본연의 맛 즐기게 하기	파프리카 주스, 잡채, 쉐이크, 셔벗 등을 맛보게 해요.

2. 아이와 함께 채소와 친해질 수 있는 동화책을 읽으며 채소에 친숙하게 해 보세요.

《구름빵-과일 좋아! 채소 좋아!》 GIMC 지음, 한솔수북

《김치가 최고야》 김난지 지음, 최나미 그림, 천개의바람

《난 토마토 절대 안 먹어》 로렌 차일드 지음, 조은수 옮김, 국민서관

《너도 같이 갈래?》 김영진 지음, 모니카 그림, 꿈터

《당근 먹는 티라노사우루스》 스므리티 프라사담 홀스 지음, 카테리나 마놀레소 그림, 엄혜숙 옮김, 풀과바람

《바니의 아작아작 채소 먹기》 마이클 달 지음, 초록색연필 옮김, 키즈엠

《사계절은 맛있어》 김별 지음, 이정은 그림, 큰북작은북

《채소가 좋아》 이린하애 지음, 조은영 그림, 길벗어린이

《채소가 최고야》 이시즈 치히로 지음, 야마무리 코지 그림, 엄해숙 옮김, 천개의바람

《채소 구조대》 김영진 지음, 모니카 그림, 꿈터

《채소들이 팬티를 입었어!》 재러드 챕맨 지음, 어썸키즈

《채소 먹는 용 허브》 쥘 배스 지음, 송순섭 옮김, 푸른날개

《채소 학교와 파란 머리 토마토》 나카야 미와 지음, 나카야 미와 그림, 김난주 옮김, 웅진주니어

《토마토야, 친구 할래?》 하야사카 유코, 사카이 소이치로 지음, 사토 나오유키 그림, 이혜령 옮김, 살림어린이

《편식 대장 냠냠이》 미첼 샤매트 지음, 신현건 옮김, 보물창고

· 우리 아이 발달단계에 맞는 이유식 재료 고르기

	초기(5~6개월)	중기(7~8개월)	후기(9~11개월)	완료기(12~15개월)
곡류	멥쌀, 찹쌀, 감자, 고구마, 밤			
		차조, 녹두, 현미가루, 옥수수가루, 밀가루, 식빵		
			현미, 팥 등 대부분 곡류	
				카스텔라
육류	쇠고기, 닭고기(살코기)			
		쇠고기, 닭고기 육수		
				돼지고기 등 대부분 육류
과일류	사과, 배, 바나나(가운데), 수박			
		자두		
			복숭아, 살구, 포도(즙만), 멜론, 참외	
				귤과 오렌지, 단감, 홍시, 딸기, 토마토, 파인애플, 블루베리, 망고 등 대부분 과일
달걀류		노른자		
			흰자(노른자 먹이고 두 달 뒤)	
채소류	당근, 시금치, 배추, 비트, 무, 단호박, 브로콜리, 애호박, 양배추, 청경채, 오이(과육만), 배추, 양파, 비타민, 완두콩			
		버섯류, 적양배추, 아욱, 쑥, 연근(갈아서), 미역, 다시마, 파래		
			콩나물, 숙주, 가지, 우엉	
				피망, 파프리카, 미나리 등 대부분 채소

견과류/유지류	대추			
		참깨(8개월부터)		
			잣(으깨서), 참기름, 올리브기름(소량)	
				호박씨, 해바라기씨, 호두, 은행, 아몬드 등(으깨서),땅콩(세 돌 이후)
유제품			아기용 치즈, 플레인 요구르트	
				생우유(저지방 우유는 두 돌 이후), 생크림
생선류		대구, 병어, 가자미, 동태 등 흰살생선류		
			연어, 도미 등 붉은 생선	
				고등어, 꽁치, 삼치, 오징어, 낙지, 날치알, 조개, 게 등

· 우리 아이 발달단계에 맞는 수유/이유식 시간표

<table>
<tr><th colspan="2"></th><th>초기(5~6개월)</th><th>중기(7~8개월)</th><th>후기(9~11개월)</th><th>완료기
(12~15개월)</th></tr>
<tr><td rowspan="2">횟수</td><td>이유식</td><td>1~2회</td><td>2회+간식 1회</td><td>3회+간식 1~2회</td><td>3회+간식 1~2회</td></tr>
<tr><td>수유</td><td>6회</td><td>4~6회</td><td>3~4회</td><td>2회</td></tr>
<tr><td rowspan="16">시간</td><td>6</td><td rowspan="2">수유</td><td rowspan="2">수유</td><td rowspan="2">기상</td><td rowspan="2">기상</td></tr>
<tr><td>7</td></tr>
<tr><td>8</td><td rowspan="2">이유식
직후 수유</td><td rowspan="2">이유식
직후 수유</td><td>이유식</td><td>이유식</td></tr>
<tr><td>9</td><td></td><td></td></tr>
<tr><td>10</td><td></td><td></td><td>수유+간식</td><td>간식</td></tr>
<tr><td>11</td><td></td><td></td><td></td><td></td></tr>
<tr><td>12</td><td rowspan="2">이유식
직후 수유</td><td></td><td rowspan="3">이유식</td><td></td></tr>
<tr><td>13</td><td rowspan="2">이유식
직후 수유</td><td>이유식</td></tr>
<tr><td>14</td><td></td><td></td></tr>
<tr><td>15</td><td></td><td rowspan="2">간식</td><td>수유+간식</td><td>간식</td></tr>
<tr><td>16</td><td rowspan="2">수유
(또는 이유식
직후 수유)</td><td></td><td rowspan="2"></td></tr>
<tr><td>17</td><td rowspan="2">이유식
직후 수유</td><td rowspan="2">이유식</td></tr>
<tr><td>18</td><td></td><td></td></tr>
<tr><td>19</td><td rowspan="2">수유</td><td rowspan="2">수유</td><td rowspan="2">수유</td><td>이유식</td></tr>
<tr><td>20</td><td></td></tr>
<tr><td>20~6시</td><td>밤중 수유</td><td>수유</td><td></td><td></td></tr>
<tr><td rowspan="2">먹는 양</td><td>이유식</td><td>30~80g</td><td>70~120g</td><td>100~150g</td><td>120~180g</td></tr>
<tr><td>분유</td><td>800~1000㎖</td><td>700~800㎖</td><td>500~700㎖</td><td>400~500㎖</td></tr>
</table>

· 잘 먹는 우리 아이를 위해 더 읽어야 할 것들

1. 아이 먹이기에 도움을 주는 추천 도서

《다시 쓰는 이유식》 김수현 지음, 넥서스BOOKS

《삐뽀삐뽀 119 우리 아가 모유 먹이기》 정유미, 하정훈 지음, 유니책방

《아이의 식생활》 EBS 아이의 밥상 제작팀 지음, 지식채널

《아이의 완벽한 식생활》 박태균 지음, 중앙books

《안 먹는 아이 잘 먹는 아이》 한영신, 박수화 지음, 청어람Life

《우리 아이 밥 먹이기》 임선경 지음, 넥서스BOOKS

《육아 상담소 모유수유》 김미혜 지음, 물주는아이

《육아 상담소 이유식》 김지현 지음, 물주는아이

《음식이 아이를 아프게 한다》 켈리 도프먼 지음, 노혜숙 옮김, 아침나무

《잘 자고 잘 먹는 아기의 시간표》 정재호 지음, 한빛라이프

《천일의 눈맞춤》 이승욱 지음, 한겨레출판

《한 그릇 뚝딱 이유식》 오상민, 박현영 지음, 청림Life

2. 아이 먹이기에 도움을 주는 사이트

맘톡 www.momtalk.kr/talk/list/all

매일아이 www.maeili.com/main.do

남양아이 https://baby.namyangi.com

아이맘 www.i-mom.co.kr

인구보건복지협회 www.ppfk.or.kr/main.asp

키즈맘 https://kizmom.hankyung.com

참고 자료

도서

- 《과자, 내 아이를 해치는 달콤한 유혹》 안병수 지음, 국일미디어, 2005
- 《까다로운 내 아이 육아백과》 마사 시어스 지음, 강도은 옮김, 푸른육아, 2009
- 《나는 왜 영양제를 처방하는 의사가 되었나》 여에스더 지음, 메디치미디어, 2016
- 《내가 정말 알아야 할 모든 것은 유치원에서 배웠다》 로버트 풀검 지음, 최정인 옮김, 랜덤하우스 코리아, 2009
- 《못 참는 아이 욱하는 부모》 오은영 지음, 코리아닷컴, 2016
- 《비타민제 먼저 끊으셔야겠습니다》 명승권 지음, 왕의서재, 2015
- 《삐뽀삐뽀 119 우리 아가 모유 먹이기》 정유미, 하정훈 지음, 유니책방, 2017
- 《식품에 대한 합리적인 생각법》 최낙언 지음, 예문당, 2016
- 《아빠 놀이 백과사전》 조준휴, 장기도 지음, 길벗, 2019
- 《아이를 살리는 음식 아이를 해치는 음식》 남기선 외 지음, 넥서스BOOKS, 2014
- 《아이의 식생활》 EBS 아이의 밥상 제작팀 지음, 지식채널, 2010
- 《아이의 완벽한 식생활》 박태균 지음, 중앙북스, 2010
- 《안 먹는 아이 잘 먹는 아이》 한영신, 박수화 지음, 청어람Life, 2017
- 《영양제 119》 정비환 지음, 부키, 2014
- 《우리 아이 밥 먹이기》 임선경 지음, 넥서스BOOKS, 2017
- 《우리 아이 주치의 소아과 구조대》 대한소아과개원의협의회 지음, 21세기북스, 2006
- 《육아 상담소 모유수유》 김미혜 지음, 물주는아이, 2016
- 《음식이 아이를 아프게 한다》 켈리 도프먼 지음, 노혜숙 옮김, 아침나무, 2014
- 《잘 자고 잘 먹는 아기의 시간표》 정재호 지음, 한빛라이프, 2014
- 《장난감이 필요없는 아이 주도 오감놀이백과 0~4세》 강윤경, 김원철 지음, 예문아카이브, 2017
- 《설탕을 조심해》 박은호 지음, 윤지회 그림, 미래엔아이세움, 2012
- 《설탕이 문제였습니다》 캐서린 바스포드 지음, 신진철 옮김, 메이트북스, 2018
- 《설탕의 독》 존 유드킨 지음, 조진경 옮김, 이지북, 2014
- 《한 그릇 뚝딱 이유식》 오상민, 박현영 지음, 청림Life, 2017

전문 자료

- 〈국 섭취 방법에 따른 음식 섭취량, 나트륨 섭취량 및 포만도의 관계〉 대한영양사협회 학술지, 15(4), 2009
- 〈2015 한국인 영양소 섭취 기준〉 한국영양학회, 2015
- 〈비만 예방 정책 토론회 High-Five 2015 부모가 바뀌어야 아이들이 바뀐다〉 대한비만학회, 2015
- 〈국민 공통 식생활 지침〉 보건복지부, 농림축산식품부, 식품의약품안전처, 2016
- 〈영유아 건강검진 영양 행태 빅데이터 분석 자료〉 국민건강보험공단, 2017

- 〈생선 안전 섭취 가이드〉 식품의약품안전처, 2017
- 〈2017 비만백서〉 국민건강보험공단, 2017
- 〈2017 국민건강통계〉 보건복지부, 질병관리본부, 2018
- 〈오픈 서베이 푸드 다이어리〉 오픈 서베이, 2018
- 〈2018년 학생건강검사 표본 통계〉 교육부, 2019
- 〈소아 비만의 6년간의 추적 관찰〉 김은영 외 6인, 소아과 44(11), 2001
- 〈아이의 뇌 발달을 위해 왜 식사 육아가 중요한가〉 한영신, 뇌 발달과 식사 육아, 2018
- 〈1인 1회 적정 배식량 : 영유아 단체급식 가이드라인〉 장영수 외, 식품의약품안전처, 2019
- 〈아이의 시간, 성장의 비밀〉 김영옥 외, 교육부, 충청남도교육청

- Associations between attention-deficit/hyperactivity disorder symptoms and dietary habits in elementary school children, KM Kim et al, Appetite, 127(1), 2018
- GD et al, Maternal food restrictions during breastfeeding, Korean J Pediatr 60(3),2017
- Family meals and substances use: Is there a long-term pretective association? Marla E. Eisenberg et al, Journal of Adolescent Health, 43(2), 2008
- Fast food consumption and academic growth in late childhood, KM Purtell, ET Gershoff, Clinical pediatrics, 54(9), 2014

사이트

- www.foodsafetykorea.go.kr/residue/main.do
- www.noodlefoodle.com/foodnculture/show_food_culture?gubun=pr&id=3134&page=2
- http://realfoods.co.kr/view.php?ud=20170512000709&ret=list

잘 먹이는 엄마 잘 먹는 아이

인쇄일 2020년 2월 18일
발행일 2020년 2월 25일

지은이 유정순
펴낸이 유경민 노종한
기획마케팅 김태운 정세림 금슬기 최지원
기획편집 이현정 김형욱 박익비 임지연
디자인 남다희 홍진기
교정교열 김태희
펴낸곳 유노라이프
등록번호 제2019-000256호
주소 서울시 마포구 양화로7길 71, 2층
전화 02-323-7763 **팩스** 02-323-7764 **이메일** uknowbooks@naver.com

ISBN 979-11-968067-8-1 (13590)

• — 책값은 책 뒤표지에 있습니다.
• — 잘못된 책은 구입하신 곳에서 환불 또는 교환하실 수 있습니다.
• — 유노라이프는 유노북스의 자녀교육, 실용 도서를 출판하는 브랜드입니다.
• — 이 도서의 국립중앙도서관 출판예정도서목록(CIP)은 서지정보유통지원시스템 홈페이지 (http://seoji.nl.go.kr)와 국가자료공동목록시스템(http://www.nl.go.kr/kolisnet)에서 이용하실 수 있습니다. (CIP제어번호: CIP2020005639)